高等学校计算机基础教育规划教材

网页设计与制作
（第2版）

王秀丽 颜德强 编著

清华大学出版社
北京

内容简介

本书按易学、易懂、易操作的原则，系统地介绍了网站设计、网页设计和网页制作的基本方法，并介绍了 Web 图像制作软件 Fireworks 和网页动画制作软件 Flash 的基本使用方法。本书采用任务驱动的方法组织教材内容，范例深入浅出，语言通俗易懂，有利于读者的理解接受和掌握。

每章后附相应的习题。还可以从清华大学出版社网站(http://www.tup.com.cn)下载电子教案、相关源程序及相关素材。

本书定位准确，针对性强，适合于计算机应用基础层次的课程教学使用。可以满足不同院校各类非计算机专业本、专科的教学需求，还可作为网站设计、网页制作人员的参考用书。

图书在版编目(CIP)数据

网页设计与制作 / 王秀丽，颜德强编著. —2版. —北京：清华大学出版社，2012.1(2020.1重印)
(高等学校计算机基础教育规划教材)
ISBN 978-7-302-27129-1

Ⅰ.①网… Ⅱ.①王… ②颜… Ⅲ.①网页制作工具—高等学校—教材 Ⅳ.①TP393.092

中国版本图书馆 CIP 数据核字(2011)第 213115 号

责任编辑：袁勤勇 战晓雷
责任校对：白 蕾
责任印制：杨 艳

出版发行：清华大学出版社
网 址：http://www.tup.com.cn，http://www.wqbook.com
地 址：北京清华大学学研大厦 A 座 **邮 编**：100084
社 总 机：010-62770175 **邮 购**：010-62786544
投稿与读者服务：010-62776969，c-service@tup.tsinghua.edu.cn
质 量 反 馈：010-62772015，zhiliang@tup.tsinghua.edu.cn
印 装 者：北京九州迅驰传媒文化有限公司
经 销：全国新华书店
开 本：185mm×260mm **印 张**：18.75 **字 数**：431 千字
版 次：2012 年 1 月第 2 版 **印 次**：2020 年 1 月第 7 次印刷
定 价：29.00 元

产品编号：044568-01

《高等学校计算机基础教育规划教材》

编 委 会

前言

Internet使全球信息共享成为现实，电子商务、网络政府、网络文化等构筑了异彩纷呈的网络世界，它改变着人们的生活方式和工作方式。随着Internet的普及，网页已经成为人们获取与发布信息最为重要的途径，网络应用技术已成为计算机基础教育的重要内容。学习网页设计与制作既是享用信息技术成果的过程，又是应用创新的实践，网页制作已经成为现代大学生必备的重要知识和技能。

本书结合作者教学实践和开发网站的实际经验，从实际应用角度出发，系统介绍了网站建设与网页制作的过程。全书以网站建设流程为主线，循序渐进地介绍了网站建设和网页制作的基本原理和实用技术，使读者既能在宏观上把握网站建设和网页制作的一般步骤，又能在细节上掌握网页设计和制作的各种技能和实用技巧。

书中以当前最流行的专业网页制作工具Dreamweaver为背景，按照由基础到应用的原则，采用任务驱动的方式，详细介绍了网页制作及网页素材制作所涉及的软件的使用。全书内容共分9章，第1章介绍网站开发基本知识，通过实例让读者熟悉Dreamweaver的基本界面、基本使用方法，并对网站建设和网页制作的步骤和方法有一个初步的认识。第2、3、5章循序渐进地介绍静态网页的制作技术，包括网页中各种元素的添加和设置、网页的排版和布局、网页样式的设置等，每章都以一个设计任务贯穿本章的主要知识点，章结束时该设计任务制作完成。读者通过这4章的学习，可以基本掌握静态网页的制作。第4章简要介绍表单和行为的应用，为读者在学习了数据库相关知识后进一步制作具有交互性的动态网页打下基础，给读者留下一个较大的可扩展空间。第6章介绍网站的栏目规划、色彩搭配与风格设计、导航系统设计，并考虑到网页设计过程中重复工作的简化，简要介绍模板与库的应用。第7、8章分别介绍网页图像的制作和网页动画的制作，并分别给出综合实例，演示如何将制作的素材添加到网页，与前面几章介绍的Dreamweaver基本操作相呼应。第9章通过两个网站建设实例由浅入深、由易到难地把全书的各主要知识点融合起来，包括建立网站、制作素材、设计和制作网页等。

本书的定位是面向初学者的，所以在编写的过程中力求针对非计算机专业教学和初学者学习的特点，有利于学生能够较快地掌握网页设计与制作技术，并方便地应用于各自的专业学科领域。

本书融入先进的教学理念和独特的教学方法，力求内容取舍得当，章节结构合理。本书在内容上做了大胆的取舍，删去部分细节，在重点介绍基本内容之后，采用任务驱动的教学方法，辅以经典的实例启发学生举一反三，激发学生的主动性。每章都给出明确而适当的学习目标，在内容选取上较好地体现了突出应用的原则，实例的设计力求做到典型和恰当，既做到逻辑清晰、层次分明，又分散了难点，使学生易于理解。每章都附有练习题，利于学生巩固相应章节的知识点。为了方便教师组织教学，还制作了相应的电子教案，并提供相关源程序和素材。

本书是在王秀丽、陈琼、宁正元编著、清华大学出版社2006年9月出版的《网页设计与制作》一书的基础上，结合5年来教学实践经验总结，由王秀丽教授和颜德强讲师共同编写完成的。其中，王秀丽教授编写第1～5章、第7和第8章；颜德强讲师编写第6和第9章；最后由王秀丽教授统稿。电子教案由颜德强讲师制作。宁正元教授、陈琼副教授、潘晓文副教授、黄健系统分析员、林晓宇讲师、孙绮燕讲师等人在许多方面给予了作者无私的帮助，清华大学出版社对本书的出版给予了极大的支持，在此谨表诚挚的感谢。

由于计算机技术发展十分迅速，加之作者水平所限，书中疏漏和错误之处在所难免，敬请同行专家和广大读者不吝赐教。

作　者

2011年10月

目录

第1章

网页设计基础

［本章学习目标］

通过理论介绍，理解网页、网站、主页、网址等基本概念；

了解网页浏览的基本原理、网站的分类、常用的网页制作工具和网页素材制作工具、HTML 语法的基本构成，并能认识几种常用的 HTML 标签；

掌握网站的基本特征、网站的体系结构。

1.1 网页与网站概述

1.1.1 Internet 与 WWW

Internet 也称为因特网，是由遍布全球的各种不同功能的网络系统及主机系统通过统一的协议（TCP/IP 协议族）连接在一起所组成的计算机网络系统。Internet 是世界上最大型、发展速度最快、应用最广泛的公共计算机信息网络系统，提供数万种服务。目前 Internet 最主要的服务有：万维网 WWW（World Wide Web）、电子邮件（E mail）、远程登录（Telnet）、文件传输（FTP）、电子公告牌（BBS）等。

从信息资源的角度看，Internet 是一个信息的海洋，是一个集各个部门、各个领域的各种信息资源为一体，提供网上用户共享的信息资源网。对于用户而言，如何在 Internet 上迅速有效地找到需要的信息是一件十分困难的事情，这就需要一种有效的信息查询工具。

万维网 WWW 是一种交互式信息查询工具，可以为用户提供友好的交互操作界面，并具备交互浏览信息的功能，用户可以利用 Web 服务获得信息并进行网上交流。WWW 是 Internet 上用户最多、使用最方便的信息服务系统，也是 Internet 上最流行的服务之一。

1.1.2 网页和网站

1. 网页

网页是服务器返回给客户的信息载体，它是 WWW 为用户提供的一个轻松的图形化用户界面，WWW 正是以这些网页为基础构成一个庞大的信息网。如果说 WWW 是 Internet 上一个大型的图书馆，那么，图书馆中的一本本书就是一个个 Web 站点，而网页就是书中的某一页，页码就是网址，网址与页面是一一对应的，多个网页组合在一起就成为一个 Web 站点。Web 站点中有一个叫主页的特殊网页，也称为网站首页，相当于一本书的目录。主页是一个 Web 站点的门户，当用户浏览一个 Web 站点时，总是自动显示该站点的主页。

由于网页中包含超级链接，因此，网页也被称为超文本（Hypertext），传输超文本的协议则被称为超文本传输协议（Hyper text Transfer Protocol，HTTP）。

网页分两种类型，一种是静态网页，另一种是动态网页。所谓静态网页，是指一旦制作并上传以后，其内容就不能随意进行变化、修改的网页。静态网页适合于那些内容不需要经常变化的网页，例如，某个用于介绍公司概况的网页，这类信息不用经常变化，只是简单的介绍，因此，使用静态网页就够了。所谓动态网页，并不是指那些包含动画、视频等带动态效果的网页，而是指由程序实时生成，可以根据不同条件生成不同内容的网页。动态网页通常是和后台数据库连接在一起的，网页内容的修改只需要在后台操作就可以了，无须改动页面，这就使原来需要专业人员完成的工作变成了简单的操作。

随着多媒体技术与网络技术的发展，静态网页呈现给用户的不仅仅是文字和图片，版面新颖、极具个性化的网页越来越多。图形图像制作软件的功能日益强大，Flash 等效果的加入，甚至一些视频的即时收看，使原来单一的静态网页变得富有生气。但是，如果一个站点永远保持原状或者内容更新缓慢，那么再漂亮、再有创意的网页也只会是昙花一现。许多门户网站，其特点就是信息量大、内容更新快，例如搜狐、新浪等网站。如果这些站点网页都是用静态网页制作的话，那么其修改网页内容的工作量可想而知。此外，动态网页的出现使网络的功能得到了进一步的延伸。动态网页除了能体现静态网页的功能外，还提供了交互的功能，它能对用户提交的信息做出实时处理，并将处理的信息立即反馈给用户。动态网页常见的功能有搜索引擎、论坛、聊天室、表单的提交、电子商务等。

对于刚接触网页制作的初学者来说，从学习制作静态网页作为入门非常合适，而动态网页则更适合一些对网站要求比较高，不仅仅在外观上要更漂亮，更完美，同时在后台维护以及网页更新上有更高要求的高级用户来学习。

2. 网站

Web 站点也称为网站，WWW 信息海洋是由无数个 Web 站点组成的，网页则是 Web 站点的基本信息单位，超级链接将站点中的网页连接成为一个便于浏览的有机整体。

Web 站点是因特网上最基本的信息发布平台，无论是公司、企业、政府还是个人都纷纷建立自己的网站来发布和收集信息。不仅如此，越来越多的公司和企业还将自己的商务活动放到网站上，越来越多的政府也将政务活动放到网站上，从而使得网站成为信息处理的新的平台。

Web 站点其实是 Internet 上能够提供 Internet 服务的一个位置，这个位置由独一无二的 IP 地址或域名来描述，一个网站需要有一台或多台服务器来实现其 Web 服务。不同网站的规模与大小各不相同，大的如新浪、搜狐等，网页不计其数，并且需要多台服务器。小的网站如个人主页，可能只有几个网页，仅占据某台服务器上一个很小的空间。

3. 网址

网址相当于网页的页码，每个网页都有唯一的网址。当用户查询信息资源时，只要给出网址，Web 服务器就能根据网址找到网络资源的位置，并将它传送给用户计算机。

网址全称是统一资源定位器（Uniform Resource Locator，URL），是 Internet 上信息资源的定位方式。一个完整的 URL 地址通常由通信协议名、Web 服务器地址、文件服务器中的路径和文件名 4 个部分组成，如 URL 地址 http://news. sina. com. cn/z/qglh2006/index. html 中，http：//是 Web 服务器专用的协议名，news. sina. com. cn 是 Web 服务器地址，/z/qglh2006/是网页文件在服务器中的路径，index. html 是网页文件名。

4. 浏览器

当用户通过网址从 Web 服务器取到一个网页后，需要在自己的计算机屏幕上将它正确无误地显示出来。显示网页信息的软件称为浏览器。常见的浏览器有 Internet Explorer（简称 IE）、Netscape、Opera、MSN Explorer、NeoPlanet、腾讯浏览器等。这些浏览器的功能都大同小异，其中 IE 浏览器使用最广泛。IE 浏览器是绑定在 Windows 操作系统中的，如图 1-1 所示，“地址”栏中的内容就是 URL，输入 URL 后按回车键，浏览器就会显示该 URL 对应的网页。

图 1-1　Internet Explorer

1.1.3　网站的分类

网站的分类方法很多，比如按照其是否提供网络服务可分为门户网站和非门户网站，而门户网站根据提供的服务又可分为搜索引擎、电子邮件、网络聊天室和论坛等。又比如根据网站所用编程语言分类，如ASP网站、PHP网站、JSP网站、Asp.net网站等。但是，最为重要也最为直观的分类方法是按照网站的主题来进行分类。这种分类方法类似于生物学的分类方法，它将所有的主题按照其从属关系建立起一棵分类层次树，按照每一个网站根据其主体被划分到层次树上的每一个节点上，如图1-2所示的就是一棵典型的分类层次树。可以看到，商业与经济、科学、艺术与人文、休闲与生活、娱乐等几个大类组成分类树的第一层；然后在第二层，第一层的每个类又被细分为更多的小类，比如娱乐又被分为电影、电视、电子贺卡、幽默与笑话、网络游戏等类。

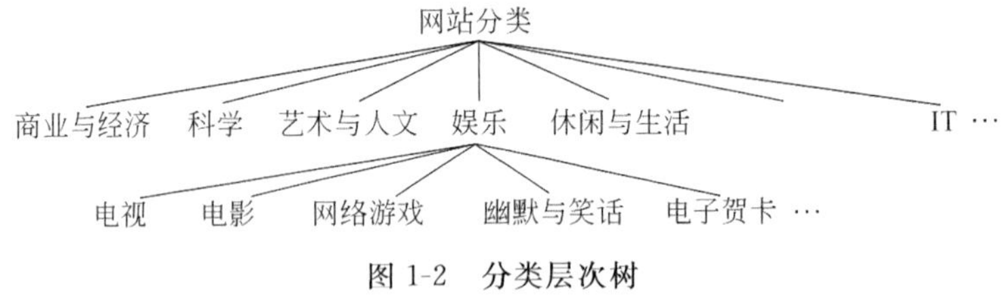

图1-2　分类层次树

1.1.4　网站的特征

不同的网站可能属于不同的类型，也可能在内容、服务和风格上千差万别，但是作为一个完整的功能实体，它们又具有很多相同的特征。那么这些相同的特征都是什么呢？下面我们将通过介绍门户网站和电子政务网站的两个典型的例子来寻找这个问题的答案。

1. 门户网站

门户网站是通向互联网的大门，它是指共享各类互联网信息资源并提供电子邮件、网络聊天室、论坛。个人信息管理等网络服务的网站。几乎所有的网络用户都通过门户网站来查找自己所需的网络资源和享受各种网络服务。最著名的门户网站就是雅虎(YAHOO!,www.yahoo.com)。雅虎在1999年建立了雅虎中国子网站(cn.yahoo.com)，专门为中文用户提供高效的服务。除了雅虎中国之外，还有很多中国本土的门户网站，如新浪(www.sina.com)、网易(www.163.com)等。下面我们就以雅虎中国为例来介绍门户网站。图1-3所示为雅虎中国主页的上下两部分。

一打开雅虎主页，首先跃入眼帘的是雅虎中国红色的网站标志。这个异常醒目的标志不仅告诉你现在正在访问的是雅虎网站，而且还让你有一种大声呼喊的欲望："YAHOO!"，让人一下记住了这个网站。标志的右侧是网站的搜索引擎，通过输入关键字进行搜索可以快速获得所需要的资讯；标志的下方是雅虎最为重要的几个栏目和电子邮件服务，人们可以通过它们进行登录。当把视线移到整个主页上来时，可以看到雅虎中国主页虽然使用的是白色的背景，但是五颜六色的超级链接和栏目索引条又把整个页面点缀得五彩缤纷、赏心悦目。同时网页上的内容非常的丰富，除了雅虎特有的网站分类索引外，还有众多栏目，如即时新闻、论坛、黄页、分站超级链接等。在栏目中间，大大小小、

(a) 主页上半部分

(b) 主页下半部分

图 1-3 雅虎中国主页

形式各异的广告穿插其中，以期吸引用户的注意。当把滚动条移动到主页的下半部分时，可以看到网站版权声明和任何商业网站都应该具有的工商局注册电子标识。另外，除了主页顶部的帮助之外，在主页的底部还有一系列有关网站本身的用户指南，以便用户更好地访问雅虎中国并建立良好的交互关系。

当点击主页上的重点导航栏中的超级链接，比如“分类导航”时，便进入了这个栏目的首页，如图 1-4 所示。

从这个网页上可以看到，雅虎中国的网站标志和搜索引擎位于网页的上方，虽然比主页上的标志和搜索引擎小了一些，但仍然非常醒目，而且在导航栏的左侧和下方还加了快速导航和子栏目导航，这使得用户能够在网站不同层次的网页和同一层次的相关网页之间快速地进行切换。网页的布局和配色虽然与主页有所差异，但是它的整体风格和主页是一致的，让用户感觉到在两个网页之间切换非常连续。

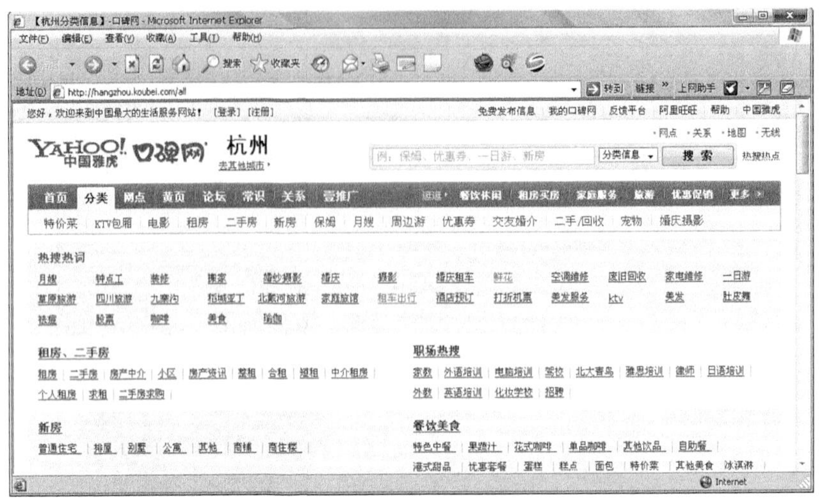

图 1-4　雅虎中国分类导航栏

其实，不仅是分类导航上的网页，其他栏目的网页也具有相同的特征：网站标志、统一的风格、快速的导航、更细的栏目分类和及时更新的内容等。

2. 电子政务网站

电子政务网站是政府部门对外发布信息、实现电子政务的基本平台。随着政府对电子政务日益重视，对信息化建设的投入不断增加，各级政府部门纷纷建立网站，以便向全社会提供高效、优质、规范、透明和全方位的管理与服务。下面以北京市政府网站“首都之窗”(www.beijing.gov.cn)为例介绍电子政务网站。“首都之窗”是北京市政府机关在因特网上统一建立的中心网站，于 1998 年 7 月 1 日正式开通，也是我国第一个大规模“政府网”。“首都之窗”的主页如图 1-5 所示。

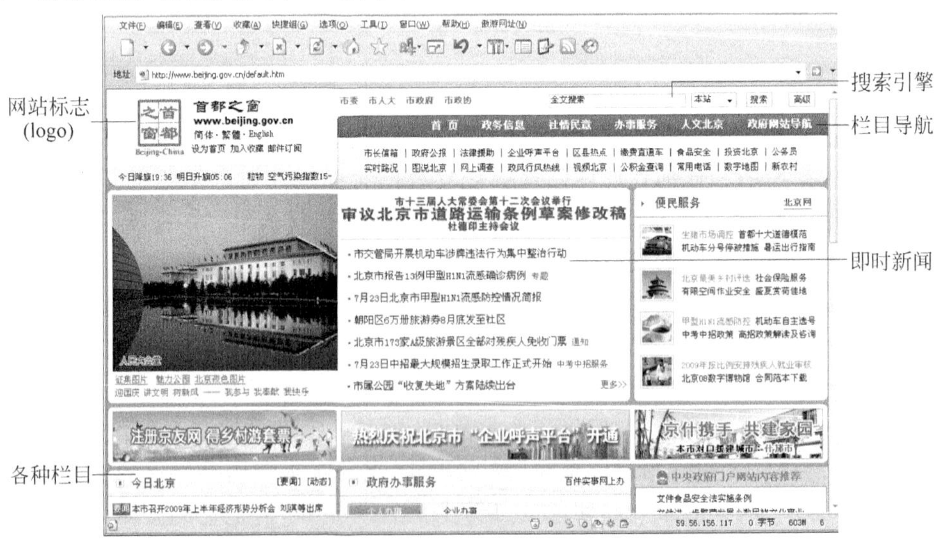

图 1-5　首都之窗主页

同雅虎一样，首都之窗也有一个非常有特色的网站标志。这个标志取形于中国的印章文化，很好地体现了北京这座古都所独有的丰厚的文化底蕴。整个网页采用红色作为主色调，也很好地体现了北京作为首都的气质：大气和热情。在网站标志的右侧是一个搜索引擎和一个栏目导航条，非常便于用户查找资讯，并清晰地列出了网站所开设的主要栏目。网页内容非常丰富，大到政策法规、小到百姓琐事，包罗万象、无所不有，体现了“宣传首都，构架桥梁；信息服务，资源共享；辅助管理，支持决策”这一主题。把滚动条拉到网页的最底端，可以找到反映网站建设本身的内容链接“关于我们”和与用户进行双向交流的“评价首都之窗”。

点击导航栏上的栏目链接可以打开栏目的首页，也就是首都之窗网站的第二层网页。图 1-6 所示为政务信息栏目的首页。从这个图可以看出，包括网站标志和导航条在内的头部仍旧出现在网页之中，这种统一的头部不仅统一了整个网站的风格，而且能让用户在网站中冲浪而不会迷失方向。因为有关政务信息的内容非常多，所以首都之窗在政务信息栏目首页的左侧建立一个导航条，将政务信息栏目分为机构职能、工作动态、人事工作、应急管理和办事指南等子栏目。这样用户既可以在政务信息栏目首页上浏览到最新的消息，又可以通过子栏目浏览更详细的政务信息。其他栏目的网页或者更细子栏目的网页都和政务信息栏目的首页一样具有上面所提到的特征。

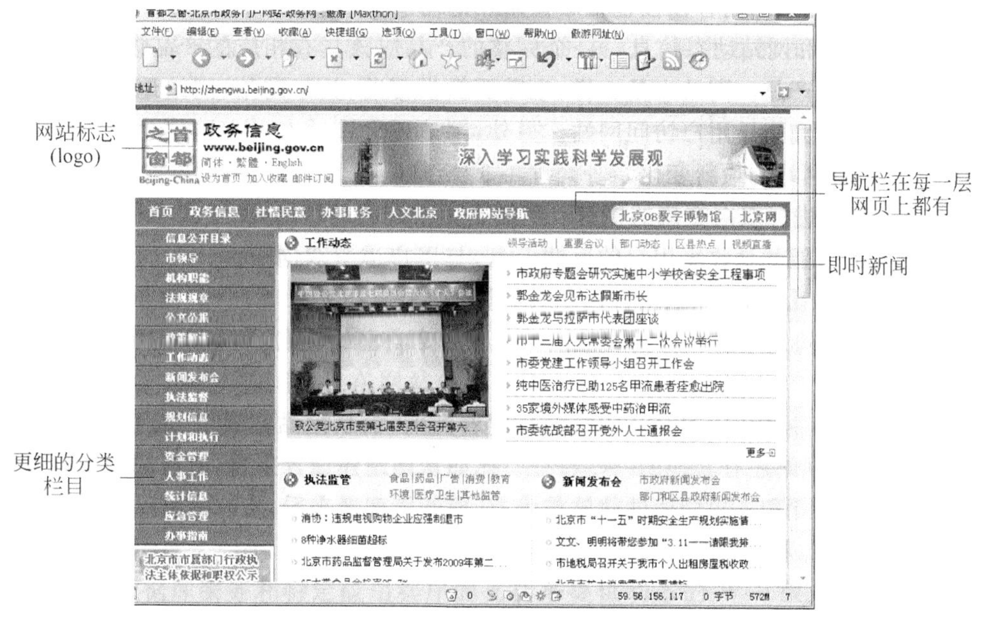

图 1-6　首都之窗政务信息栏目首页

3. 网站的特征

通过大量的网站不难发现：虽然它们看起来具有很大的差异，但又具有很多共同的特征，这些特征归纳起来，最主要体现在以下几个方面。

(1) 众多的网页。网站由众多的网页组成，网页间通过超级链接建立联系。所以从

程如下：当 Web 服务器接收到 HTTP 请求之后，如果发现请求的是一个静态的 HTML 网页（即以. htm 或. html 为扩展名的网页），Web 服务器无需其他服务器的帮助直接使用基本的 Web 服务即可；如果发现请求是一个动态的网页（如 ASP、JSP 或其他的动态网页），Web 服务器就需要将这个请求转发给应用程序服务器。应用程序服务器根据需要从数据库中取出相应的数据并对其进行相应的处理，然后动态生成一个新的 HTML 网页返回给 Web 服务器，最后再由 Web 服务器通过 HTTP 协议将这个网页转发给客户机。

通过两个典型的例子可以更好地说明图 1-9 所示的体系结构。第一个是基于 Windows 操作系统的 IIS Web 服务器，支持 ASP，数据库是 Microsoft SQL Server，其结构如图 1-10(a)所示；第二个例子是基于 Linux 操作系统，Web 服务器为 Apache，安装 TOMCAT 以支持 JSP，数据库服务器为 MySQL，其体系结构如图 1-10(b)所示。

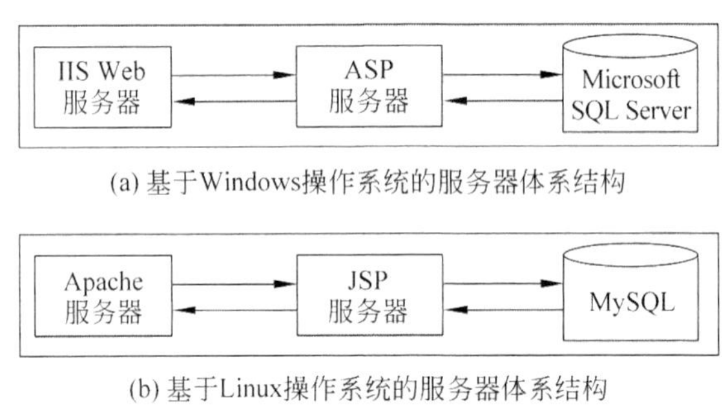

(a) 基于Windows操作系统的服务器体系结构

(b) 基于Linux操作系统的服务器体系结构

图 1-10 服务器体系结构实例

1.3 网页设计与制作

1.3.1 超文本标记语言 HTML

所有网页都存放在 Web 服务器中，由于访问网页的客户端计算机种类多样化，要保证各种类型的计算机或终端都能“看懂”网页文件，就需要使用一种统一的语言来描述网页内容，于是就产生了 HTML(Hyper text Markup Language)——超文本标记语言。

HTML 语言是一种早期的用于网页制作的编程语言，对网页的内容、格式及网页中的超级链接进行描述，而 Web 浏览器的作用就在于读取 Web 站点上的 HTML 文档，再根据此类文档中的描述组织并显示相应的网页信息。

HTML 语言以编写程序代码为主，有一套较复杂的语法结构，专门提供给专业人员用来创建 Web 文档。HTML 代码可以直接在记事本中编写，HTML 文档的后缀为“. htm”或“. html”。

尽管很多网页制作工具提供了可视化的操作界面，但是如果要通过源代码来深入设计和编辑网页，掌握 HTML 语法规则还是非常必要的。

1. HTML 文件的基本结构

不同网页的文件内容是不同的，但其 HTML 代码结构是相同的。下面通过一个具体操作来了解 HTML 文件的基本结构。

(1) 打开 Windows 附件下的“记事本”，输入如下代码后，将文件保存为 index.htm。

```
<html>
    <head>
        <meta http-equiv= "Content-Type" content= "text/html; charset= gb2312">
        <title>HTML 网页设计</title>
    </head>
    <body>
        <H2 align= center >欢迎进入我的个人主页</H2>
        <p>这是我的第一个网页</p>
        <p>我喜爱网页设计<br>
            网页设计简单有趣
        </p>
    </body>
</html>
```

(2) 使用 Internet Explorer 浏览器打开该文件，运行结果如图 1-11 所示。

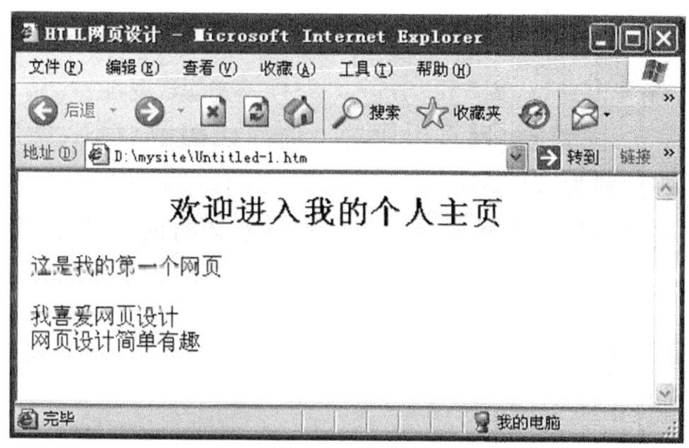

图 1-11　HTML 文件运行结果

从以上 HTML 代码及运行结果可以看出，HTML 语言主要通过各种标签来标识和排列网页元素，绝大多数标签是成对出现的，其格式如下：

```
<标签>对象</标签>
```

例如：

```
<p>这是我的第一个网页</p>
```

标签<p>和</p>本身不会显示在浏览器中，在网页中显示的是标签中的对象“这是我的第一个网页”。

标签中还可以带属性，如：

```
<H2 align=center>欢迎进入我的个人主页</H2>
```

＜H2＞和＜/H2＞标签用于定义二级标题，＜H2＞和＜/H2＞标签中的文本“欢迎进入我的个人主页”是显示的标题文字，align是该标签的一个属性，用于设置标题文本的对齐方式，“＝”后面的center就是align属性的参数，表示对齐方式为“居中”。

HTML中也有少数标签可以不成对出现，如＜br＞表示换行。当需要换行时，在要换行的地方添加标签＜br＞即可。

所有HTML代码都由以上3种标签组合而成，标签间还可以互相嵌套，形成更为复杂的语法，标签嵌套时要注意嵌套顺序，不能交叉嵌套。

一个完整的HTML文件结构如下：

```
<html>
    <head>
        文件头信息
    </head>
    <body>
        文件体
    </body>
</html>
```

HTML文件都由＜html＞和＜/html＞标签来标识，HTML文件的结构包括文件头和文件体两部分。文件头由＜head＞和＜/head＞标签标识，对整个HTML文件进行必要的定义，如网页的标题、关键词、网页内码等。前面代码中＜title＞HTML网页设计＜/title＞，定义网页的标题为“HTML网页设计”，在图1-11的标题栏中就显示该信息。文件体由＜body＞和＜/body＞标签定义，文件体中定义的内容才是网页中显示的各种信息。

2. HTML基本标签

HTML的基本标签主要有以下5个。

(1) html：标识HTML文件的开始和结束。开始为＜html＞，结束为＜/html＞。

(2) head：标识HTML文件头信息，包含了许多网页的属性信息，如网页标题、关键词、网页内码等。其中title标签标识的是当前网页的标题。

(3) body：文件体标签，＜body＞和＜/body＞之间包含文档中所有文本、图像等网页元素的内容。

(4) p：段落标签，＜p＞和＜/p＞之间是一个段落的内容。在其间可以添加相关的段落属性。

(5) br：换行标签。

HTML还有很多标签，需要时可以参阅相关书籍。表1-1给出了常用的HTML标签及作用。

表 1-1　常用 HTML 标签一览

标　签	类型	译名或意义	作　　用
<HTML>	•	文件声明	让浏览器知道这是 HTML 文件
<HEAD>	•	开头	提供文件整体信息
<TITLE>	•	标题	定义文件标题，将显示于网页标题栏
<BODY>	•	本文	设计文件格式及内容
<！－－注解－－>	○	说明标签	为文件加上说明，但不被显示
<P>	○	段落标签	为文字、图片、表格等之间留一空白行
 	○	换行标签	令文字、图片、表格等显示于下一行
<HR>	○	水平线	插入一条水平线
<CENTER>	•	居中	令文字、图片、表格等显示于中间
<DIV>	•	区隔标签	设定文字、图片、表格等的摆放位置
<STRONG>	•	加重语气	产生字体加粗(Bold)的效果
<B>	•	粗体标签	产生字体加粗的效果
<EM>	•	强调标签	字体出现斜体效果
<I>	•	斜体标签	字体出现斜体效果
<U>	•	加下划线	加下划线
<H1>	•	一级标题标签	将字体变粗变大加宽，标题级号越小，标题越大
<H2>	•	二级标题标签	将字体变粗变大加宽
<H3>	•	三级标题标签	将字体变粗变大加宽
<H4>	•	四级标题标签	将字体变粗变大加宽
<H5>	•	五级标题标签	将字体变粗变大加宽
<H6>	•	六级标题标签	将字体变粗变大加宽
<FONT>	•	字形标签	设定字形、大小和颜色
<STRIKE>	•	画线删除	为字体加删除线
<OL>	•	顺序清单	清单项目将以数字、字母顺序排列
<UL>	•	无序清单	清单项目将以圆点排列
<LI>	○	清单项目	每一标签标示一项清单项目
<MENU>	•	菜单清单	清单项目将以圆点排列
<DIR>	•	目录清单	清单项目将以圆点排列
<DL>	•	定义清单	清单分两层出现
<DT>	○	定义条目	标示该项定义的标题
<DD>	○	定义内容	标示定义内容
<TABLE>	•	表格标签	设定表格的各项参数
<CAPTION>	•	表格标题	在一个通长的表行中填入表格标题
<TR>	•	表格列	设定表格的列
<TD>	•	表格栏	设定表格的栏
<TH>	•	表格表头	相等于<TD>，但其内之字体会变粗
<FORM>	•	表单标签	决定单一表单的运作模式
<TEXTAREA>	•	文字区块	提供文本框以输入较大量文字
<INPUT>	○	输入标签	决定输入形式
<SELECT>	•	选择标签	建立 pop-up 卷动清单
<OPTION>	○	选项	每一标签标示一个选项

续表

标　签	类型	译名或意义	作　　用
<IMG>	○	图形标签	用以插入图形及设定图形属性
<A>	•	链接标签	加入超级链接
<FRAMESET>	•	框架设定	设定框架
<FRAME>	○	框窗设定	设定框窗
<MAP>	•	影像地图名称	设定影像地图名称
<AREA>	○	链接区域	设定链接区域
<BGSOUND>	○	背景声音	在网页背景播放声音或音乐
<EMBED>	○	多媒体	加入声音、音乐或影像
<MARQUEE>	•	走动文字	令文字左右走动
<BLINK>	•	闪烁文字	令文字闪烁
<LINK>	○	关系定义	定义该文件与其他 URL 的关系
<STYLE>	•	样式表	控制网页版面
<SPAN>	•	自订标签	独立使用或与样式表同用

注：• 表示该标签属封闭标签，即需要关闭标签，如 </标签>。○ 表示该标签属开放式标签，即不需要关闭标签。

1.3.2　常用网页制作工具

网络技术发展到今天，已经渗透到社会生活的每一个角落，包括商务、医药、学术和教育等各个领域，而这一切都要归功于 HTML 语言，可以说，没有 HTML 语言的出现，互联网的发展也不可能有今天。然而，随着网络速度的提高，HTML 的种种弊端也体现出来。人们上网的目的已经不是单纯地浏览文字和图片信息，还需要更多的新生事物，来满足在互联网上冲浪时的视觉和听觉感受。如人们需要在网上看动画、听音乐、欣赏实时视频，甚至玩 3D 游戏等。除了对网页的视觉和听觉效果有了较高的要求外，对网页的功能也提出了新的要求。脚本编程语言(JavaScript，VBScript)、层叠样式表(CSS)、动态图层(layers)等技术的出现为动态网页的制作创造了条件。

随着网页制作工具的发展，出现了一些可视化的网页制作工具。设计者制作网页可以完全不需要理会代码的编写语法和格式，制作一张网页就如同图文排版那样简单。下面介绍几种目前比较流行的网页制作工具。

1. FrontPage

FrontPage 是由 Microsoft 公司推出的 Office 系列软件中的成员，用于网页制作和网站管理，能够快捷、方便地创建和发布网页，具有非常直观的网页制作和站点管理的功能，可以为设计者简化大量工作。

FrontPage 继承了 Office 系列软件界面通用、操作简单等特点，其界面与 Word、PowerPoint 等软件的界面极为相似，为使用者带来了很大的方便。FrontPage 的缺点是容易生成冗余代码，设计功能不够强大，只适用于初学者。

2. Dreamweaver

Dreamweaver 是 Macromedia 公司推出的一款非常优秀的网页制作工具软件，具有可视化编辑界面，设计者不必编写复杂的 HTML 源代码就可以生成跨平台、跨浏览器的网页。Dreamweaver 还具有站点管理功能。使用站点管理窗口可以方便地管理本地站点以及远程站点的文件，快速地上传或下载站点中的文件。

Macromedia 公司在推出了 Dreamweaver 的同时又推出了动画制作软件 Flash 和图形图像处理软件 Fireworks，它们被称为"网页三剑客"。由于它们是一个系列的软件，并同属于一个软件厂商，所以软件之间的数据交换非常轻松方便。即使是初学者也能制作出具有相当水准的网页，所以 Dreamweaver 是网页设计者的首选工具。

此外，Dreamweaver 支持动态网页技术，在进行网页设计的过程中，DHTML 技术能够让设计者轻松设计复杂的交互式网页，产生动态效果。Dreamweaver 集网页制作和网站管理于一身，在网页排版、站点管理、站点上传等技术上的表现都非常引人注目。因此，Dreamweaver 是一种可以满足多层次需求、功能强大的可视化专业级网页设计及制作工具，不仅适合于专业网页制作人员，也容易被业余人士所掌握。

1.3.3 常用网页素材制作和编辑工具

网页中通常包含文字、声音、图像、动画、视频等媒体元素，对网页中所要求的各种媒体素材都应该事先准备，并通过合适的软件对其做好预处理工作。素材准备工作十分重要，如果做不好，对网页质量的影响将十分明显，因此素材制作和编辑是一个非常重要的环节。

网页中用到的各种素材，不论是自己制作的，还是从素材库或网络中收集到的，都需要用合适的工具软件对其进行处理。下面介绍一些常用的网页素材制作和编辑工具。

1. Fireworks

Fireworks 是 Macromedia 公司推出的设计和制作专业化网页图像的工具软件，它既可以制作位图图像，也可以制作矢量图形，还可以制作 GIF 动画。Fireworks 大大简化了网络图形设计的工作难度，无论是专业设计人员还是业余爱好者，使用 Fireworks 不仅可以轻松制作出动感的 GIF 动画，还可以很容易地完成大图切割、动态按钮制作、动态翻转图制作、图像优化等，因此，在网页设计的辅助工具中，Fireworks 将是最大的功臣。本书将在第 7 章介绍 Fireworks 在网页制作中的应用。

2. Flash

Flash 是 Macromedia 公司推出的用于矢量图编辑和动画创作的专业软件。它以强大的矢量动画制作和灵活的交互功能成为网页动画制作软件的主流，逐渐占据了网络广告的主体地位。本书将在第 7 章介绍 Flash 在网页制作中的应用。

Flash 的主要特点如下。

(1) 动画体积小。在 Flash 中处理的是矢量图形，用矢量描述复杂的对象所占用的空间很少，而且可以做到无限放大或缩小，都不会影响图像的清晰度，适于在网络上使用，这正是其迅速流行的重要原因。

(2) 插件工作方式。Flash 的工作方式是插件方式，网络用户只要安装了 Flash 插件，Flash 插件就嵌入到浏览器中，启动浏览器后就可以直接浏览带有 Flash 动画的网页。

(3) 交互的功能。一般软件制作出来的动画无法实现交互功能，只能按顺序播放。但在 Flash 中可以使用它提供的脚本语言来实现具有交互功能的动画。交互设计可随心所欲地控制动画，赋予用户更多的主动权。

3. CorelDRAW

CorelDRAW 是矢量图制作软件，它将矢量插图、版面设计、点阵图编辑、图像编辑及绘图工具等多种功能合为一体，增强了人性化特点的界面，专业输出能力支持多种语言文本，简化了设计过程。用 CorelDRAW 制作出来的矢量图运用到网页里，可以加快图片的打开速度。对于那些高级专业的网页设计师来说，这个软件是必不可少的。

除了以上介绍的图像、动画制作软件外，还有许多网页素材制作软件，如音频处理软件 CoolEdit、视频处理软件 Premiere、图像处理软件 Photoshop、3D 特效文字制作软件 Cool3D 等。总之，如果说 Dreamweaver 是各种网页元素集成和整合工具的话，那么 Photoshop、Fireworks、Flash、CorelDRAW 等软件则是制作网页必不可少的辅助工具。

思考与练习

1.1 名词解释

网页　网站　网址　统一资源定位器(URL)　浏览器　门户网站　政务网站　个人网站　C/S 模式　客户机　服务器　网站体系结构　HTTP 协议　HTML

1.2 说明网站和 WWW 网、网站和网页之间的关系；Web 站点通过什么技术将站点中的网页连接成为一个便于浏览的有机整体？

1.3 各种类型的网站虽然看起来具有很大的差异，但实际上作为网站本身它们又具有很多共同的特征。请问这些特征归纳起来主要体现在哪几个方面？

1.4 什么是网站的体系结构？客户机和服务器之间的通信通常可分为哪 4 个步骤？

1.5 常用的网页制作工具有哪些？简述这些网页制作工具的优缺点。

第2章

网页制作初步

[本章学习目标]

通过实例学习，掌握 Dreamweaver 起始页的设置，并熟悉 Dreamweaver 基本的界面操作，对网页制作的步骤和方法有一个初步的认识；

掌握站点的建立及站点参数的设置方法，学会编辑站点和网站目录结构设计；

熟练掌握网页文件的新建和保存方法；

掌握文本和特殊字符的输入方法，学会创建列表；

掌握在网页中插入日期、水平线等常见网页元素的方法；

掌握设置网页属性的方法；

熟练掌握在网页中添加图像及相关属性的设置方法、学会创建图像热点区域；

熟练掌握在网页中设置超级链接的方法，学会站点链接资源的管理方法；

掌握在网页中插入 Flash 元素的基本方法及相关属性的设置。

本章设计任务：构建一个以介绍厦门为主题的个人网站，该网站各网页的效果图及网页间的关系如图 2-1 所示。

(a) 主页　　(b) 厦门概况　　(c) 鼓浪屿

图 2-1 “厦门新貌”个人网站

2.1 初识 Dreamweaver MX 2004

2.1.1 Dreamweaver MX 2004 简介

Dreamweaver是Macromedia公司开发的集网页制作和网站管理于一身的网页编

辑器。Dreamweaver MX 2004 是 Dreamweaver 系列软件的较新版本，提供了强大的网页制作功能，其可视化的操作界面使开发人员能够快捷地创建代码规范的网页。Dreamweaver 组合了功能强大的布局工具、应用程序开发工具和代码编辑支持等，其设计和整合功能是以 CSS 为基础的，强大而稳定，可以帮助开发人员轻松创建和管理任何站点。此外，Dreamweaver"所见即所得"的编辑方式使那些只掌握了文档编辑能力的设计者也可以轻松完成网页的制作。

Dreamweaver MX 2004 具有如下特点。

(1) 可扩展性强。Dreamweaver MX 2004 是一个开放的、可扩展的产品。设计者可以自由而灵活地选择目前乃至今后合适的技术，对 Dreamweaver 进行扩展。使用集成开发环境，Dreamweaver 可以开发 HTML、XHTML、XML、ASP、ASP. NET、JSP、PHP 及 Macromedia ColdFusion Web 站点。此外，设计者还可通过 Macromedia Exchange 站点的 800 多个免费扩展定制自己的开发环境。

(2)制作效率高。Dreamweaver 可以用最快速的方式将 Fireworks、FreeHand 或 Photoshop 等文件添加到网页中，只要在 Dreamweaver 中单击相应按钮，就可使 Dreamweaver 自动开启 Fireworks 或 Photoshop 来创建和编辑图像。Dreamweaver 能与各种设计工具，如 Flash、Shockwave 及外挂模组等搭配，在 Dreamweaver 中便可完成各种操作，整体运用流程自然顺畅。

(3) 网站管理功能强大。使用网站地图可以快速创建网站、设计或更新网页。不论是改变网页位置，还是更改文件名称，Dreamweaver 都会自动更新所有链接。使用 HTML 代码、HTML 属性标记及一般语法的搜索及置换功能，使得复杂的网站更新变得迅速又简单。

(4) 控制能力强。Dreamweaver 是唯一提供可视化编辑与 HTML 代码编辑同步的设计工具。它包含 HomeSite 和 BBEdit 等主流文字编辑器。帧(frames)和表格的制作速度极快。增强的表格编辑功能使选择连续或不连续的单元格、行、列等操作十分简单，还可以排序或格式化表格群组。Dreamweaver 支持精确定位，利用图层拖动和置放的方式进行精确的版面布局，图层还可以方便地转换成表格。

(5) 安全性。使用安全的 FTP 全加密方式传输文件，可以防止未获授权者访问用户数据、文件内容、用户名和密码等。

(6) 无缝集成外部文件和代码。设计者可以从 Microsoft Word 和 Excel 文档中直接复制数据，然后粘贴到 Dreamweaver 中。粘贴时可保留字体、颜色和 CSS 样式等。完全支持 Unicode，设计者可以使用、显示和保存包括双字节字符集在内的、操作系统所支持的任何字体和编码。

2.1.2 Dreamweaver MX 2004 的工作环境

Dreamweaver MX 2004 安装成功后，系统会在"开始"菜单的"程序"子菜单中创建 Dreamweaver MX 2004 的快捷方式图标(如图 2-2 所示)，单击该快捷方式就可以启动 Dreamweaver MX 2004。

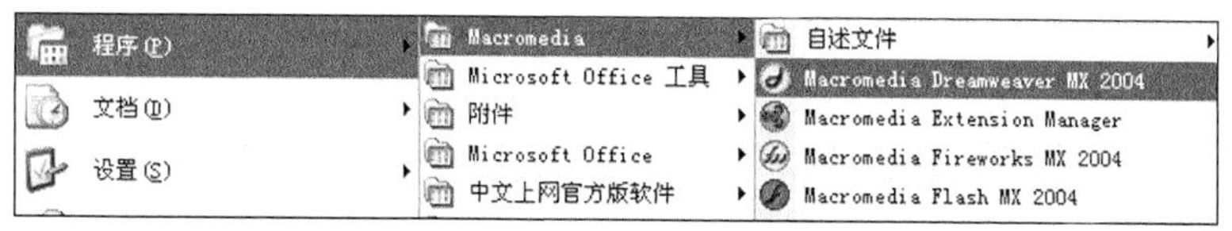

图 2-2　Dreamweaver MX 2004 的启动方法

第一次启动 Dreamweaver MX 2004 程序时，将首先弹出“工作区设置”窗口，窗口中包含“设计者”和“代码编写者”两个选项。“设计者”工作区是为使用可视化的窗口和面板进行网页制作的设计人员设置的，“代码编写者”工作区则是为使用 HTML 语言和其他语言进行设计的程序员设置的。无论使用哪个工作区，设计者都可以使用 Dreamweaver 的全部功能，本书主要使用“设计者”工作区。如果需要更改工作区，可以单击“编辑”菜单的“首选参数”子菜单，在弹出的“首选参数”对话框中单击“更改工作区”按钮进行设置。

启动 Dreamweaver MX 2004 后，会出现“起始页”，如图 2-3 所示。“起始页”的常用功能主要分为 3 大类：打开最近项目，方便设计者快速找到最近编辑的网页；创建新项目，使设计者快速进入各自所要创建的不同项目类型；从范例创建，可使设计者直接利用现有的范例样本进行创作。

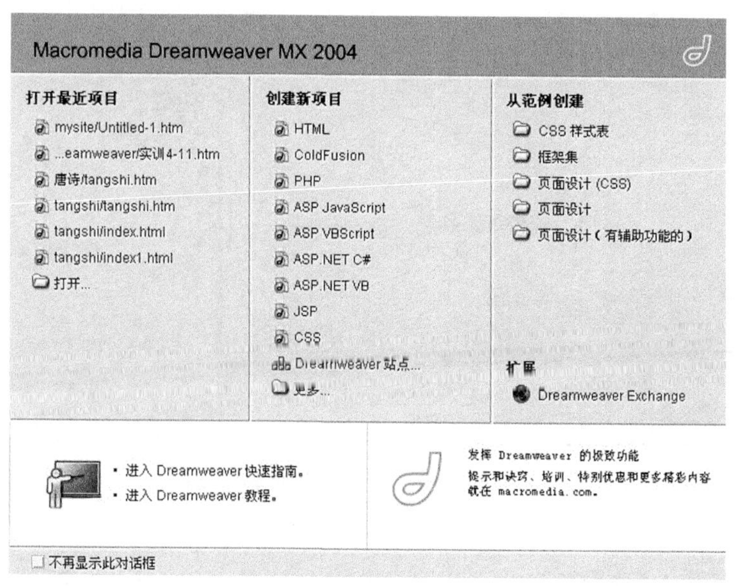

图 2-3　“起始页”

如果选择起始页下方的“不再显示此对话框”复选框，则在下一次启动 Dreamweaver MX 2004 时，起始页就不会出现了。如果要再次启动该选项，则可单击 Dreamweaver“编辑”菜单下的“首选参数”子菜单，打开“首选参数”对话框，在“常规”选项面板中勾选文档选项中的“显示起始页”，这样在下一次启动时，起始页就又会出现了。

Dreamweaver MX 2004 的操作界面如图 2-4 所示，主要包括程序主窗口、文档窗口和面板组 3 大部分。

1. 主窗口

程序主窗口和标准的 Windows 窗口一样，主要由标题栏、主菜单、插入工具栏等组成。

1）标题栏

标题栏在 Dreamweaver MX 2004 主窗口的最上方，用来标明 Dreamweaver 的标志和网页的名称，左边显示的是 Dreamweaver MX 2004 标志，其后的方括号内显示的是网页的标题、网页的存储位置及文件名。如果文件名后面出现"＊"，则代表该网页内容经过修改且尚未保存。

2）主菜单

标题栏下面是主菜单。Dreamweaver MX 2004 的主菜单中共有 10 个菜单项，分别为文件、编辑、查看、插入、修改、文本、命令、站点、窗口和帮助，主要用于文件管理、站点管理、插入对象、窗口的设置等操作，其中很多功能在浮动面板组或工具栏中也能找到。菜单栏里的所有项目提供了完整的功能。

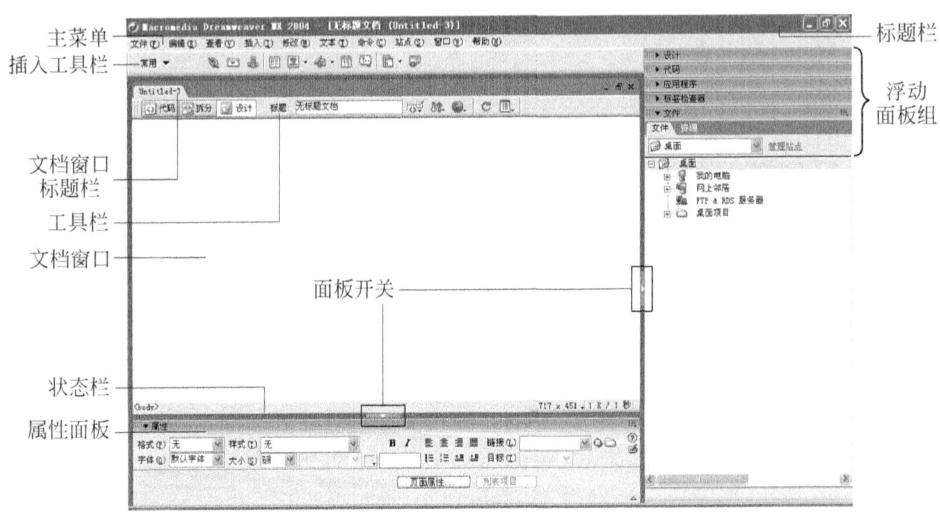

图 2-4　Dreamweaver MX 2004 的操作界面

3）"插入"工具栏

Dreamweaver MX 2004 的主菜单下是"插入"工具栏，和"插入"菜单相对应，用来插入各种网页元素，如图像、表格等。"插入"工具栏将各种网页元素归纳为 8 种类型：常用、布局、表单、文本、HTML、应用程序和 Flash 元素，这 8 种类型被放在"插入"工具栏左边的下拉列表中。单击下拉列表中的列表项，可以实现各种类型之间的切换，列表右边则显示当前选定的类型所对应的各种按钮。

"常用"栏中放置的是常用的按钮，如图 2-5 所示。

图 2-5　"常用"栏

：用于插入超级链接。

：用于插入邮件链接，只要指定要链接的邮件地址，就可以自动启动邮件发送程序发送邮件。

：用于插入锚记，设置锚记超级链接，可以设置链接到网页文档中的某个特定位置。

：用于插入表格。

▾：用于插入图像、导航条、热区等。单击其右边的小三角，可以看到其他与图片相关的按钮，如图像占位符、鼠标经过图像等。

▾：用于插入 Flash 影片等各种媒体元素。单击其右边的小三角，可以看到其他与 Flash 媒体相关的按钮，如 Flash 按钮、Flash 文本、插件等。

：用于插入当前日期和时间。

：用于在当前光标处插入注释，以便于修改。

▾：用于创建和设置模板。单击其右边的小三角，可以看到其他与模板相关的按钮，如创建模板、创建可嵌套模板等。

：用于打开标签选择器，使不了解标记使用方法的设计者可以轻松地从标记库中直接插入各种标记。

“布局”栏中放置的是页面排版按钮，如图 2-6 所示。

布局 ▾ 标准 扩展 布局

图 2-6 “布局”栏

：用于在当前光标位置插入一个表格。

：用于插入 Div 标记，为布局创建一个内容块。

：用于插入层。单击该图标后，在编辑区中拖曳鼠标会绘制出适当大小的层。

标准 扩展 布局：用于切换视图的显示模式。“标准”是一般状态下显示的视图模式，此时可以插入、编辑表格和层；单击“布局”按钮可以将视图切换至布局视图模式，此时可以插入布局表格和布局单元格，但不能编辑表格和层的内容；“扩展”视图模式下使用扩展的表格模式进行显示。

：用于在布局模式下插入布局表格。

：用于在布局模式下插入布局单元格。

：用于在当前行的上方插入一行。

：用于在当前行的下方插入一行。

：用于在当前列的左边插入一列。

：用于在当前列的右边插入一列。

▾：用于在光标位置插入框架。单击其右边的小三角，可以看到各种模式的框架，如左侧框架、右侧框架、顶部框架、底部框架等。

：单击该按钮将打开“导入表格式数据”对话框，用来导入数据。

"表单"栏如图 2-7 所示。

图 2-7 "表单"栏

：用于插入表单。

：用于插入文本字段，可以输入单行文本。

：用于插入隐藏字段。

：用于插入文本区域，可以输入多行文本。

：用于插入复选框。

：用于插入单选钮。

：用于插入单选钮组，一次可以生成多个单选钮。

：用于插入列表或菜单。

：使用列表或菜单对象建立跳转菜单。

：用于插入图像字段。

：用于插入文件字段。使用该字段，可以在文件中检索，并添加文件。

：用于插入可传输样式内容的按钮。

abc：用于在字段上添加标签。提供了一种在结构上将字段的文本标签和该字段关联起来的方法。

：用于为表单元素添加逻辑分组的容器标签。

"文本"栏如图 2-8 所示。

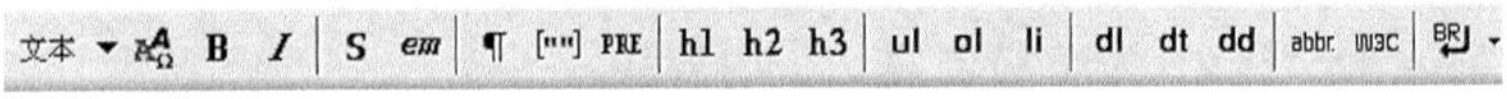

图 2-8 "文本"栏

：字体标签编辑器，用于对字体标签进行更详细的设置。

B：将文本设置为粗体。

I：将文本设置为斜体。

S：为了强调文本，以粗体表现文本。

em：为了强调文本，以斜体表现文本。

¶：将文本设置为新的段落。

[""]：将文本标记为引用文字，一般采用缩进效果。

PRE：允许文本区域原封不动地保留多处空白，在浏览器中显示其内容时，将完全按照输入时的文本格式显示。

h1 h2 h3：将文本设置为 HTML 标题格式，数值越大字号越小。

ul：设置文本为项目列表。

ol：设置文本为编号列表。

li：设置选定的文本为列表项目。

dl：设置文本为包含定义术语和定义说明的列表。

dt：定义文章内的技术术语和专业术语等。

dd：在定义术语下方标注说明。以自动缩进格式显示，以便与术语区分。

abbr：为缩写或首字母缩写词添加完整的说明文字，可用于屏幕阅读器或搜索引擎中，但不会在浏览器中显示。

W3C：指定与 Web 内容具有类似含义的同义词。可用于屏幕阅读器或搜索引擎中。

BR ▾：用于插入特殊字符。单击其右边的小三角，可以看到各种特殊字符按钮，如换行符、空格、破折线、英镑符号和注册商标等。

“HTML”栏如图 2-9 所示。

图 2-9 “HTML”栏

：用于插入水平线。

▾：用于将元素添加到文件头部分，即＜head＞和＜/head＞标记间。单击其右边的小三角，可以看到与文件头有关的各种元素，如关键字、刷新时间间隔等。

tabl ▾：单击其右边的小三角，可以使用一系列与表格相关的功能。

frm ▾：单击其右边的小三角，可以使用与框架相关的功能。

▾：单击其右边的小三角，可以使用与脚本相关的功能。

“应用程序”栏如图 2-10 所示。

图 2-10 “应用程序”栏

：用于插入记录集对象。

：用于插入存储过程对象。

▾：用于插入动态数据对象。单击其右边的小三角，可以看到各种动态数据对象，如动态表格、动态文本等。

：用于插入重复区域对象。

▾：用于插入显示控制对象。单击其右边的小三角，可以看到各种用于显示控制的按钮。

▾：用于插入记录集导航栏。

▾：用于插入可以转到详细页面或相关页面的页面集。

▾：用于插入记录集导航状态栏。

：用于管理主/详细页面设置。

▾：用于插入记录。

▾：用于更新记录。

：用于删除记录。

：用于用户身份验证。

“Flash 元素”栏如图 2-11 所示，该插入栏只有一个按钮，用于插入 Flash 元素。

图 2-11 “Flash 元素”

在“收藏夹”栏中，设计者可以根据自己的使用习惯，将经常使用的对象放在上面，以提高工作效率。

2. “文档”窗口

“文档”窗口由标题栏、工具栏、编辑区和状态栏组成。

1) 标题栏

文档窗口最上方的标题栏(如图 2-12 所示)用来显示网页的文件名。当同时打开多个网页时，单击标题栏可以实现“文档”窗口间的切换。

图 2-12 文档窗口的标题栏和工具栏

2) 工具栏

文档窗口的标题栏下面是工具栏，包括“文档”工具栏和“标准”工具栏。“文档”工具栏中从左到右依次是：代码视图与设计视图的切换按钮、标题输入框、动态跨浏览器验证按钮、文件管理按钮、预览按钮、刷新按钮等。代码视图与设计视图的切换按钮中，“代码”按钮代表当前文档窗口以 HTML 代码的模式显示，“设计”按钮代表当前文档窗口以所见即所得的模式显示。“拆分”按钮代表当前文档窗口同时显示设计视图和代码视图。“标题”输入框中可以直接输入网页标题，所输入的标题会直接显示在主窗口标题栏中。

“标准”工具栏从左到右依次是：新建页面按钮、打开已经存在的页面按钮、保存当前页面按钮、保存所有页面按钮、剪切按钮、复制按钮、粘贴按钮、撤销按钮和重做按钮。

主菜单中“查看”菜单下的“工具栏”子菜单中包含“插入”、“文档”和“标准”三个复选菜单项，单击相应的菜单项，可以实现“插入”工具栏、“文档”工具栏及“标准”工具栏的显示或隐藏。

3) 编辑区

设计者在此区域编辑网页内容，并以所见即所得的方式显示被编辑的网页内容。

4) 状态栏

文档窗口底部的状态栏(如图 2-13 所示)显示了当前正在编辑的文档的网页元素。设计者可以根据左侧的标签选择器非常容易地选取网页中的元素，例如单击＜body＞后，就可选取整个网页；单击＜table＞后，就可选取光标所在的表格；单击＜tr＞后，就可选取光标所在的单元格。状态栏右边显示的是当前编辑的文档的窗口大小，单击右下角的小三角形可以展开窗口大小设置列表，当“文档”窗口处于最大化状态时，这些列表项是灰色不可选的，只有当窗口不是在最大化状态时，才可以设置窗口的大小。

图 2-13 状态栏

3. 面板

在 Dreamweaver MX 2004 操作界面中,面板是一个很重要的组成部分。面板以一组可视化的小窗口形式显示,分别位于文档窗口的下方和右侧(见图 2-4)。位于文档窗口下方的是属性面板,位于文档窗口右侧的则是浮动面板组。面板可以方便设计者完成各种操作,如属性设置、文件管理和历史步骤操作等。

属性面板用于显示和设置当前选定的网页元素的属性。当选择不同的网页元素时,属性面板的显示内容也会有所不同,例如,文本和图片所显示的属性是不一样的。

单击属性面板左上角"属性"文字部分,或单击属性面板上边框中间的"面板开关"按钮,可以显示或隐藏属性面板。

Dreamweaver MX 2004 中的其他面板被组织到文档窗口右侧的面板组中,具有浮动的特性。面板组中包含"设计"、"代码"、"应用程序"、"标签检查器"、"文件"等面板。设计者可以根据自己的喜好将不同的浮动面板重新组合,达到更便于操作的界面布局。

浮动面板组中的每个面板都可以显示或隐藏,并且可以和其他面板停靠在一起或独立于面板组之外。单击面板左上角的文字部分,可以展开或折叠该面板。单击面板右上角的"弹出菜单"图标,可以打开相应面板的弹出菜单。将鼠标移到面板组左边界,当鼠标指针变为双箭头形状时,拖动鼠标可以改变面板组的大小。单击面板组左边框中部的"面板开关"按钮,可以显示或隐藏整个浮动面板组。

按 F4 键可以隐藏所有面板,再按一次 F4 键则显示面板。当面板被关闭时,可以通过单击"窗口"菜单中的子菜单项打开相应的面板。

2.1.3 使用 Dreamweaver MX 2004 的帮助系统

设计者在使用 Dreamweaver MX 2004 时,会遇到很多操作上的问题,一般可以通过查阅文献资料获得解决办法,但更方便的是通过联机帮助的形式来寻找问题的答案,联机帮助提供了使用 Dreamweaver MX 2004 的指导。以下两种方法可以打开 Dreamweaver MX 2004 的在线帮助:

(1) 在 Dreamweaver MX 2004 工作环境中按 F1 键。

(2) 在 Dreamweaver MX 2004 中单击菜单"帮助"/"使用 Dreamweaver"。

Dreamweaver MX 2004 帮助窗口共有 4 个选项卡:目录、索引、搜索和书签,这 4 个选项卡提供了 4 种查找帮助的方法。在如图 2-14 所示的目录中,可以看到 Dreamweaver MX 2004 帮助窗口分成左右两部分,左窗口帮助主题的目录列表就像图书的目录一样,带📘图标的是主要主题,单击该图标将展开主题,继续单击展开的主题图标📖,将显示主题中带❓图标的详细列表。右窗口显示当前选中的帮助主题的具体内容。这些内容中有许多词带有下划线,这些带下划线的文本是帮助的链接。单击这些链接,将立刻在右窗口显示与文本相关的内容。因此,使用这些链接可以快速地在相关主题间移动。

当需要查找特定帮助内容时,可以使用帮助中的"索引"功能。单击帮助窗口中的"索

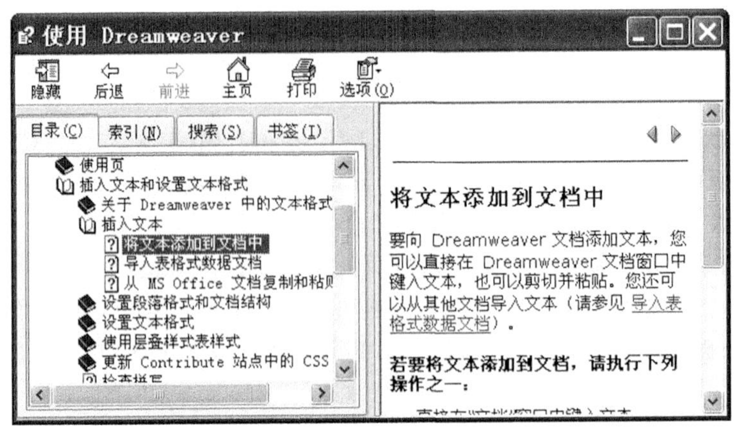

图 2-14　Dreamweaver MX 2004 帮助的目录

引”选项卡，则出现如图 2-15 所示的窗口，在“输入要查找的关键字”下面的文本框输入所需要的主题，每输入一个字母或汉字，帮助将显示相关的条目。例如，需要查询关于“标题属性”的信息，当输入“标”字时，帮助将显示所有以“标”字开头的帮助主题，当继续输入“题”字时显示以“标题”开头的主题，直到输入“标题属性”，帮助将显示如图 2-15 所示的“标题属性”主题。在左窗口找到所需要的帮助主题后，单击“显示”按钮，则右窗口显示该主题的详细内容。

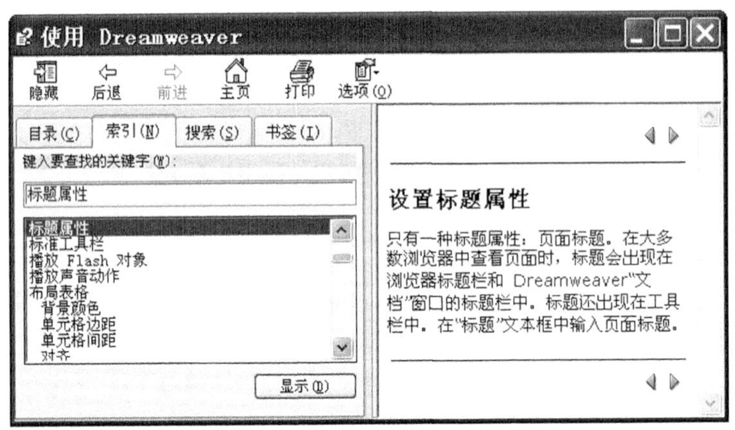

图 2-15　Dreamweaver MX 2004 帮助的索引

查找特定帮助内容的另一个工具是“搜索”，使用“搜索”工具可以查找范围更广泛的主题。单击帮助窗口的“搜索”选项卡，将出现如图 2-16 所示的窗口。例如，要查找帮助内容中包含“标题属性”的信息，在“输入要查找的关键字”下面的文本框内输入“标题属性”，单击“列出主题”按钮，则帮助程序将在主题列表中搜索所有主题并找出相关条目。单击需要的条目，然后单击“显示”按钮，则在右窗口显示相关的帮助内容。

此外，当使用链接在各个主题间查阅时，可以使用帮助工具栏中的“后退”按钮返回上一个主题。例如，浏览了主题 A，然后浏览主题 B，最后浏览了主题 C，此时，单击“后退”

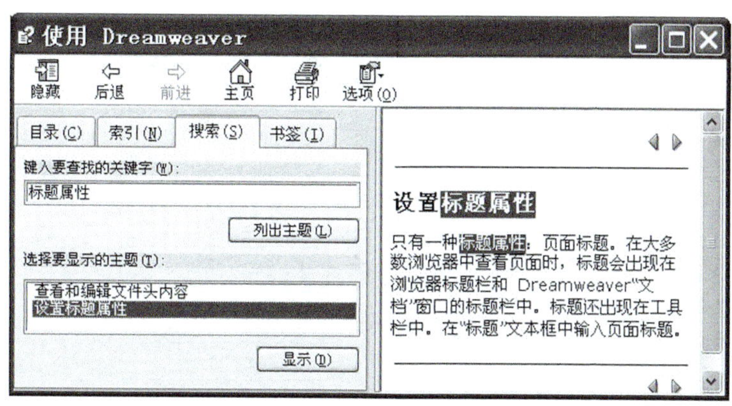

图 2-16　Dreamweaver MX 2004 帮助的搜索

按钮则显示主题 B 的内容，单击"前进"按钮则显示主题 C 的内容。"前进"和"后退"按钮可以在最近查阅的帮助主题间前后翻页。

单击帮助窗口的"隐藏"按钮可以隐藏左窗口，只显示右窗口的帮助详细文本，此时"隐藏"按钮变为"显示"按钮，单击"显示"按钮则可恢复显示左窗口。

2.2　创建和管理站点

2.2.1　网站的建设步骤

如图 2-17 所示，网站建设总的来说需要经历 4 个步骤，分为网站的规划与设计、站点建设、网站发布和网站的管理与维护。

第 1 步：网站的规划与设计。在这一步骤中需要对网站进行整体分析，明确网站的建设目标，确定网站的访问对象、网站应提供的内容与服务及网站的域名，设计网站的标志(logo)、网站的风格、网站的目录结构等各方面的内容。这一步是网站建设成功与否的关键，因为所有的后续步骤都必须按照第 1 步的规划与设计来实施。

第 2 步：站点建设。这个步骤主要包括网站域名注册、网站配置、网页制作和网站测试 4 个部分。除了网站测试必须要在其他 3 项内容开始之后才能进行之外，域名注册、网站配置和网页制作相对独立，可以同时进行。

第 3 步：网站发布。相关内容都建设好后，就可以正式发布网站，也就是将网站放到 Internet 上允许用户通过网站的域名进行访问。

第 4 步：网站的管理与维护。该步骤虽然是最后一个步骤，却贯穿网站建设的全过程。只要网站没有停止运行，就需要对其进行管理和维护，所以这一步是最为费劲的一步。网站的管理和维护包括了安全管理、性能管理和内容管理 3 个方面。

另外从图 2-17 也可以看到，网站建设是一个循环的过程，并不是说一次过后就结束了，它需要随着需求的变化不断地对网站进行再次规划与设计，进而不断地建设和发布新

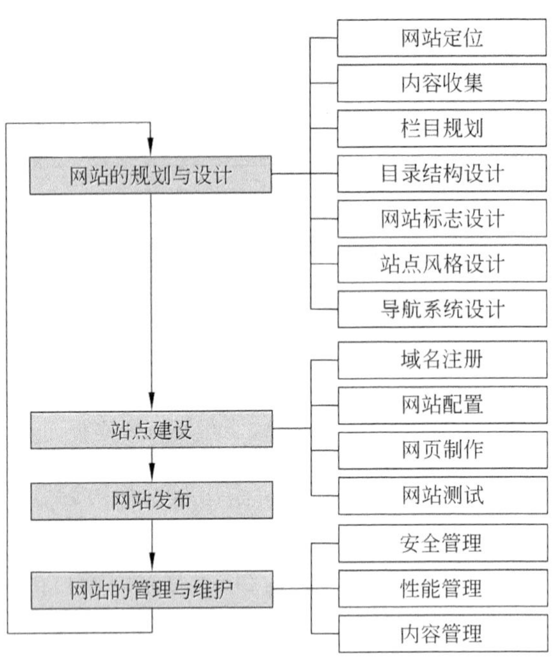

图 2-17　网站建设步骤

的内容与服务，不断地升级服务器和网络环境以保障网站的运行性能。

有关网站规划与设计在第 6 章会有更详细的介绍。下面先介绍网站目录结构的设计和素材的准备工作。

2.2.2　网页制作前的准备工作

1. 网站目录结构的设计

网站的目录结构又称为网站的物理结构，其设计目的是为了解决如何在硬盘上更好地存放包括网页、图片、Flash 动画、JavaScript、数据库文件等各种资源在内的所有网站资源。

目录结构对用户来说是不可见的，它只是针对网站管理员，所以它的设计是为了网站管理员能从文件的角度更好地管理网站的所有资源。目录结构是否合理，对网站创建效率会产生较大的影响，但更主要的，会对未来网站的性能、网站的维护及扩展产生很大的影响。比如，将所有的文件和资源都放在同一个文件夹下。那么当文件增多时，Web 服务器的性能就会急剧下降，因为查找一个网页文件需要很长的时间，而且网站管理员在区分不同性能的文件和查找某一个特定的文件时也会变得非常麻烦。

目录结构的设计通常需要遵循以下原则。

(1) 不要将所有的文件都放在根目录下。因为这样做很容易造成文件管理混乱；而且当文件很多时，会非常影响 Web 服务器的索引速度。因为服务器通常需要为根目录建立一个索引，而且每增加一个新的文件时都需要重新建立索引，所以文件越多，建立索引的时间也就越长。

(2) 根据栏目规划来设计目录结构。一般情况下可以按照网站的栏目规划来设计目录结构,使两者有一一对应的关系。但是这也会导致安全问题,就是访问者很容易猜测出网站的目录结构,也容易对网站实施攻击。所以在设计目录结构时候,尽量避免目录名和栏目名相一致,可以采用数字、字母和下划线的组合来提高目录名的猜测难度。

(3) 每个目录下都建立独立的 images 子目录。这样可以使目录结构更加清晰。如果很多网页都需要用到同一个图片,比如网站标志图片,那么将这个图片放到所有这些网页共有的最高层目录的 images 子目录下。

(4) 目录层次不要太深。

(5) 不要使用中文目录名。因为站点是对 Internet 所有用户开放的,所以必须要考虑到非中文操作系统的用户也能正常访问。对于目录名,最好都使用英文名字。

(6) 可执行的动态服务器网页文件和不可执行的静态网页文件分开放置在两个目录下,然后将存放可执行网页文件的目录设为不可读和执行。这样做的好处是可以避免动态服务器网页文件被读取。

(7) 数据库文件单独放置。数据库文件因为安全要求很高,所以最好放置在 HTTP 所不能访问到的目录下。这样就可以避免恶意的用户通过 HTTP 方式取到数据库文件。

图 2-18 是某网络文学站点的栏目规划及在此基础上为该站点所设计的网站目录结构。有关栏目规划的内容在第 6 章会有详细的介绍。

本章的设计任务是构建一个以介绍厦门为主题的个人网站,因此网站目录结构可以相对简单。“厦门新貌”站点结构如图 2-19 所示,站点根文件夹名为 xiamen,主页 index.htm 存放在站点根文件夹 xiamen 下,这样可以很容易地找到直接进入网站的方法。

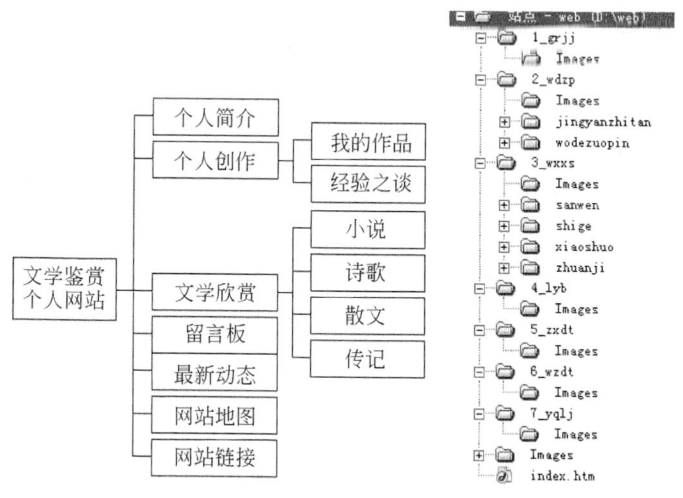

图 2-18　站点目录结构示意图

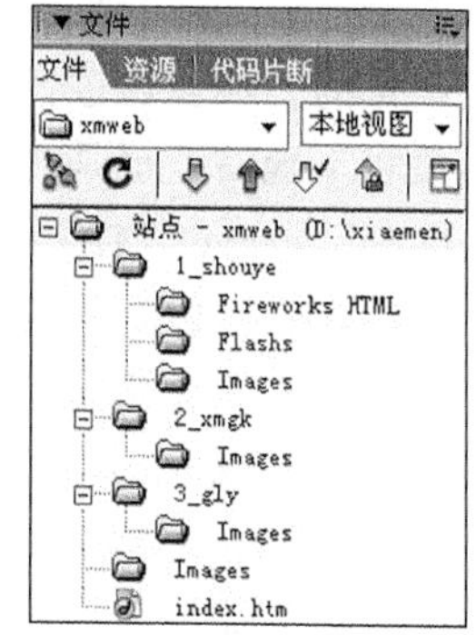

图 2-19　“厦门新貌”网站目录结构

2. 准备网页素材

规划好站点目录结构后，还需要收集和制作相关的网页素材。网页中的元素丰富多彩，包括文字、图形、动画、声音及视频等多媒体元素，这些素材可以从网络上下载，也可以自己动手采集制作，如利用麦克风录制解说词，或用 Flash 创作片头动画、用 Fireworks 制作网站标志等。制作网页前，应当尽可能多地了解、搜集一切可以使用的素材，只有准备得非常充分，才会使创作空间变得广阔，才有可能制作出精品。

图 2-1 所示"厦门新貌"网站中主要包含 3 个网页，主页中需要一个 Fireworks HTML 文件、两张图片、一个 Flash 动画和背景音乐；"厦门概况"页面需要收集一些关于厦门地理位置、经济状况、旅游资源等方面的文字资料，以及相关的图片资料；"鼓浪屿"页面需要一张鼓浪屿全景图，图中要包含日光岩景点，另外还需要一张日光岩为主体的图片，以及两张用于鼠标经过图像效果的"返回"图片。

2.2.3 创建和管理站点

1. 创建站点

完成站点目录结构的规划和网页素材的准备工作后，就可以在 Dreamweaver MX 2004 中创建站点了。

Dreamweaver MX 2004 中的站点有本地和远程之分，本地站点就是建立并存储在本地计算机硬盘上的站点，本地计算机上用来存放站点文件的文件夹称为本地文件夹。远程站点指的是存放在 Internet 的 Web 服务器上的 Web 站点。Web 服务器上用来存放站点文件的文件夹称为远程文件夹。

网站建设通常需要大量的时间，直接在 Internet 的 Web 服务器上开发和调试 Web 站点会受到网络速度和网络的不稳定性等因素的影响。因此，一般先在本地计算机上创建和设计站点，当站点设计完善并测试完成后，再利用上传工具将本地站点发布到 Internet 的 Web 服务器上。

Dreamweaver MX 2004 提供站点定义对话框来创建站点。在站点定义对话框中，可以对站点的各项属性进行设置，如本地信息、远程信息、测试服务器等的设置，就连远程服务器关联本地站点也是在站点定义向导中进行的。

Dreamweaver MX 2004 中打开站点定义对话框的方法主要有以下两种：

(1) 单击起始页中"创建新项目"下的"Dreamweaver 站点"项。

(2) 单击菜单"站点"/"站点管理"，在弹出的"管理站点"对话框（如图 2-20 所示）中单击"新建"按钮，在弹出的下拉菜单中单击"站点"项。

Dreamweaver MX 2004 的站点定义对话框包括"基本"和"高级"两个选项卡。其中，"基本"选项卡提供站点定义向导的方式帮助设计者一步一步地创建站点；"高级"选项卡则以分类列表的形式对站点的各种属性进行设置，如图 2-21 所示。

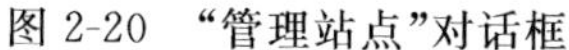
图 2-20 “管理站点”对话框

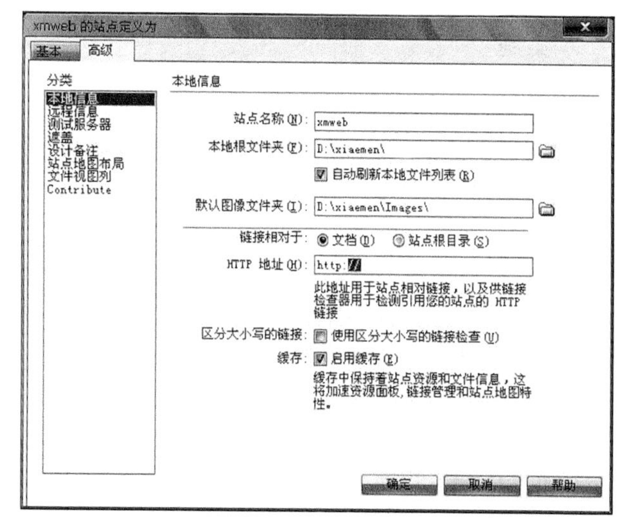

图 2-21 站点定义对话框

本章使用“高级”选项卡来创建站点。若建立的是本地站点，则一般只要选择“分类”列表中的“本地信息”项进行设置即可。图 2-21 中站点本地各项信息含义如下：

“站点名称”：用来在 Dreamweaver MX 2004 中标识一个站点，站点名称不能重复，不区分大小写。

“本地根文件夹”：指定本地计算机上用于存放站点所有文件的文件夹，可以直接在文本框中输入带路径的站点文件夹名称，若输入的文件夹不存在，Dreamweaver MX 2004 将自动创建该文件夹。设计者还可以通过单击其右边的文件夹图标来选择本地计算机上的文件夹。需要注意的是：带路径的文件夹名称不能带有中文字符，以免导致超级链接失败等错误。

“默认图像文件夹”：指定本地计算机上用于存放站点所有图像文件的文件夹，该文件夹必须在站点根文件夹下，且已经存在。设置了默认图像文件夹后，今后凡是插入到网页中的图片，都将会自动保存到该文件夹中，从而避免了每次插入图片时出现询问保存路径的提示。

“自动刷新本地文件列表”：用来指明当设计者在 Dreamweaver MX 2004 之外（如在 Windows 资源管理器中）添加或删除了站点文件时，是否自动刷新文件列表。如果勾选该项，则会自动刷新本地站点文件夹列表。取消该选项，虽然可提高 Dreamweaver MX 2004 复制文件的速度，但是不方便文件的实时更新显示，因此建议选取该项。

“HTTP 地址”：指定所申请的域名空间中远程站点的地址。如果建立的是本地站点，则该栏目中不用输入内容。

“启用缓存”：用来指明是否建立本地高速缓存来提高链接更新速度，创建高速缓存的作用是为站点中每个实际存在的文件创建一条记录，当移动、更名或删除站点中的文件时，Dreamweaver MX 2004 可以迅速更新链接。建议选取该项。

2. 实例

本章设计任务——“厦门新貌”站点的创建步骤如下。

(1) 在 D 盘上建立如图 2-19 所示的“厦门新貌”目录结构。

(2) 启动 Dreamweaver MX 2004,并打开站点定义对话框(参考前面所述的基本操作)。

(3) 在“站点名称”输入框中输入“xmweb”(如图 2-21 所示)。

(4) 在“本地根文件夹”输入框中输入“D:\xiamen\”(如图 2-21 所示)。

(5) 在“默认图像文件夹”输入框中输入“D:\xiamen\Images\”(如图 2-21 所示)。

(6) 勾选“自动刷新本地文件列表”项和“启用缓存”项。

(7) 单击“确定”按钮,回到“管理站点”对话框,单击“完成”按钮关闭该对话框,名为 xmweb 的本地站点创建完毕。此时会在“文件”浮动面板中显示出所建站点的目录结构,如图 2-19 所示。Dreamweaver MX 2004 的“文件”浮动面板位于 Dreamweaver MX 2004 编辑区右侧的面板组中。如果面板组中没有“文件”浮动面板,可以通过单击菜单“窗口”/“文件”或按 F8 键打开“文件”浮动面板。

3. 管理站点

1) 编辑修改站点

创建了本地站点以后,还可以对本地站点进行编辑修改,操作步骤如下。

(1) 启动 Dreamweaver MX 2004,单击菜单“站点”/“站点管理”,打开“管理站点”对话框(如图 2-20 所示)。

(2) 在列表中选择需要编辑修改的站点。

(3) 单击“编辑”按钮,将打开和创建站点相同的站点定义对话框,可以像创建站点的操作一样对本地站点进行编辑修改。

(4) 单击“确定”按钮关闭站点定义对话框,回到“管理站点”对话框,单击“完成”按钮关闭“管理站点”对话框。

2) 删除站点

当不再需要利用 Dreamweaver MX 2004 对某个本地站点进行操作时,可以删除该站点,操作步骤如下。

(1) 打开“管理站点”对话框(操作步骤同上)。

(2) 在列表中选择需要删除的站点。

(3) 单击“删除”按钮,将出现确定删除提示对话框,单击“是”按钮后就可以删除该站点。

需要说明的是,删除本地站点实际上只是删除了 Dreamweaver MX 2004 和存放本地站点的文件夹之间的关联,并不会删除本地计算机中存放的本地站点的实际文件夹和文件。

3) 复制站点

如果希望创建一个和当前某个站点结构相似的站点,可以利用站点的复制功能,复制一个结构和当前站点一样的站点，然后再通过站点编辑功能对复制的站点进行适当的编辑修改，这样可以极大地提高工作效率。复制站点的操作如下。

(1) 打开“管理站点”对话框(操作步骤同上)。

(2) 在列表中选择需要被复制的站点。

(3) 单击“复制”按钮，将在列表中创建一个和选中站点结构完全一样的新站点。

复制的新站点默认名称为被复制站点名+“复制”。可以通过单击“编辑”按钮来修改站点名称等站点属性。

4. 管理站点文件

在 Dreamweaver MX 2004 中创建了站点后，对站点中的文件的操作，如新建、移动、复制及重命名等，最好都在 Dreamweaver MX 2004 中进行。Dreamweaver MX 2004 的“文件”浮动面板提供了站点文件管理功能。

“文件”浮动面板顶部是两个下拉列表框，下拉列表框下面是一组操作按钮，操作按钮下面是以文件列表形式显示站点文件和文件夹的站点管理器窗口。

“文件”浮动面板顶部的左边下拉列表框是站点列表框，列出了本地计算机的所有文件资源，以及所有已经建立的站点，通过单击列表中的站点名可以改变当前站点，实现站点间的切换。

“文件”浮动面板的站点管理器中列出当前站点所有的文件和文件夹，通过单击文件夹前的“+”可以展开该文件夹，同时“+”变成“-”，单击“-”则折叠该文件夹。

通过站点管理器不仅可以浏览当前站点的所有文件，还可以管理站点文件，如创建、移动、复制、重命名和删除文件等。这些管理文件的操作和在 Windows 资源管理器中的操作十分相似。

1) 创建文件

在站点管理器中创建文件的操作如下。

(1) 在站点管理器中单击要创建文件的文件夹。

(2) 右击鼠标，在弹出的快捷菜单中选择“新建文件”菜单项，即可在指定文件夹下建立一个新的文件。新建文件默认的文件名为“untitled. htm”，此时名称区域处于编辑状态，可以输入新的文件名，回车后完成对新建文件的命名。

2) 重命名文件

如果站点中已经存在的文件需要重新命名，可以在站点管理器中单击需要重命名的文件，然后再单击一次该文件，此时名称区域处于编辑状态，输入新的文件名，回车后完成对文件的重命名。

3) 移动和复制文件

和大多数的文件管理器一样，在站点管理器中也可以使用复制、剪切和粘贴来实现文件的移动和复制，操作方法有以下两种。

(1) 选中站点管理器中要移动或复制的文件，右击鼠标，在弹出的快捷菜单中单击“编辑”/“剪切”(或“复制”)命令；选中目的文件夹，右击鼠标，在弹出的快捷菜单中单击“编辑”/“粘贴”命令，文件就被移动(或复制)到目的文件夹中。

(2) 选中站点管理器中要移动或复制的文件，用鼠标拖动该文件到目的文件夹，文件就被移动到目的文件夹中；如果拖动鼠标的同时按下了 Ctrl 键，则文件被复制到目的文件夹中。

在复制或移动的过程中，都会出现一个“更新文件”对话框。单击“更新”按钮，则更新文件中所有的链接信息；单击“不更新”按钮，则不对文件中的链接进行更新。由于复制或移动的文件其位置发生了变化，文件中的链接信息应该相应地改变。如果在站点外进行文件的移动或复制操作(如在 Windows 资源管理器中移动或复制文件)，则这些链接信息不会跟着改变，这将造成文件中的链接出现错误。在 Dreamweaver MX 2004 的“文件”浮动面板中进行文件的移动或复制，可以通过“更新文件”对话框对文件中的链接进行更新，从而保证了文件中的链接不会因为文件位置的改变而出现错误。因此，对站点文件的管理操作最好都在 Dreamweaver MX 2004 的“文件”浮动面板中进行。

4) 删除文件

要在站点管理器中删除站点文件，操作步骤如下。

选中站点管理器中需要删除的文件，按 Delete 键。如果被删除的文件和站点内其他文件存在关联，则会弹出一个提示框，显示有哪些文件与要删除的文件有关联，询问是否继续删除，这时单击“是”，该文件就被删除了。如果被删除的文件和站点内其他文件没有任何关联，则会弹出一个确认删除的询问框，确认后就删除该文件。在站点管理器中的删除操作会从本地计算机磁盘上真正删除文件。

在站点管理器中删除文件还有一个实际的用途，就是可以检查站点文件夹中哪些文件或图形是没有用的，并将其删除，以减少站点中的垃圾文件。

2.3 网页的新建、保存和编辑

一个站点是由许多网页文件组成的，创建了本地站点后，就可以在站点内创建和编辑网页了。网页文件的基本操作是建立网站的基础，包括网页文件的新建、打开、编辑和保存等。

2.3.1 新建、打开和保存网页

1. 新建网页

在 Dreamweaver MX 2004 中新建一个网页的操作方法有 3 种。

(1) 在起始页的“创建新项目”中单击“HTML”项。

(2) 单击菜单“文件”/“新建”，在打开的“新建文档”对话框中单击“常规”选项卡，在“类别”列表中单击“基本页”，在“基本页”列表中单击“HTML”项，单击“创建”按钮。

(3) 在“文件”浮动面板的站点管理器窗口中选择存放网页文件的文件夹，右击鼠标，在弹出的下拉菜单中单击“新建文件”项。

2. 打开网页

在 Dreamweaver MX 2004 中打开一个已经存在的网页文件的操作方法有 3 种。

(1) 在起始页的“打开最近项目”中单击“打开”项，或从最近打开的文件列表中选择要打开的网页文件。

(2) 单击菜单“文件”/“打开”，在弹出的“打开”对话框中选择要打开的网页文件，单击“打开”按钮。

(3) 双击“文件”浮动面板的站点管理器窗口中要打开的网页文件。

3. 保存网页

要保存一个新建的网页文件，可以单击菜单“文件”/“保存”，在打开的“另存为”对话框中选择要保存文件的位置，输入文件名后单击“保存”按钮，这个文件就被保存在指定位置。在输入文件名时注意不要使用汉字及非法文件名字符，如 * 、? 等。在 Dreamweaver MX 2004 中，默认的网页文件扩展名为 htm，设计者还可以选择其他类型来保存文件，如. xml、. css、. txt 等。

在 Dreamweaver MX 2004 中，如果当前编辑的网页文件中包含没有保存的内容，那么在“文档”窗口的标题栏中显示的网页文件名末尾将带有“ * ”。

2.3.2 设置页面属性

网页中除了可以插入网页元素外，网页自身还带有各种属性，包括外观、链接、标题、标题/编码、跟踪图像等方面的各项属性。Dreamweaver MX 2004 提供了“页面属性”对话框来设置网页属性，打开“页面属性”对话框的方法主要有以下 4 种：

(1) 单击菜单“修改”/“页面属性”；

(2) 使用快捷键 Ctrl+J；

(3) 在“文档”窗口下的属性面板中单击“页面属性”按钮；

(4) 在“文档”窗口的空白处右击鼠标，在弹出的快捷菜单中选择“页面属性”项。

“页面属性”对话框如图 2-22 所示，对话框左边是“分类”列表，右边是当前选中的分类列表项对应的各项属性。

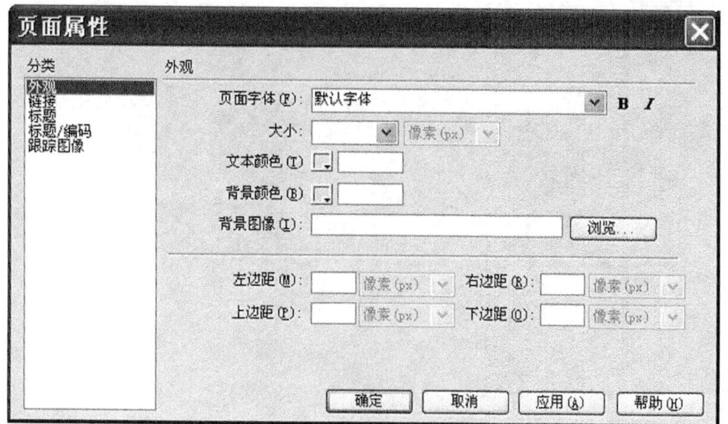

图 2-22 “页面属性”对话框

“外观”分类中各属性的含义如下：“页面字体”用来设置整个网页的文本字体格式；“大小”用来设置整个网页文字的大小，可以使用不同的度量单位来设置；“文本颜色”用来设置整个网页文字的颜色，单击颜色框会弹出颜色表，用于选择颜色；“背景颜色”用来设置整个网页的背景颜色；“背景图像”用来指定某个图像文件作为网页背景图像，单击“浏览”按钮可以选择图像文件，如果图像小于窗口大小，则会自动将背景图像平铺在整个页面中；“左、右、上、下边距”用来设置网页中的内容和网页边框之间的距离，可以使用不同的度量单位来设置。

“链接”列表项中各属性含义如下：“链接字体”用来设置链接文本的字体，默认情况下和页面字体相同；“大小”用来设置链接文本的字体大小，可以使用不同的度量单位来设置；“链接颜色”用来设置链接文本的颜色；“变换图像链接”用来设置鼠标指向链接文本时链接文本的颜色；“已访问链接”用来设置已经访问过的链接文本的颜色；“活动链接”用来设置鼠标单击链接时链接文本的颜色；“下划线样式”用来设置链接文本的下划线样式，如始终带下划线、始终不带下划线、变换图像时隐藏下划线等。

“标题”列表项用来设置 Dreamweaver MX 2004 一至六级标题的字体、大小和颜色等字体样式。

“标题/编码”列表项用来设置网页标题和网页文档中字符所使用的编码，网页标题就是显示在浏览器标题栏中的文本内容。

“跟踪图像”列表项用来指定设计网页时参考的页面草图，以及设置页面草图的透明度。

2.3.3 使用标签选择器

标签选择器位于“文档”窗口的左下角。单击标签选择器中的标签，可以使设计者快速选取该标签所对应的网页元素。例如，打开本章任务 xmweb 站点的第二个网页文件，单击<body>标签，可以选取网页中的所有元素。单击<P>标签，则可以快速选取光标所在位置相对应的段落，如图 2-23 所示。

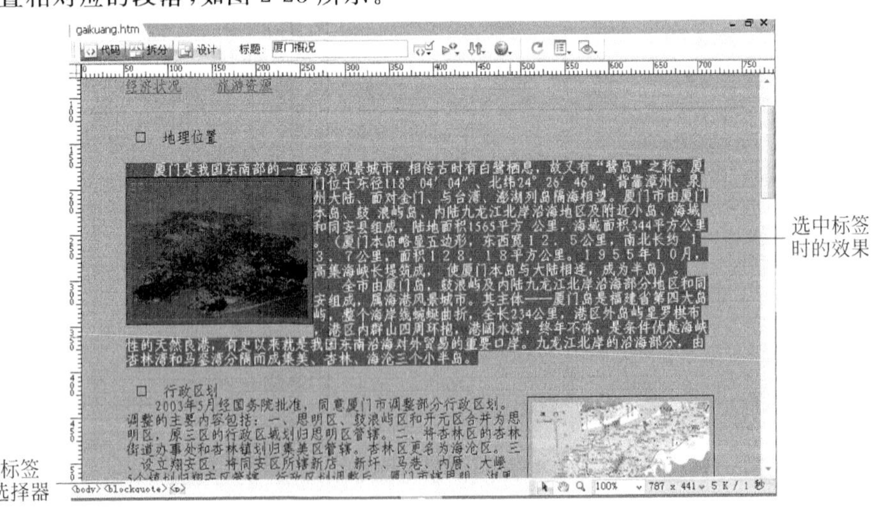

图 2-23　标签选择器

标签选择器除了具有选取网页元素的功能外，右击标签还可快速进入标签的编辑状态。右击标签将弹出一个快捷菜单，包括删除标签、编辑标签、设置类和设置 ID 等菜单项，可以对标签进行相应的操作。

2.3.4 实例

下面以“厦门新貌”站点 xmweb 为例，在该站点的 2_xmgk 文件夹中新建一个“厦门概况”网页 gaikuang.htm，并为其设置页面属性。

图 2-24 站点列表

1）新建网页

（1）启动 Dreamweaver MX 2004，在“文件”浮动面板的站点列表（如图 2-24 所示）中，单击名为“xmweb”的站点，则该站点成为当前站点。

（2）单击菜单“文件”/“新建”，打开“新建文档”对话框。

（3）单击“常规”选项卡，在“类别”列表中单击“基本页”，在“基本页”列表中单击“HTML”项。

（4）单击“创建”按钮。此时建立了一个空白的网页。

为了避免网页中出现路径错误，在新建网页前，首先将网页所需要用到的所有素材复制到相应的站点文件夹中。

2）设置页面属性

（1）单击菜单“修改”/“页面属性”，打开“页面属性”对话框，单击“分类”列表中的“外观”项。

（2）单击“背景图像”右侧的“浏览”按钮，将打开“选择图像源文件”对话框，选取素材文件夹 2_xmgk\Images 中的背景图像“bg2.jpg”，并进行确认。

（3）单击“分类”列表中的“标题/编码”项。

（4）在“标题”输入框中输入“厦门概况”。

（5）单击“确定”按钮，完成页面属性的设置。

3）保存网页

（1）单击菜单“文件”/“保存”，打开“另存为”对话框。

（2）选择站点根文件夹 D:\xiamen 下的 2_xmgk 子文件夹。

（3）在“文件名”输入框中输入“gaikuang”，然后单击“保存”按钮，则 gaikuang.htm 文件被保存在 D:\xiamen\2_xmgk 文件夹下。

提示：若网页所使用的图片、声音、动画等素材没有预先复制到站点文件夹中，则添加素材时，Dreamweaver 会出现图 2-25 的对话框提示用户是否将素材文件复制到默认的图片文件夹中，以防移动站点文件夹后网页中所用素材无法正常显示。

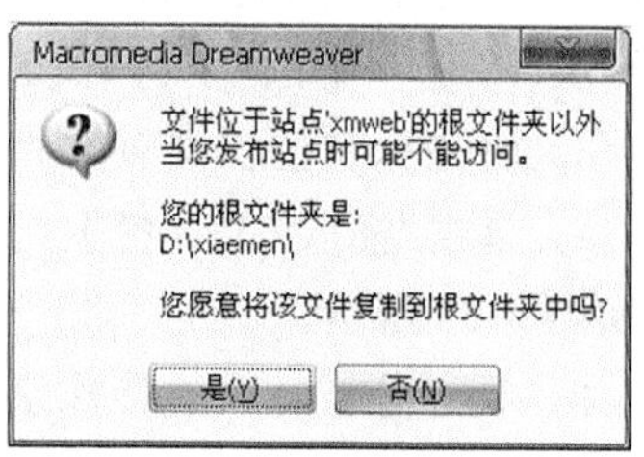

图 2-25 素材复制提示框

2.4 文字的应用

文字是网页里最常见的元素，掌握如何在网页中输入文字是制作网页的第一步。当然，在实际应用时，更多的还是采用将现有的文字通过复制或导入方式插入网页中。例如，设计者可以在其他应用程序中选取相关的文字，利用复制、粘贴操作直接将文字复制到 Dreamweaver MX 2004 的网页中，还可以在网页中直接导入 Microsoft Word 和 Excel 文档，从而使这类文档内容的插入变得更加方便。值得注意的是，Dreamweaver MX 2004 不保留在其他应用程序中使用的文本格式，仅保留换行符。目前能够导入到网页文本内容的常见文档类型有 ASCII 文本文件、RTF 文件和 MS Office 文档等。

本节从文字操作的最基本方法入手，介绍文字的输入、编辑及格式设置等。

2.4.1 在网页中编辑文字

1. 输入文字

在 Dreamweaver MX 2004 中输入文字的方法很简单，和在 Microsoft Word 等文字编辑软件中的输入方法很相似。单击“文档”窗口中需要输入文字的位置，出现输入提示光标后，选择输入法，即可直接输入相关文字。

在输入文字时，注意 Enter 键和 Shift+Enter 组合键两者的区别。按下 Enter 键，则文字另起一段，此时在 HTML 代码中会插入段落标签<p>；而按下 Shift+Enter 组合键，则文字强制换行，但不分段，此时在 HTML 代码中会插入行标签
。如果要在网页中输入空格，则须将输入法切换到中文输入状态下的全角形式，此时按下的空格键才会生效。

在 Dreamweaver 中，换行符、空格符等都被当作特殊符号处理，可以在“插入”工具栏的“文本”选项中单击相关按钮，实现插入操作。

2. 插入特殊字符

在 Dreamweaver MX 2004 中，除了可以插入换行符、空格等特殊字符外，还可以插入其他的特殊字符，如英镑符号“£”、版权符“©”等。插入特殊字符的操作通过“插入”工具栏的“文本”选项中的“字符”按钮来实现，具体操作步骤如下：

(1) 将光标定位在网页文档中要输入特殊字符的位置。

(2) 单击“插入”工具栏上“文本”选项卡的“字符”下拉按钮，将弹出各种特殊字符菜单，如图 2-26 所示。

(3) 单击需要插入的特殊字符，就可以在指定位置插入该字符了。

如果在“字符”下拉菜单中没有列出需要使用的特殊字符，则可以单击菜单中的最后一项“其他字符”，将打开“插入其他字符”对话框，如图 2-27 所示。在此对话框中选择要插入的字符，单击“确定”按钮，则特殊字符被插入到指定位置。

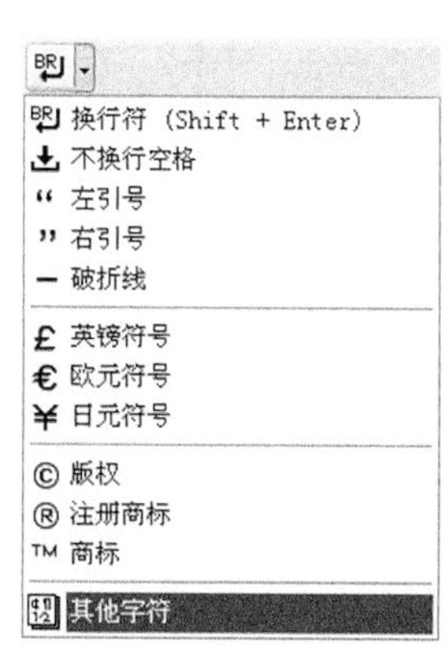

图 2-26　“字符”下拉菜单

图 2-27　“插入其他字符”对话框

3. 编辑文字

在 Dreamweaver MX 2004 中，对文字的编辑操作和 Microsoft Word 相同，必须首先选中文字，然后再对选定文本做相应的编辑处理。在 Dreamweaver 中选取文字的方法除了利用鼠标拖曳外，如果要选中整个段落，还可直接单击标签选择器中的段落标签＜p＞。使用这种方法可以快速选取所需的文字内容。Dreamweaver 中的文字删除、复制、粘贴方法与 Microsoft Word 基本相似，如 Ctrl＋A 组合键可以选择全部网页内容，Ctrl＋C 组合键可以复制选中的文本，Ctrl＋X 组合键可以剪贴选中的文本、Ctrl＋V 组合键可以粘贴剪贴板中的内容；也可以使用“编辑”菜单，选择相应的菜单命令完成以上这些操作。

“文档”窗口“标准”工具栏中的“撤销”和“重做”按钮，或“编辑”菜单中的“撤销”和“重做”菜单项，是网页制作中经常用到的命令，利用这两个命令可以很方便地撤销上一步的操作和重复上一步的命令。撤销的快捷键是 Ctrl＋Z，重做的快捷键是 Ctrl＋Y 。Dreamweaver MX 2004 默认的撤销步骤为 50 步，但该设置可以通过“首选参数”对话框的“常规”分类中的“历史步骤最多次数”项进行修改。

此外，Dreamweaver MX 2004 和 Microsoft Word 一样提供了查找和替换功能，且它提供的查找和替换功能比 Microsoft Word 更加丰富。除了可以查找和替换普通文字之外，Dreamweaver MX 2004 还可以查找和替换网页中的源代码和标签等。而且，查找范围也不仅仅局限于当前的网页文档，而是可以对某个文件夹，甚至是对当前站点的所有文件进行查找和替换。

在 Dreamweaver MX 2004 中执行查找和替换操作的步骤如下。

(1) 单击菜单“编辑”/“查找和替换”，打开“查找和替换”对话框，如图 2-28 所示。

(2) 在“查找”输入框中输入要查找的对象，在“替换”输入框中输入要替换的对象，在“查找范围”下拉列表中选择查找的范围，在“搜索”下拉列表中选择搜索类型。

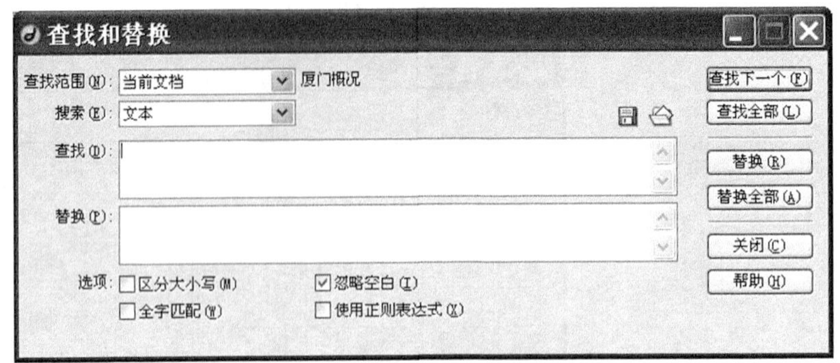

图 2-28 “查找和替换”对话框

(3) 单击“替换全部”按钮,即可完成查找和替换工作。

替换完毕后,会在“文档”窗口下方弹出“结果”面板,设计者可通过该面板查看替换的结果。

在 Dreamweaver MX 2004 中,除了提供查找替换功能外,还像 Microsoft Word 一样提供了拼写检查功能,可以使设计者方便而又快速地校对网页中的文字。但是,该功能目前还不能检查中文。

2.4.2 设置文字格式

选取文字后,可以在 Dreamweaver MX 2004 的属性面板中对文字的格式进行设置,包括文字的大小、字体格式、对齐方式、字体颜色等。文字的属性面板如图 2-29 所示。

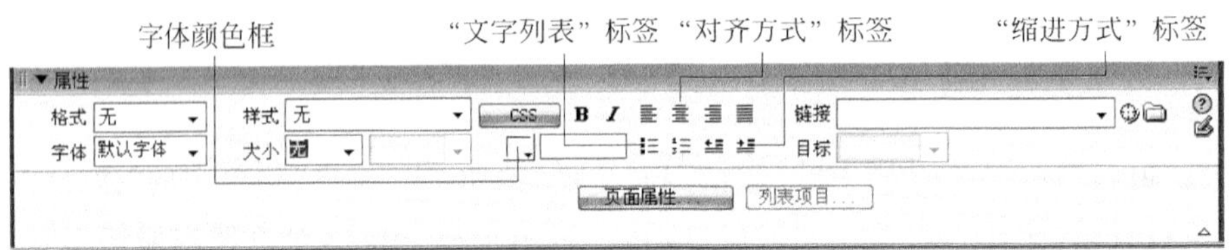

图 2-29 文字的属性面板

1. 字体格式的设置

在属性面板的“字体”设置中,其默认的字体格式非常有限。例如,中文字体只有默认的宋体。如果设计者想在网页中添加其他的字体,可以按下述方法实现:

(1) 展开“字体”列表,单击列表框中的“编辑字体列表”项,打开“编辑字体列表”对话框,如图 2-30 所示。

(2) 在“可用字体”列表框中单击要添加的字体。

(3) 单击“添加”按钮将该字体加入“字体列表”框中,然后单击“确定”按钮。

再次展开“字体”列表框时,列表框中新增加了“宋体”列表项,供设计者选择。

需要注意的是,在单击“可用字体”列表框中的字体将选择的字体添加到“字体”列表

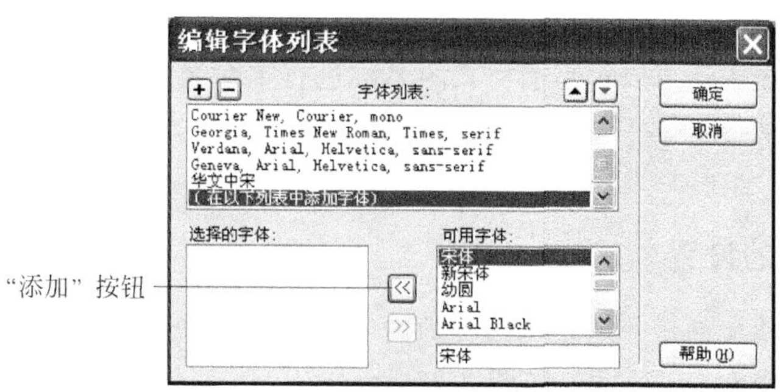

图 2-30 "编辑字体列表"对话框

框中时,在"字体列表"框中当前所选定的列表项必须为"(在以下列表中添加字体)"。否则,在"可用字体"中选择项目后,"添加"按钮为灰色的无效按钮,无法添加到"字体列表"框中。如果"字体列表"框中没有"(在以下列表中添加字体)"项,可以单击"字体列表"框上面的"+"按钮进行添加。

2. 文字颜色的设置

选取文字后,可在其属性面板的颜色框中设置文字颜色。设置方法有以下 3 种:

(1) 单击颜色框,在弹出的颜色表中选取颜色。

(2) 直接在颜色框后的文本框内输入颜色的十六进制数值,例如,#FF0000。

(3) 直接在颜色框后的文本框内输入表示颜色的名称,例如,red。

3. 文字样式的设置

在设置文字格式时,Dreamweaver MX 2004 会自动跟踪创建对应的样式,包括字体、大小、颜色等。当设置完成时,在属性面板的"样式"列表框中就会自动产生新创建的样式,其默认名为 style1。在以后的设置中,每创建一个新的样式,"样式"列表框中就会自动产生新样式,名称为 style1、style2、style3,…,以此类推。同时这些在列表框中显示的名称套用其所对应的样式,让设计者一目了然,如图 2-31 所示。但是,这些自动创建的样

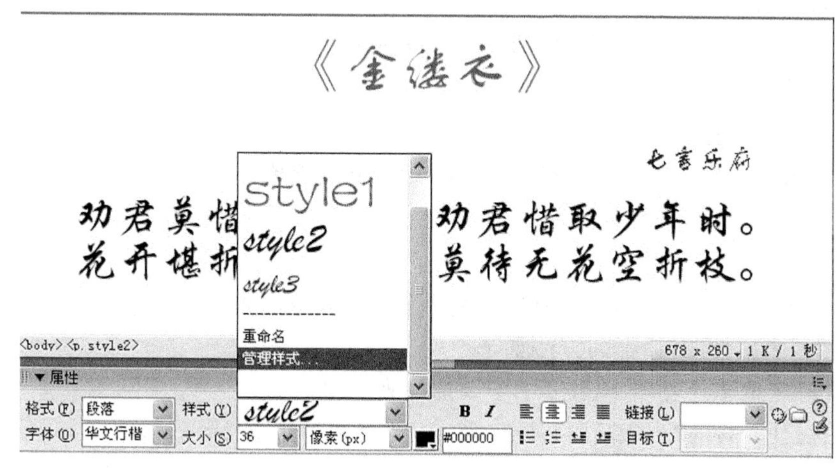

图 2-31 样式效果

式只对当前网页文档有效，不能在其他网页文档中应用。

在“样式”列表框中还可以对当前样式的名称进行重命名，或通过单击“管理样式”命令，快速进入 CSS 样式表中，对这些样式进行管理。有关 CSS 样式表的使用将在第 5 章中具体介绍。

4. 文字列表的设置

文字列表可以快速而清楚地表达网页的内容，使网页中的信息一目了然。文字列表分为两类：无序列表和有序列表，如图 2-32 所示。所谓有序列表，是指该列表项的内容用编号标出先后顺序；而无序列表中的项目不存在先后顺序，它们的位置可以交换。

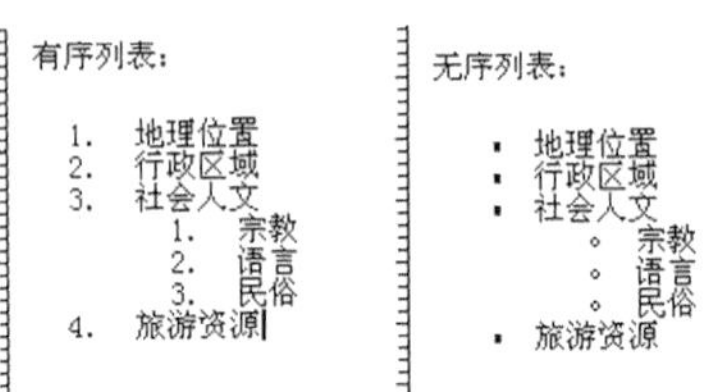

图 2-32　有序列表和无序列表

创建有序列表可以通过单击属性面板的“编号列表”按钮，或单击“插入”工具栏“文本”项中的“编号列表”按钮 ol 来实现。创建无序列表则通过单击属性面板的“项目列表”按钮，或单击“插入”工具栏“文本”项中的“项目列表”按钮 ul 来实现。下面以创建有序列表为例介绍创建列表的操作步骤。

(1) 在需要插入列表处单击鼠标，定位光标。

(2) 单击属性面板中的“编号列表”按钮(或“插入”工具栏“文本”选项中的“编号列表”按钮 ol)。

(3) 在出现“编号列表”的项目符号(默认为“1.”)后，输入第一个列表项目。

(4) 按回车键，Dreamweaver MX 2004 会自动在下一行加上第二项列表序号(如“2.”)，从而进入下一条列表项内容的输入。

此外，如果要将已经存在的文字内容设置为有序列表，在选取各项内容后，单击“编号列表”按钮即可创建有序列表，各列表项之间是以段落来划分的。

无序列表的创建方法和有序列表相同，只是将属性面板中的“编号列表”按钮或插入栏“文本”选项中的“编号列表”按钮改为“项目列表”按钮。

文字列表可以有多个级别，即列表项下可以有子列表项，如图 2-32 所示。创建子列表项的操作步骤如下：

(1) 将光标定位在某列表项内容中。

(2) 单击属性面板的“文本缩进”按钮，则该列表项成为子列表项。

如要让某个子列表项回到上级列表项中，则可以单击属性面板的“文本凸出”按钮。

利用 Dreamweaver MX 2004 提供的“列表属性”对话框，可以轻松修改列表的类型和样式。打开“列表属性”对话框的方法如下：

① 将光标定位于列表项中(注意：不要选中列表项)。

② 单击属性面板的“列表项目”按钮，将打开“列表属性”对话框，如图 2-33 所示。

在“列表属性”对话框中，可对列表类型及样式进行修改，如项目列表的样式可以是项

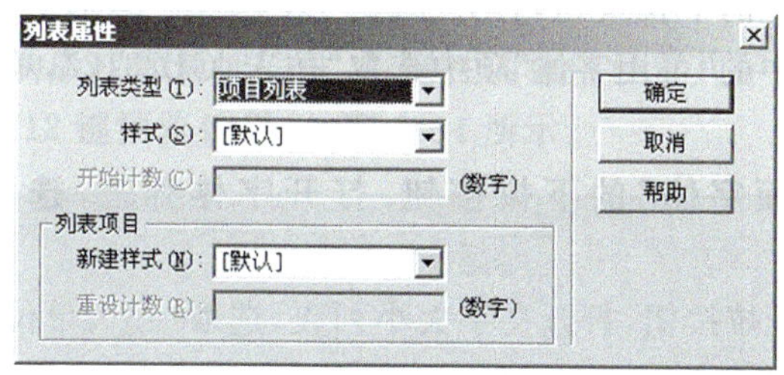

图 2-33 “列表属性”对话框

目符号或正方形，编号列表的样式可以是数字(1、2、3、…)或小写罗马字(i、ii、iii、…)等，并可以设置起始编号。

5. 其他设置

在属性面板中还包含“粗体”按钮 **B**、“斜体”按钮 *I*、“左对齐”按钮、“居中对齐”按钮、“右对齐”按钮和“两端对齐”按钮，可以对文字的对齐方式、加粗、斜体等进行设置。设置方法非常简单，只需选取当前文字，然后单击相应的属性按钮，就可观看设置后的效果了。

需要注意的是：在实际的操作中，由于受到客户端计算机的限制，网页中可以选用的字体往往非常有限。例如，在网页中为文字设置了“方正姚体”的字体格式，当浏览该网页时，如果客户端计算机上没有“方正姚体”，那么这些文字只能以默认字体显示，网页的显示效果就会大打折扣。为了避免这种情况的发生，网页中所使用的字体格式一般都是中文 Windows 系统自带的字体，例如“宋体”等。如果在网页中一定要使用某种特殊的字体，那么可以考虑将该文字效果以图片的形式表现。

6. 设置段落格式

属性面板的“格式”下拉列表框和菜单“文本”/“段落”下的子菜单都可以用来设置各种段落格式，包括“段落”、“标题 1”、“标题 2”、…、“标题 6”，以及“预先格式化的”段落格式和“无”段落格式。

2.4.3 实例

为 2.2 节实例中新建的“厦门概况”网页 gaikuang.htm 添加文字。

1. 设置页面属性

(1) 启动 Dreamweaver MX 2004，在“文件”浮动面板的站点列表中单击名为“xmweb”的站点，使其成为当前站点。

(2) 双击\xiamen\2_xmgk 文件夹下的 gaikuang.htm 文件，打开该文件。

(3) 单击菜单“修改”/“页面属性”，打开“页面属性”对话框。

(4) 单击“分类”列表中的“外观”项。

2.5.2 插入日期

Dreamweaver MX 2004 中提供了一个日期对象，使用该对象可以很方便地在网页中插入各种格式的日期。在网页中插入日期的操作步骤如下。

(1) 单击“文档”窗口的编辑区域，将光标定位在要插入日期的位置。

(2) 单击“插入”工具栏“常用”项中的“日期”按钮。或者单击菜单“插入”/“日期”。

(3) 在弹出的“插入日期”对话框(如图 2-36 所示)中设置日期格式。

“插入日期”对话框中各项设置含义如下：

星期格式：用来设置不带星期、带中文星期或带英文星期的日期格式。

日期格式：用来设置各种日期格式。列表中的日期格式项只是日期格式示例，并不代表要插入的具体日期。

时间格式：用来设置不带时间或带时间的日期格式。

储存时自动更新：勾选该项表示在每次保存文档时都更新插入的日期，否则文档中插入的日期为当前插入时的日期，在今后文档重新保存时都不会改变。

当勾选了“储存时自动更新”复选框时，日期插入到网页中后，选中日期对象，可以在属性面板(如图 2-37 所示)中单击“编辑日期格式”按钮对日期对象进行编辑。

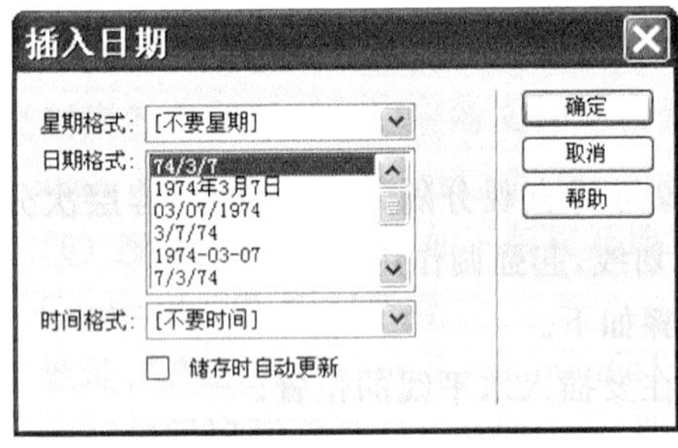

图 2-36 “插入日期”对话框

图 2-37 日期对象“属性”面板

2.5.3 实例

在“厦门概况”网页 gaikuang.htm 中添加水平线和日期。操作如下：

1. 插入水平线

(1) 启动 Dreamweaver MX 2004，在“文件”浮动面板的站点列表中单击名为“xmweb”的站点，使其成为当前站点。

(2) 双击 2_xmgk 文件夹下的 gaikuang.htm 文件，打开该文件。

(3) 将光标定位在第二行末，即“旅游资源”后面。

(4) 单击“插入”工具栏左边的下拉按钮，在弹出的菜单中单击“HTML”项。

(5) 单击工具栏右边的“水平线”按钮，插入水平线。

(6) 单击水平线行末空白处，单击属性面板的“文本凸出”按钮 ，使水平线两端比其他文字凸出。

(7) 将光标定位在倒数第二行的行首，即“Copyright”前面。

(8) 单击菜单“插入”/“HTML”/“水平线”，在该行前插入一水平线。

(9) 重复步骤(6)，使水平线两端比其他文字凸出。

2. 插入日期

(1) 将光标定位在倒数第二行末，即“版权所有”后面。

(2) 单击“插入”工具栏左边的下拉按钮，在弹出的菜单中单击“常用”项。

(3) 单击工具栏右边的日期按钮 ，将弹出“插入日期”对话框，如图 2-36 所示。

(4) 在“插入日期”对话框中，设置“星期格式”为“星期四”、“日期格式”为“1974 年 3 月 7 日”、“时间格式”为 10：18PM，并勾选“储存时自动更新”复选框。

(5) 单击“确定”按钮，此时在“版权所有”后面插入如下格式的日期：

2006 年 5 月 14 日 星期日 9:52 AM

(6) 保存网页，按 F12 键预览效果，如图 2-38 所示。

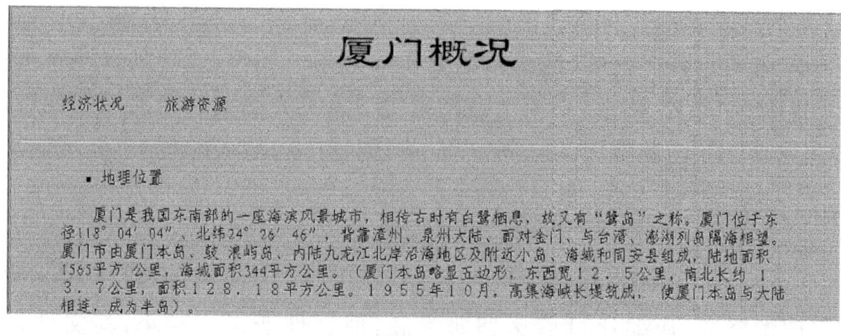

图 2-38 “厦门概况”插入水平线和日期的效果图

2.6 图像的应用

图像是网页中不可缺少的元素，在网页中所起到的作用不仅是对文字内容的补充说明，更多的还是对网页的美化和点缀。一般来说，网页中的图形图像主要起到以下三个方面的作用。

(1) 美化网页。

(2) 对事物作图形化说明。有时为了说明一个事物，使用图形图像要比用文字更容易直观地表现其内涵。

(3) 作为网页动态效果的载体。通过对图像添加提示文字或创建热点区域等操作，使图像能够作为网页动态效果的载体。

在 Dreamweaver MX 2004 中插入图像与在 Microsoft Word 中插入图像的方法非常相似。此外，在 Dreamweaver MX 2004 中，除了能插入基本的图像外，还可以插入其他类型的图像对象，例如鼠标经过图像、图像占位符和导航条等。

当然，由于图形图像文件一般都比较大，过多地在网页中插入图形图像，就会严重影响网页的下载速度。因此，网页中的图片并不是越多越好。

2.6.1 常用 Web 图像格式

在网页中插入图像前，了解图像格式及特点是十分必要的。目前网页中用得较多的图像格式主要有 3 种：GIF、JPEG 和 PNG，这三种格式的图像各有其特点。

1. GIF 图像

GIF(Graphics Interchange Format，图像交换格式)是一种专门为 Web 图像而设计的图像格式，最多只能表现 256 种颜色，图像文件较小，文件扩展名为.gif。

GIF 图像支持透明属性，可以显示图像下面的背景。此外，GIF 图像还支持动画，即 animated GIF(GIF 动画)。因此，如果要在网页中插入具有透明颜色的图像或动画，则必须使用 GIF 图像。GIF 图像常用于网页中的小图标、符号、动画标题等。

2. JPEG 图像

JPEG 是 Joint Photographic Experts Group(联合图像专家组)的缩写，是一种有损压缩的静态数字图像格式，压缩比可以达到非常高，使文件变得非常小，其文件扩展名为.jpg。JPEG 图像支持 24 位真彩色，即能表示的颜色种类达到 2^{24} 种，因此在网页中常用来表现连续色调的作品，如风景摄影、新闻照片等。

JPEG 图像在压缩过程中像素信息会有所减少，压缩之后图像会产生失真。JPEG 图像格式的显著特点是可以根据压缩质量调节文件大小。质量越高，文件越大；质量越低，则文件越小。

3. PNG 图像

PNG(Portable Network Graphics，可移植网络图形)是 Macromedia Fireworks 默认的图形文件格式。PNG 图像可对图像中的元素进行再次编辑，同时支持真彩色和透明属性。PNG 图像不仅适用于 256 色图像，还能保存 24 位真彩色图像。通过 PNG 格式源文件，还可以导出 JPEG 图像、GIF 动画等。由于 PNG 图像可以导出为多种格式，因此，在网页制作中要根据实际情况选择合适的格式。

2.6.2 在网页中插入图像

1. 插入图像

在 Dreamweaver MX 2004 的“文档”窗口中，插入图像的位置可以是普通段落、表格、表单、层等，还可以将图像设置为背景图像。插入图像的操作方法主要有以下 3 种。

1) 利用菜单操作

(1) 将光标定位在要插入图像的位置上，单击菜单“插入”/“图像”。

(2) 在弹出的“选择图像源文件”对话框中，选取要插入的图像文件。

(3) 单击“确定”按钮，则该图像插入到指定位置。

2) 使用“插入”工具栏操作

(1) 单击“插入”工具栏分类的下拉按钮。

(2) 在弹出的下拉菜单中单击“常用”项。

(3) 单击“图像”按钮，在弹出的下拉菜单中单击“图像”项，如图 2-39 所示。

(4) 在弹出的“选择图像源文件”对话框中选取要插入的图像文件。

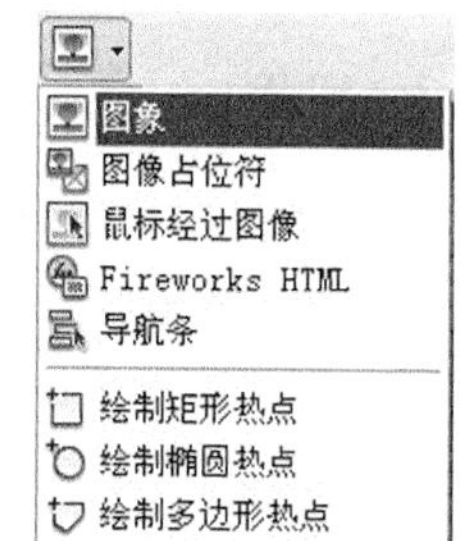

图 2-39 “图像”下拉菜单

(5) 单击“确定”按钮，则该图像插入到指定位置。

3) 使用快捷键操作

(1) 将光标定位在要插入图像的位置上，按下 Ctrl＋Alt＋I 快捷键。

(2) 在弹出的“选择图像源文件”对话框中选取要插入的图像文件。

(3) 单击“确定”按钮，则该图像插入到指定位置。

2. 设置图像属性

Dreamweaver 中的图像一般是通过属性面板中的各个参数进行相关的设置。

图像对象的属性面板如图 2-40 所示，各项参数含义如下。

图 2-40 图像对象的属性面板

“图像”输入框：用来对当前图像命名。

“宽”和“高”输入框：用来设置图像的显示大小，默认度量单位为像素。需要注意的是，改变图像的宽度和高度只是改变图像的显示尺寸，并不会改变图像文件大小，从而缩短图像的下载时间，因为浏览器先下载原始的图像数据，然后按比例缩放图像。

“源文件”：用来设置带路径的图像文件名，通过该项可以替换当前图像。

“链接”：用来设置图像的超级链接地址或对象。

"替代"：设置出现在图像位置上的文字。该文字将出现在只显示文本的浏览器中，或手动设置关闭了图像下载功能的浏览器中，或者在鼠标指针指向图像时出现的提示信息。

"编辑"栏：提供一组按钮，用来对图像进行编辑操作，如裁剪图像的"裁剪"按钮、调节图像的亮度和对比度的"亮度和对比度"按钮、锐化图像的"锐化"按钮等。其中，单击"编辑"按钮，将启动 Macromedia Fireworks 对图像进行编辑。

"边框"：用来设置图像的边框线条粗细，默认度量单位为像素。

"对齐"：设置图像的对齐方式。

"垂直边距"：用来设置图像垂直方向的边距，默认度量单位为像素。

"水平边距"：用来设置图像水平方向的边距，默认度量单位为像素。

3. 实例

下面介绍在"厦门概况"网页 gaikuang. htm 中插入图像的操作步骤。

在插入图像前，将素材文件夹 chapter2\materials 中的 xiamen. gif、ditu. gif、npt. gif、gulangyu. gif 这 4 个图像复制到 D:\xiamen\2_xmgk\Images 中。

1) 使用菜单插入图像文件 xiamen. gif

(1) 启动 Dreamweaver MX 2004，在"文件"浮动面板的站点列表中单击名为"xmweb"的站点，使其成为当前站点。

(2) 双击 2_xmgk 文件夹下的 gaikuang. htm 文件，打开该文件。

(3) 将光标定位在"地理位置"下面一段的段首。

(4) 单击菜单"插入"/"图像"，将打开"选择图像源文件"对话框。

(5) 利用"选择图像源文件"对话框选择 2_xmgk\Images 中的 xiamen. gif 文件，单击"确定"按钮插入该图像。

(6) 选中该图像，在属性面板中进行如下设置：在"替代"输入框中输入"俯瞰厦门"；在"边框"输入框中输入"1"；在"对齐"下拉框中单击"左对齐"项；在"垂直边距"和"水平边距"输入框中均输入"5"。

2) 使用"插入"工具栏插入图像文件 ditu. gif

(1) 将光标定位在网页文档"行政区划"的后面。

(2) 单击 "插入"工具栏左边的下拉按钮，在弹出的下拉菜单中单击"常用"项。

(3) 单击"插入"工具栏右边的"图像"按钮，在弹出的下拉菜单中单击"图像"项。

(4) 在打开的"选择图像源文件"对话框中选择 2_xmgk\Images 中的 ditu. gif，单击"确定"按钮插入该图像。

(5) 选中该图像，在属性面板中进行如下设置：在"替代"输入框中输入"厦门地图"；在"边框"输入框中输入"1"；在"对齐"下拉框中单击"右对齐"项；在"垂直边距"和"水平边距"输入框中均输入"5"。

3) 使用快捷键插入图像文件 npt. gif

(1) 将光标定位在"宗教"的后面。

(2) 按下 Ctrl＋Alt＋I 组合键。

（3）在打开的“选择图像源文件”对话框中选择 2_xmgk\Images 中的 npt.gif，单击“确定”按钮插入该图像。

（4）选中该图像，在属性面板中进行如下设置：在“替代”输入框中输入“厦门南普陀寺”；在“边框”输入框中输入“1”；在“对齐”下拉框中单击“右对齐”项；在“垂直边距”和“水平边距”输入框中均输入“5”。

4）插入图像文件 gulangyu.gif

（1）将光标定位在“旅游资源”下面一段的段首。

（2）按下 Ctrl＋Alt＋I 组合键。

（3）在打开的“选择图像源文件”对话框中选择 2_xmgk\Images 中的 gulangyu.gif，单击“确定”按钮插入该图像。

（4）选中该图像，在属性面板中进行如下设置：在“替代”输入框中输入“厦门鼓浪屿”；在“边框”输入框中输入“1”；在“对齐”下拉框中单击“左对齐”项；在“垂直边距”和“水平边距”输入框中均输入“5”。

（5）保存网页，按 F12 键预览效果，如图 2-41 所示。

图 2-41 “厦门概况”插入图片后的效果图

2.6.3 插入图像占位符

1. 插入图像占位符

如果在制作网页时有些要插入网页的图像暂时还没有准备好，又需要在当前位置安排好待插入图像的位置和尺寸时，就可以通过插入图像占位符来实现。所谓图像占位符就是指图像在尚未编辑完成前，用于保留该图像的位置和尺寸的图像。

在网页中插入图像占位符的操作步骤如下。

(1) 将光标定位在要插入图像占位符的位置。

(2) 单击菜单“插入”/“图像对象”/“图像占位符”。

(3) 在打开的“图像占位符”对话框(如图 2-42 所示)中进行相应的设置。

(4) 单击“确定”按钮,则在指定位置插入了图像占位符。

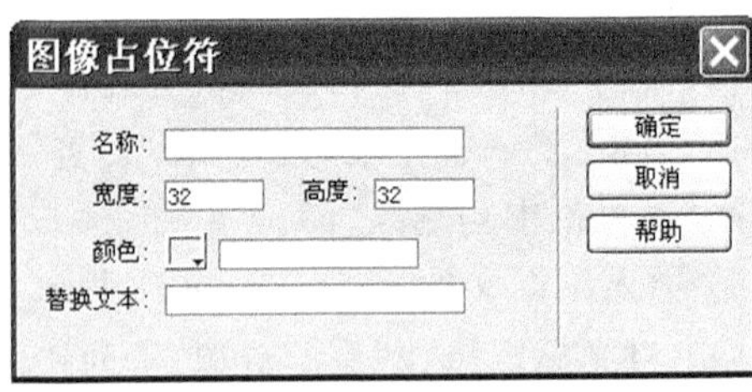

图 2-42 “图像占位符”对话框

“图像占位符”对话框中的各项参数含义如下。

“名称”输入框：用来设置图像占位符对象的名称,即设计时图像占位符中显示的文本。该项可以不输入任何内容。

“宽度”、“高度”输入框：用来设置图像占位符的宽度和高度,默认度量单位为像素。

“颜色”框：用来设置图像占位符的颜色,该项也可以留空。

“替换文本”输入框：和图像的属性面板中的“替代”项相同。

2. 替换图像占位符

图像占位符只是在网页设计时为要插入的图像预留的位置,在站点发布之前,必须用准备好的图像替换对应的图像占位符。在替换图像占位符前可以使用图像制作软件,如 Fireworks、Photoshop 等,根据图像占位符的尺寸创建或编辑图像,然后用其替换原来的图像占位符。替换图像占位符的操作步骤如下。

(1) 选中要替换的图像占位符。

(2) 在属性面板的“源文件”输入框中输入带路径的替换图像文件名,或单击其右边的“浏览文件”按钮,利用打开的“选择图像源文件”对话框选中要替换的图像,然后单击“确定”按钮。

完成操作后,网页中原来的图像占位符被替换图像代替。

2.6.4 插入鼠标经过图像

1. 插入鼠标经过图像

所谓“鼠标经过图像”就是图像的一种变换效果,是指当网页浏览者将鼠标移至图像时,图像发生变化;鼠标移出图像时,图像又可以还原。图像产生变换效果实际上是使用了两幅图像,一幅是页面首次载入时显示的图像,即原始图像;另一幅是鼠标移动到原始图像上时显示的图像,即鼠标经过图像。插入鼠标经过图像的操作步骤如下。

(1) 将光标定位在要插入鼠标经过图像的位置。

(2) 单击“插入”工具栏左边的下拉按钮,在弹出的菜单中单击“常用”项。

(3) 单击“插入”工具栏右边的“图像”按钮,在弹出的菜单中单击“鼠标经过图像”项。

(4) 在弹出的“插入鼠标经过图像”对话框(如图 2-43 所示)中进行相应的设置。

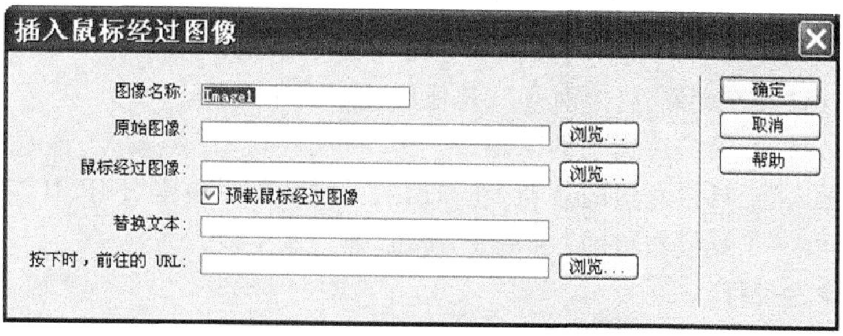

插入鼠标经过图像

图像名称: Image1

原始图像: 浏览...

鼠标经过图像: 浏览...

☑ 预载鼠标经过图像

替换文本:

按下时,前往的 URL: 浏览...

确定

取消

帮助

图 2-43 “插入鼠标经过图像”对话框

(5) 单击“确定”按钮,则在指定位置插入鼠标经过图像。

“插入鼠标经过图像”对话框中的各参数含义如下。

“图像名称”:用来设置图像对象的名称,即作为图像的标签文字显示的文本。该项可以不输入任何内容。

“原始图像”:用来输入原始图像的路径及文件名。也可以通过单击其右边的“浏览”按钮,从弹出的“Original Image”对话框中选择图像文件。

“鼠标经过图像”:用来输入鼠标经过时显示的图像的路径及文件名。也可以通过单击其右边的“浏览”按钮,从弹出的“Rollover Image”对话框中选择图像文件。

“替换文本”:用来设置与图像交替的文本。当浏览该网页时,鼠标经过图像时会显示该输入框中的文本信息。该项可以留空。

“按下时,前往的 URL”:用来输入链接的 URL 或带路径的文件名。浏览该网页时,鼠标单击该图像会打开链接的文件。也可以单击其右边的“浏览”按钮,从弹出的“On Click,GoTo URL”对话框中选择要链接的文件。

2. 实例

下面介绍制作“鼓浪屿”网页 gly.htm 的步骤。首先将素材文件夹 chapter2\materials 中的 bg1.jpg、back.gif、back1.gif 和 gly.gif 这 4 个图像复制到 D:\xiamen\3_gly\Images 中。

操作步骤如下。

1) 新建网页并设置页面属性

(1) 启动 Dreamweaver MX 2004,在“文件”浮动面板的站点列表中单击名为“xmweb”的站点,使该站点成为当前站点。

(2) 新建一个空白的网页。

(3) 在“文档”窗口“文档”工具栏的“标题”输入框中输入“美丽的鼓浪屿”。

(4) 单击菜单“修改”/“页面属性”,打开“页面属性”对话框,单击“分类”列表中的“外观”项。

(5) 单击“背景图像”右侧的“浏览”按钮,打开“选择图像源文件”对话框,选取 3_gly\Images 中的背景图像“bg1.jpg”,并进行确认。

2）输入文字和水平线

(1) 将光标定位在第一行，输入“美丽的鼓浪屿”。

(2) 选中前面输入的文字，在属性面板中进行如下设置：“字体”为“华文彩云”，“大小”为“50 像素”，对齐方式为“居中对齐”，其他均使用默认设置。

(3) 将光标定位在第一行文字的末尾。

(4) 单击“插入”工具栏左边的按钮，在弹出的下拉菜单中单击“HTML”项。

(5) 单击“插入”工具栏右边的“水平线”按钮，插入水平线。

3）插入图像占位符

由于要显示鼓浪屿全景的图像还没有准备好，因此先插入图像占位符。

(1) 将光标定位在水平线下一行。

(2) 单击“插入”工具栏左边的按钮，在弹出的下拉菜单中单击“常用”项。

(3) 单击“插入”工具栏右边的“图像”按钮，在弹出的下拉菜单中单击“图像占位符”项。

(4) 在打开的“图像占位符”对话框中进行如下设置：“名称”为“gly”，“宽度”为“600”，“高度”为“450”，“替换文本”为“鼓浪屿”。

(5) 单击“确定”按钮，在指定位置插入图像占位符。

4）插入鼠标经过图像

(1) 在上面添加的图像占位符后面输入 8 个空格。

(2) 单击“插入”工具栏左边的按钮，在弹出的下拉菜单中单击“常用”。

(3) 单击“插入”工具栏右边的“图像”按钮，在弹出的下拉菜单中单击“鼠标经过图像”项。

(4) 在打开的“插入鼠标经过图像”对话框中进行如下设置：“名称”为“back”，“原始图像”为 3_gly\Images 中的“back. gif”，“鼠标经过图像”为 3_gly\Images 中的“back1. gif”，“替换文本”为“返回上一页”，“按下时，前往的 URL”内容暂时为空。

(5) 单击“确定”按钮，在图像占位符后插入鼠标经过时会改变图像的“返回”图像。

(6) 选择“返回”图像，在属性面板的“垂直边距”中输入“150”。

5）保存网页

(1) 单击菜单“文件”/“保存”，通过打开的“另存为”对话框，将网页保存在“3_gly”文件夹下，取名为“gly. htm”。

(2) 按 F12 键预览效果，如图 2-44 所示。

2.6.5 插入 Fireworks HTML 文件

Dreamweaver 和 Fireworks 是 Macromedia 公司的网页制作软件和网页素材制作软件。这两个软件之间有着很好的关联性，Dreamweaver 允许将 Fireworks 生成的 HTML 代码随关联的图像、切片和 JavaScript 一起插入到文档中。这一功能使得设计者可以方便地在 Fireworks 中创建和设计各种元素，然后将这些元素插入到现有的 Dreamweaver 文档中。

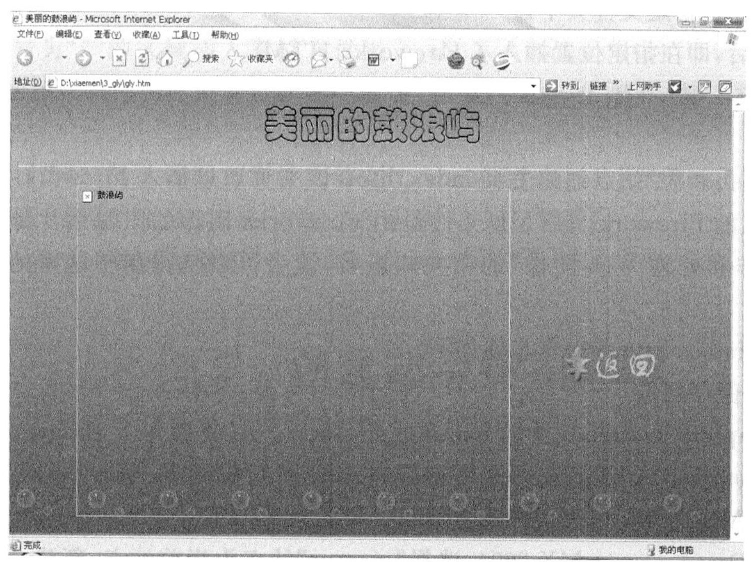

图 2-44 “鼓浪屿”页面效果

1. 插入 Fireworks HTML

在 Dreamweaver MX 2004 中，向网页添加 Fireworks HTML 的操作步骤如下。

(1) 将光标定位在要插入 Fireworks HTML 的位置。

(2) 选择“常用”插入工具栏(操作参考前面)，单击“图像”按钮，在弹出的下拉菜单中单击“Fireworks HTML”项。

(3) 在打开的“插入 Fireworks HTML”对话框中进行相应的设置。在“Fireworks HTML 文件”输入框中输入 Fireworks HTML 文件的路径和文件名。也可以通过单击其右边的“浏览”按钮，在打开的“选择 Fireworks HTML 文件”对话框中选择要插入的 Fireworks HTML 文件。在“Fireworks HTML 文件”输入框下面有“插入后删除文件”复选框，勾选该项，则表示在插入操作完成后将原始 Fireworks HTML 文件移至“回收站”。如果在插入 Fireworks HTML 文件后不再需要该文件，则应使用此选项。此选项不影响与该 HTML 文件关联的 PNG 源文件。

(4) 单击“确定”按钮，如果是新建的没有保存过的网页，则会弹出要求保存当前网页的提示对话框。

(5) 单击“确定”按钮保存该网页后，在弹出的信息提示对话框(如图 2-45 所示)中，单击“确定”按钮。该提示信息要求设置网页中其他文件的保存目录。

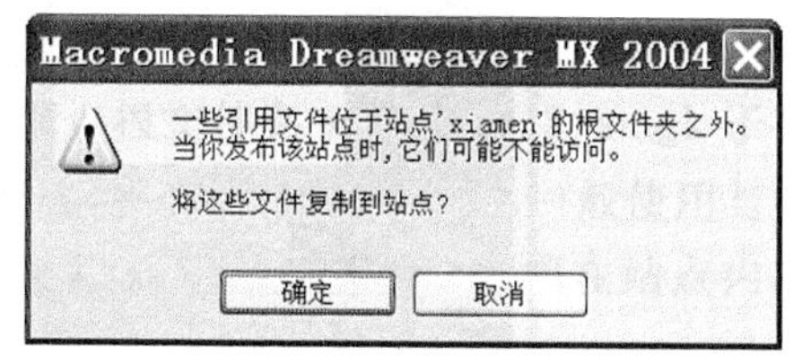

图 2-45 保存相关图像文件到指定文件夹提示对话框

(6) 单击“确定”按钮后，在打开的“复制图像文件至”对话框中选取站点下的某个文件夹，并单击“选择”按钮，加以确认。此时，相关的图

文件夹内的文件;../index.htm 指的则是当前文件夹上级文件夹(即站点根文件夹)中的文件,../表示上一级文件夹;../3_gly/Images/gly.gif 指的则是当前文件夹上级文件夹(即站点根文件夹)下的 3_gly/images 子文件夹的文件 gly.gif。文档相对的路径通常用于链接总是和当前文档位于同一文件夹的文件。

需要注意的是,如果当前网页文档是新建的,则在创建和当前网页文档相对的路径之前,一定要保存该文档,因为在没有定义起始点的情况下,和当前网页文档相对的路径是无效的。在当前网页文档未被保存之前,Dreamweaver 会自动使用以 file://开头的绝对路径。

2.7.2 创建页面链接

单击页面链接时将跳转到相应的网页或文件。如果链接的目标文件位于相同的站点,通常使用与当前网页文档相对的文件路径,如果链接的文件位于站点外,则使用绝对路径。

1. 创建超级链接

在 Dreamweaver MX 2004 中创建页面超级链接的方法有以下几种。

1) 使用“插入”菜单或“插入”面板创建超级链接。

(1) 将光标定位在要插入超级链接的位置。

(2) 选择“常用”工具栏,单击“超级链接”按钮。

(3) 在打开的“超级链接”对话框(如图 2-47 所示)中进行相应设置,然后单击“确定”按钮,则在指定位置插入超级链接。

“超级链接”对话框中各参数含义如下:

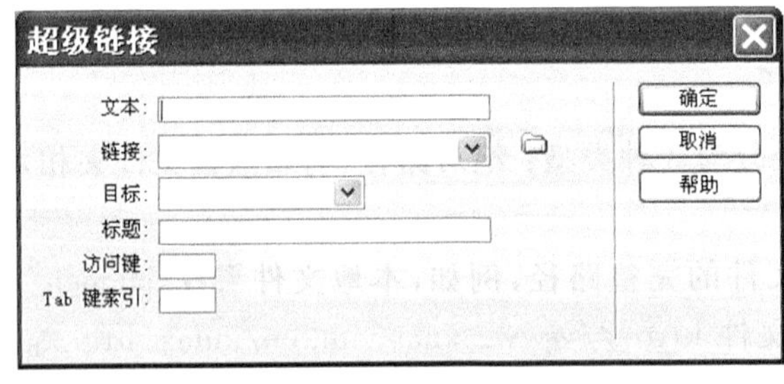

图 2-47 “超级链接”对话框

“文本”:用来设置作为超级链接的显示文本,若已事先选中相应的文字,则此输入框内容无须再次输入。

“链接”:用来输入超级链接的地址,可以根据具体情况使用绝对路径或相对路径。也可以单击其右边的“浏览文件”按钮,在打开的“选择文件”对话框(如图 2-48 所示)中选择要链接的文件。“选择文件”对话框中“相对于”下拉列表框可以选择文件的相对路径,包括与当前网页文档相对的路径和与站点根目录相对的路径两个选项,默认的相对路径是与当前网页文档的相对路径。

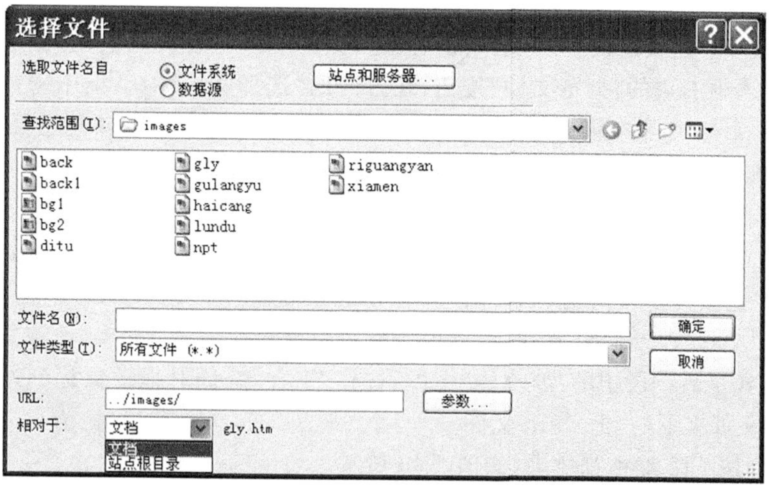

图 2-48 “选择文件”对话框

“目标”：设置用来打开链接目标网页或文件的浏览器窗口或框架，列表框中包含如下列表项：_blank：使用一个新的浏览器窗口加载所链接的目标网页或文件；_parent：使用链接所在框架的父框架或父窗口加载链接目标网页或文件，如果包含链接的框架不是嵌套框架，则链接目标载入当前链接所在的浏览器窗口；_self：使用链接所在的同一框架或窗口加载链接目标网页或文件，该列表项为默认值；_top：使用整个浏览器窗口加载链接目标网页或文件。

“标题”：用来设置当鼠标指向链接时显示的文本。

“访问键”：用来设置指向链接的快捷键。按下快捷键并按下回车键，相当于鼠标指向链接并单击。

“Tab 键索引”：用来设置通过 Tab 键选择对象时的次序。

使用以上方法创建超级链接后，如需要修改链接目标，可以使用下面的方法。

2) 使用属性面板创建(或修改)链接

这种方法适合于对网页中已经存在的文本或图像创建(或修改)超级链接。

(1) 选定要创建(或修改)超级链接的文本或图像。

(2) 在属性面板的“链接”输入框中输入要链接的地址，也可以通过单击其右边的“浏览文件”按钮，利用打开的“选择文件”对话框选择要链接的文件。

2. 实例

下面为“厦门新貌”网站中的网页 gaikuang.htm 创建指向网页 index.htm 和 gly.htm 的超级链接，为 gly.htm 创建指向 gaikuang.htm 的超级链接。

1) 为 gaikuang.htm 创建超级链接

(1) 启动 Dreamweaver MX 2004，选择“xmweb”为当前站点。打开 2_xmgk 文件夹下的 gaikuang.htm。

(2) 将光标定位到页面底部的水平线前,按回车键插入一个空行。

(3) 选择“插入”工具栏的“常用”项,单击“超级链接”按钮。

(4) 在打开的“超级链接”对话框中设置如下:在“文本”输入框中输入“返回首页”;单击“链接”输入框右边的“浏览文件”按钮,在打开的“选择文件”对话框中选择站点根文件夹下的 index.htm 文件,并确定;在“标题”输入框中输入“返回厦门新貌主页”。其他项暂时不设置,单击“确定”按钮,插入“返回首页”超级链接。选择“返回首页”链接文本,在属性面板中单击“右对齐”按钮,使创建的链接右对齐显示。

(5) 在页面末尾按回车键插入一个空行,然后输入“更多链接”。选择“更多链接”文本,在属性面板的“链接”输入框中输入 http://www.sina.com.cn(注意 http://不能省略)。

(6) 打开“文件”浮动面板,在站点管理器窗口中展开 3_gly 文件夹,使该文件夹下的文件可见。选择最后一段中的“鼓浪屿”文本,按住 Shift 键,同时拖动鼠标到站点管理器窗口中 3_gly 文件夹下的 gly.htm 文件。

保存网页,按 F12 键预览效果,如图 2-49 所示。

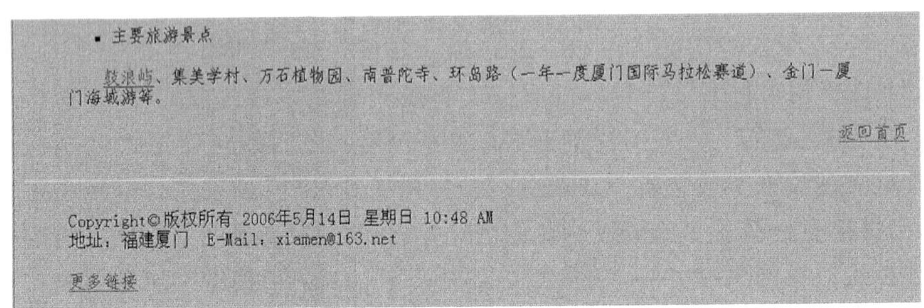

图 2-49 “厦门概况”链接效果

2) 为 gly.htm 创建超级链接

(1) 打开 gly.htm,选择“返回”图像。

(2) 单击属性面板中“链接”输入框右边的“浏览文件”按钮。

(3) 在“选择文件”对话框中选择 2_xmgk 文件夹下的 gaikaung.htm 文件,并确定。

(4) 保存网页,按 F12 键预览效果。

2.7.3 创建锚记链接

1. 创建锚记链接

除了可以在页面间创建超级链接外,在页面内还可以创建锚记链接。所谓锚记链接就是当网页的内容较多时,对页面不同位置进行的链接。创建锚记链接前必须先插入一个命名锚记,然后再创建指向命名锚记的链接。具体操作步骤如下。

(1) 将光标定位到网页中要链接的目标位置。

(2) 选择“插入”工具栏的“常用”项,单击“命名锚记”按钮。也可以通过“插入”菜单下的“命名锚记”命令完成插入命名锚记的操作。

(3) 在弹出的“命名锚记”对话框的“锚记名称”输入框中输入锚记的名称，并确定。

(4) 选择需要创建锚记链接的文本或图像。

(5) 在属性面板的“链接”输入框中输入“#锚记名称”。

需要注意的是，# 和锚记名称间不能有空格。此外，如果要在页面间创建锚记链接，即链接到另外一个页面的某个位置，则在“链接”输入框中输入的“#锚记名称”前加上带路径的目标网页文件名。

2. 实例

下面为“厦门新貌”网站中的网页 gaikuang.htm 创建锚记链接。

(1) 启动 Dreamweaver MX 2004，选择“xiamen”为当前站点。打开 2_xmgk 文件夹下的 gaikuang.htm。

(2) 将光标定位到项目列表“经济状况”前。选择“插入”工具栏的“常用”项，单击“命名锚记”按钮。

(3) 在弹出的“命名锚记”对话框的“锚记名称”输入框中输入“jingji”，并确定。

(4) 选中网页第二行的“经济状况”文本。在属性面板的“链接”输入框中输入“#jingji”。

(5) 以相同的操作方法为网页第二行“经济状况”后的“旅游资源”创建指向网页中项目列表“旅游资源”的锚记链接。

(6) 将光标定位在网页第一行“厦门概况”前，以相同的操作方法在此处插入一个名称为“top”的命名锚记。

(7) 在项目列表“经济状况”后面输入几个空格后，输入“返回顶部”，并选中“返回顶部”文本。在属性面板的“链接”输入框中输入“#top”。

(8) 在项目列表“旅游资源”后面输入几个空格后，输入“返回顶部”，并选中“返回顶部”文本。在属性面板的“链接”输入框中输入“#top”。

(9) 保存网页，按 F12 键预览效果。

2.7.4 创建电子邮件链接

1. 创建电子邮件链接

电子邮件已经成为人们相互沟通的重要手段。网页中的电子邮件链接就是当浏览者单击该链接时，可以自动启动安装在用户计算机中的电子邮件应用程序，例如 Outlook，同时创建一个新邮件窗口，在“收件人”输入框中已经自动填入电子邮件链接的地址，浏览者只需填写邮件内容，就可以直接发送了。

在网页中设置电子邮件链接非常普遍。电子邮件链接可以附加在按钮图片上，也可以附加在文本上。创建电子邮件链接的方法如下。

1) 通过“插入”工具栏或“插入”菜单创建电子邮件链接

(1) 将光标定位到需要插入电子邮件链接的位置。

(2) 选择“插入”工具栏的“常用”项。单击“电子邮件链接”按钮。

(3) 在打开的“电子邮件链接”对话框(如图 2-50 所示)中,在“文本”输入框中输入要在网页中作为电子邮件链接时出现的文本内容,如“联系我们”。

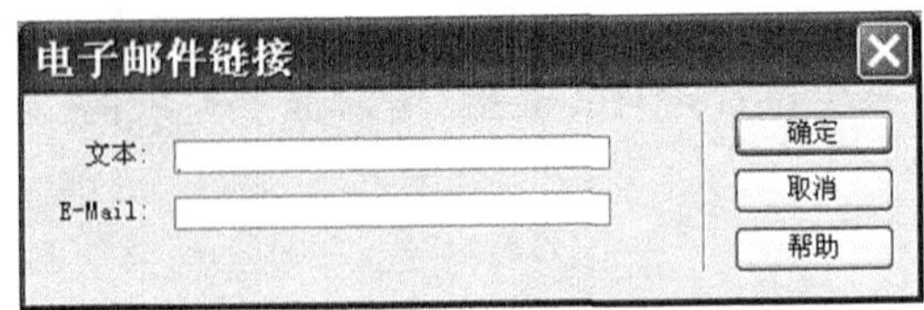

图 2-50 “电子邮件链接”对话框

(4) 在“E-Mail”输入框中输入邮件发送到的电子邮件地址。

(5) 单击“确定”按钮,则在指定位置插入一个电子邮件链接。

2) 通过属性面板创建或修改电子邮件链接

(1) 选中要作为电子邮件链接的文本或图像。

(2) 在属性面板的“链接”输入框中输入“mailto:电子邮件地址”,mailto:后面不能加空格。

在属性面板的“链接”输入框中除了可以输入电子邮件地址外,还可以添加抄送地址和邮件主题,相应的代码格式如下:

```
subject=所需主题
cc=要抄送电子邮件地址
```

例如:

```
mailto:xiamenxinmao@163.com?cc=xmxm@sina.com&subject=建议
```

表示收件人地址为 xiamenxinmao@163.com,抄送地址为 xmxm@sina.com,邮件主题为“建议”。其中,“?”表示分隔,“&”表示连接。

2. 实例

下面为“厦门新貌”网站中的网页 gaikuang.htm 创建电子邮件连接。

(1) 启动 Dreamweaver MX 2004,选择“xmweb”为当前站点。打开 2_xmgk 文件夹下的 gaikuang.htm。

(2) 选择网页最后的 E-mail 地址“xiamen@163.net”。

(3) 在属性面板的“链接”输入框中输入“mailto:xiamen@163.net”。

(4) 保存网页,并预览效果。

2.7.5 创建图像热区链接

1. 创建图像热区链接

一般来说,一幅图像只能有一个超级链接目标。但是,有时可能需要在一张图片上创建多个超级链接。这个问题可以通过创建图像热区链接来解决。图像热区就是在一幅图像中圈出若干个区域，并为每个区域创建不同地址的超级链接，单击图像中不同的区域可以跳转到不同的目标页面。图像热区链接通常用于电子地图、页面导航图等。

要创建图像热区，可以利用图像属性面板中的“热点工具”，如图 2-51 所示，在图像中绘制出“热点区域”，然后为每个区域设置链接目标文件。“热点工具”包括“矩形热点工具”、“椭圆形热点工具”和“多边形热点工具”3 种。“矩形热点工具”和“椭圆形热点工具”可以分别绘制出规则的矩形、正方形、椭圆或圆形热点区域，只要在图像中拖动鼠标就可以绘制出规则的热点区域，如果要绘制正方形或圆形，在拖动鼠标的同时按下 Shift 键即可。“多边形热点工具”可以绘制出各种不规则的热点区域，在图像中每单击鼠标一次就产生一个热点，通过不断单击鼠标形成不规则的热点区域。

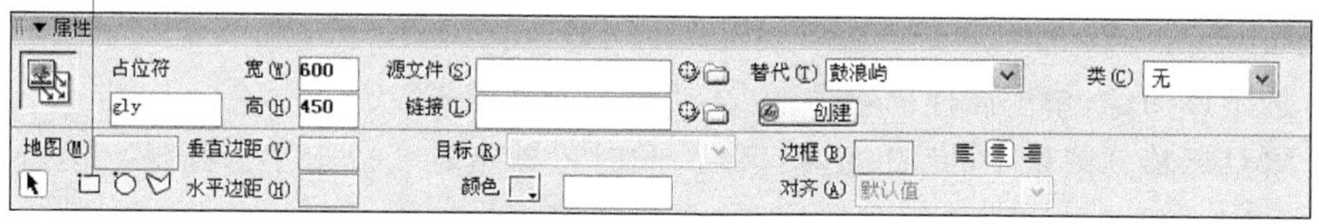

图 2-51　图像属性面板中的“热点工具”

创建图像热区链接的步骤如下。

(1) 在网页中选中图像。

(2) 在属性面板中单击“热点工具”，如“矩形热点工具”。

(3) 将鼠标移至图像中需要创建热点区域的位置，此时鼠标指针变成十字形指针，按下鼠标并拖动，画出一个矩形，这时图像属性面板变为热点的属性面板，如图 2-52 所示。

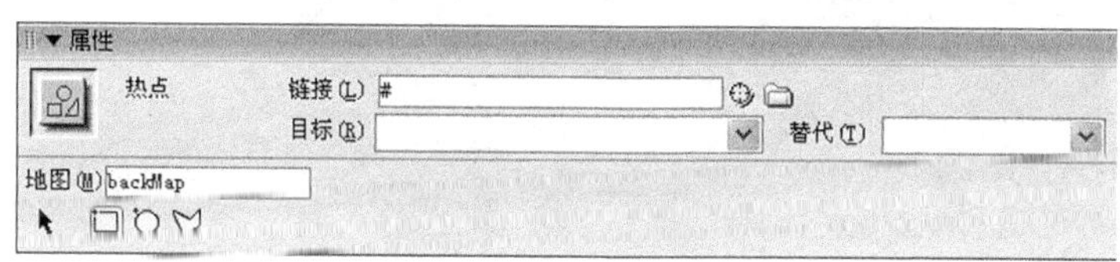

图 2-52　热点的属性面板

各参数含义如下：

“地图”：用来输入热点区域名称，文档中有多个图像热点区域时，每个热区名称必须是唯一的，不能重名。

“链接”：用来设置热区链接。

“目标”：设置用来打开链接目标网页或文件的浏览器窗口或框架。

“替代”：用来设置浏览网页时，当鼠标指针指向该热区时的提示文本。

(4) 在热点属性面板的“链接”输入框中输入链接目标地址，或单击其右边的“浏览文件”按钮，在打开的“选择文件”对话框中选择要链接的目标文件。

(5) 重复步骤(2)、(3)、(4)，创建图像中的其他热区链接。

(6) 保存网页，并预览效果。

如果需要对绘制好的热区进行修改，可以单击热点属性面板中的“指针热点工具”按

钮 ![pointer],然后拖动热点上的控制点修改热点区域,或拖动整个热点区域进行移动操作。

2. 实例

下面为“厦门新貌”网站中的网页 gly. htm 创建图像热区链接。操作前先将素材文件夹 chapter2\materials 中的两个图像文件 riguangyan. gif 和 bowuguan. jpg 复制到站点根文件夹的 3_gly\Images 子文件夹中。

(1) 启动 Dreamweaver MX 2004,选择“xmweb”为当前站点。打开 3_gly 文件夹下的 gly. htm。

(2) 选择图像占位符 gly。

(3) 单击属性面板的“源文件”右边的“浏览文件”按钮,在打开的“选择图像源文件”对话框中选择 D:\xiamen\3_gly\Images 中的 gly. gif 图像文件,并确定,原来的图像占位符替换为 gly. gif。

(4) 选中该图像,单击属性面板中的“多边形热点工具”。

(5) 将鼠标移到图像中的“日光岩”区域,此时鼠标指针变成十字形指针。沿着图片中的“日光岩”边缘绘制出一个热点区域,如图 2-53 所示。

图 2-53 绘制图像热区

(6) 在属性面板的“地图”输入框中输入热区名称“riguangyan”。单击“链接”右边的“浏览文件”按钮,在打开的“选择文件”对话框中选择站点根文件夹下 images 子文件夹中的 riguangyan. gif 文件,并确定。单击“目标”下拉列表框,选择_blank 项;在“替代”输入框中输入“日光岩”。

(7) 重复步骤(4)、(5)绘制出厦门博物馆的热点区域,如图 2-53 所示。

(8) 在属性面板的“地图”输入框中输入热区名称“bowuguan”。单击“链接”右边的“浏览文件”按钮,在打开的“选择文件”对话框中选择站点根文件夹下 images 子文件夹中的 bowuguan. jpg 文件,并确定。单击“目标”下拉列表框,选择_blank 项;在“替代”输入框中输入“厦门博物馆”。

(9) 保存网页,并按 F12 键预览效果。

2.8 插入多媒体对象

随着多媒体技术和网络技术的发展，网页中除了可以添加文字和图像外，还可以添加动画、声音、视频等多媒体元素，以及 ActiveX 控件等特殊效果。

动画是当今网页中必不可少的元素，能给平凡的网页增添亮色。除了常见的动态 GIF 外，目前网页中使用较多的是用 Flash 制作的.swf 格式的动画。由于 Flash 与 Dreamweaver 都是由 Macromedia 公司推出的，因此，在 Dreamweaver 中加入并播放 Flash 动画就变得轻而易举了。此外，网页中用得比较多的另一种动画形式是 Shockwave，是用 Macromedia 公司推出的 Director 制作的，由于其交互能力较强，也同样受到网页设计者的欢迎。

由于视频文件一般都比较大，所以在网页上直接播放的情况很少。但这并不意味着网页上没有视频文件。网页上视频的表现形式一般分为两种：一种是用户下载链接的视频文件，然后在本地计算机上观看视频；另一种是可以在浏览器中直接播放的视频文件，称为内嵌视频。内嵌视频格式主要有 MPEG、QuickTime、RealVideo、ActiveMovie 等。其中，QuickTime 视频格式由于已成为跨平台多媒体文件的主要格式，因此备受推崇。RealVideo 在 RealAudio 的基础上支持音频和视频的流播放。由于视频是以数据流方式传输的，所以浏览器在没有下载完整个视频文件时即可播放该视频文件。

在 Dreamweaver 中除了可以添加以上介绍的多媒体元素外，还能在网页中插入 ActiveX 控件和 JavaApplet。ActiveX 控件是可以充当浏览器插件的可重复使用的组件，就像微型的应用程序。而 JavaApplet 可以进一步增强网页的多媒体动态效果。

在 Dreamweaver MX 2004 中，通过“插入”/“媒体”菜单下的各项菜单命令，可以插入 Flash 动画、Flash 按钮、Flash 文本、Shockwave 影片、JavaApplet 程序、ActiveX 控件和 Plugin 插件等。

2.8.1 插入和设置 Flash 动画

Flash 是由 Macromedia 公司开发的基于矢量的图形和动画制作软件。Flash 动画文件的常见格式有：扩展名为.fla 的 Flash 源文件格式，是 Macromedia Flash 的默认文件格式，只能在 Flash 应用程序中打开，在 Dreamweaver 或浏览器中都是无法打开的；扩展名为.swf 的 Flash 动画文件格式，是浏览器中使用的格式，也可以在 Dreamweaver 中预览，但无法在 Flash 中进行编辑；扩展名为.swf 的 Flash Generator 模板文件格式，允许用户修改和替换文件中的信息，可以应用于 Dreamweaver 的 Flash 按钮对象中。

1. 插入 Flash 动画

在网页中插入 Flash 动画的操作步骤如下。

(1) 将光标定位在要插入 Flash 动画的位置。

(2) 单击菜单“插入”/“媒体”/“Flash”，也可单击“常用”插入栏左侧的“Flash”按钮。

(3) 在打开的“选择文件”对话框中选择要插入的 Flash 动画文件，并确定，便完成在指定位置插入 Flash 动画。

2. 设置 Flash 动画属性

选中网页中的 Flash 动画后，通过属性面板(如图 2-54 所示)可以设置 Flash 动画的属性。

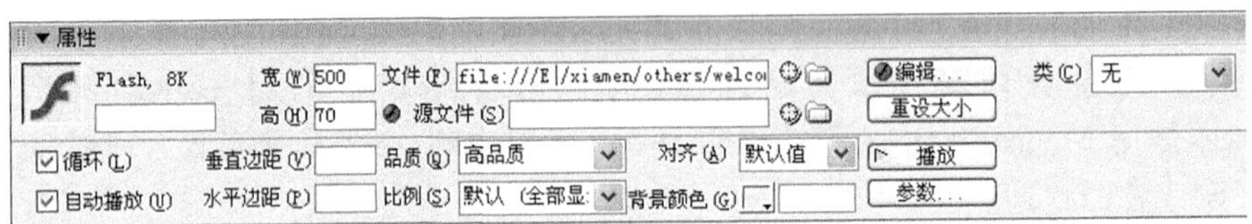

图 2-54　Flash 动画的属性面板

“Flash”：用来输入 Flash 动画对象的名称，其实就是设置＜object＞标记的 name 属性，以便脚本对其进行引用。

“宽”、“高”：用来设置 Flash 动画的宽度和高度，默认度量单位为像素。

“文件”：用来指定 Flash 动画文件的路径，也可以通过单击其右边的“浏览文件”按钮来选择文件。

“源文件”：用来指定 Flash 动画对象的源文件，即扩展名为.fla 的文件。

“编辑”按钮：单击该按钮将启动 Flash，对指定的 Flash 文件进行编辑。

“重设大小”按钮：单击该按钮可恢复 Flash 动画原来的尺寸。

“播放”按钮：单击该按钮播放 Flash 动画，此时按钮文字变为“停止”，单击“停止”按钮，则停止播放 Flash 动画。

“参数”按钮：单击该按钮将弹出“参数”对话框，可以输入要传递给 Flash 动画的附加参数。

“对齐”下拉列表框：用来设置 Flash 动画的对齐方式，如左对齐、右对齐、居中对齐、顶端对齐等。

“背景颜色”：用来设置 Flash 动画的背景颜色。单击颜色框，可以在打开的颜色板中选择需要的颜色，也可以直接在输入框中输入十六进制数形式的颜色值。

“品质”下拉列表框：可以设置 Flash 动画的播放质量，如高品质、低品质等。

“比例”下拉列表框：可以设置 Flash 动画的缩放方式，如全部显示、严格匹配等。

“垂直边距”：用来设置 Flash 动画上下两端与其周围对象的距离，单位为像素。

“水平边距”：用来设置 Flash 动画左右两端与其周围对象的距离，单位为像素。

“循环”复选框：如果选择该复选框，则动画播放完毕后自动循环播放，否则，动画播放完毕后不再播放。

“自动播放”：如果选择该复选框，则浏览器加载网页后自动播放动画，否则，浏览器加载网页后不会自动播放动画，需要通过 JavaScript 等脚本或程序来控制动画的播放。

提示：在插入 Flash 后，经常会出现黑色背景，实现 Flash 背景透明的方法是在代码视图的 Flash 的代码中插入<param name="wmode" value="transparent">，代码格式如下。

```
<object>
⋮
<param name="wmode" value="transparent"><!--这里代码可使 Flash 背景透明 -->
⋮
</object>
```

2.8.2 插入 Flash 按钮

利用 Dreamweaver MX 2004 中"插入"/"媒体"菜单下的"Flash 按钮"命令，可以将 Dreamweaver 中自带的按钮插入到网页中。这项功能为不熟悉使用 Macromedia Flash 制作动画效果按钮的用户提供了便利。需要注意的是，在插入 Flash 按钮之前需要先保存网页文档。插入 Flash 按钮的操作步骤如下。

(1) 将光标定位在需要插入 Flash 按钮的位置。

(2) 单击菜单"插入"/"媒体"/"Flash 按钮"。

(3) 在打开的"插入 Flash 按钮"对话框(如图 2-55 所示)中进行相应设置。"插入 Flash 按钮"对话框中各参数含义如下：

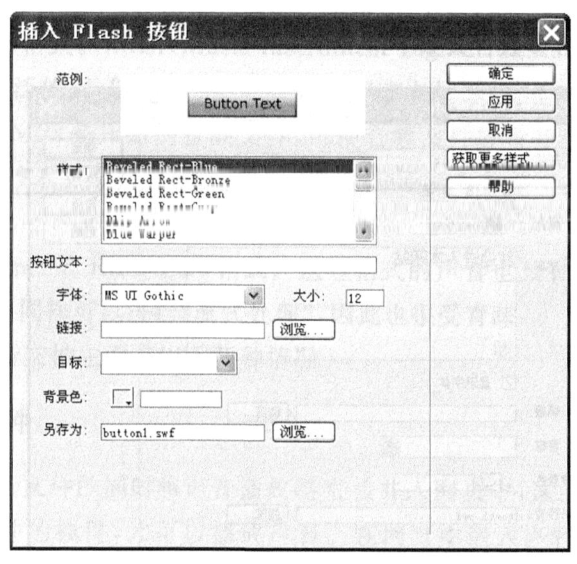

图 2-55 "插入 Flash 按钮"对话框

"样式"下拉列表框：用来选择按钮样式，选中的按钮样式在"范例"框中显示。

"按钮文本"：用来设置按钮中要显示的文本。

"字体"下拉列表框：用来设置按钮中文本的字体。

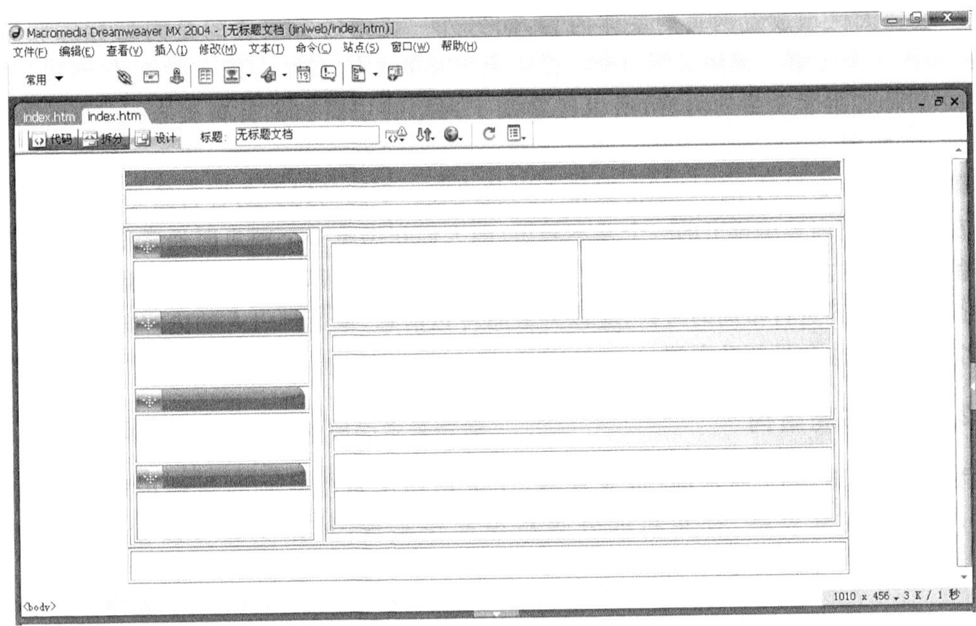

图 3-15 “金龙在线”个人网站主页表格布局结构

元格属性面板中的“宽度”值设为 202。

② 将光标定位在 1 号表格第一列，插入一个 8 行 1 列的表格（设为 2 号表），并将 2 号表格的属性面板中的“宽度”值设为 192；同时选取 2 号表格的第 1、3、5、7 行，在其单元格属性面板中设置单元格背景图像。

③ 将光标定位在 1 号表格第二列，插入一个 3 行 1 列的表格（设为 3 号表），并将 3 号表格的属性面板中的“宽度”值设为 540。

④ 分别在 3 号表格的第 1、2、3 行插入一个 1 行 2 列、2 行 1 列、3 行 1 列的表格，所插入的表格的“宽度”值均设为 535，并为 2、3 行插入的表格的第 1 行设置背景图像。最后调整网页主题各个表格的高度。

(3) 在文档中，将光标定位在 1 号表格下，插入一个 1 行 1 列表格，用于放置版权信息等内容；选中该表，将表格属性面板中的“宽度”值设为 767，“对齐”值设为“居中对齐”。至此，主页的表格布局大致完成，保存后可以预览效果。

提示：采用表格布局，通常不希望显示其边框，故将各表格的“边框”值设为 0。

3. 在表格中添加网页元素

在表格中添加的网页元素及其添加方法跟第 2 章中所述相同，此处不再赘述。为了使所添加的内容更便于排版和布局，通常还需进一步用表格来布局网页内容，如图 3-16 所示。

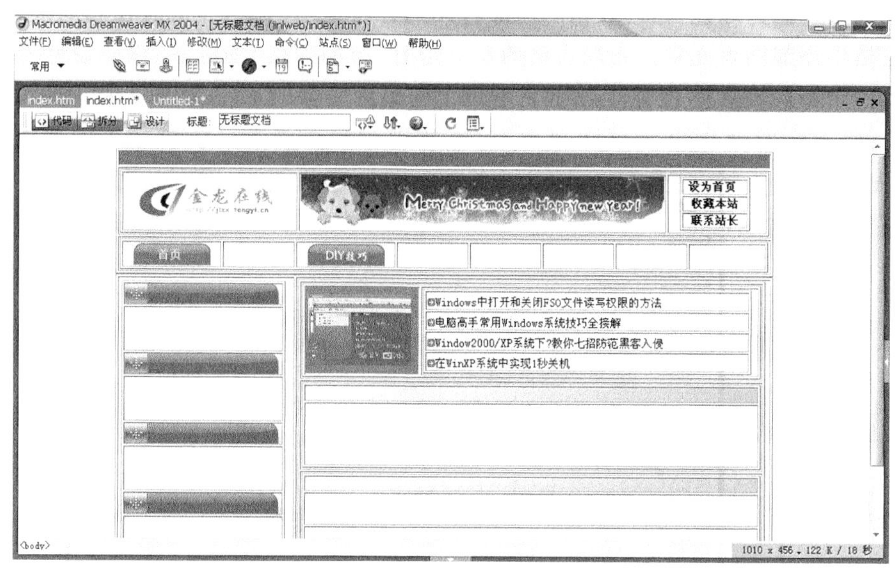

图 3-16 向表格布局中添加网页内容

3.3 布局表格的应用

使用表格进行布局不太方便，因为最初创建表格是为了显示表格数据，而不是用于对网页进行布局。为了简化使用表格进行页面布局的过程，Dreamweaver 提供了“布局”模式。在“布局”模式中，可以使用布局表格和布局单元格来设计网页。使用布局表格可以摆脱传统表格的局限，更方便设计者进行网页布局。例如，当布局中某一部分的行或列与布局中另一部分的行或列不需要对齐时，可以使用布局表格嵌套来实现，较之传统表格更容易布局。在布局表格中插入的布局单元格可以在该布局表格中任意移动位置，使得网页布局更为灵活。所以使用布局模式是进行 Web 页布局最常用的方法。

3.3.1 绘制布局表格和布局单元格

1. 绘制布局表格

若要绘制布局表格，可执行以下操作步骤。

① 把表格视图切换到“布局”模式。可以通过在“插入”工具栏的“布局”类别中，单击“布局”按钮 标准 扩展 布局 来实现，或单击“查看”/“表格模式”/“布局模式”命令。

② 在“插入”栏的“布局”类别中，单击“绘制布局表格”按钮，或单击“插入”/“布局对象”/“布局表格”。然后将鼠标指针移动到文档编辑区，当鼠标指针变为加号✚时，拖动指针就可以开始绘制布局单元格了。若要绘制多个布局表格，可在绘制布局表格时按住 Ctrl 键，就可以连续绘制出多个布局表格。

布局模式下，只能将网页元素添加到布局单元格中，因此必须先创建布局单元格；但如果切换到标准或扩展模式下，可以往布局表格中添加网页元素。“金龙在线”主页的布局表格中添加了适当内容后的效果如图 3-19 所示。

图 3-19　向布局表格中添加网页内容

当添加宽度大于布局单元格的内容时，该单元格将自动扩展。当单元格扩展时，该单元格所在的列也随之扩展，这可能会改变周围单元格的大小。另外，如果在添加网页元素的过程中发现布局不完善，可以再次切换到布局模式下进行添加或修改布局表格。

3.3.3　使用布局辅助工具

在绘制网页布局时，Dreamweaver 提供标尺和网格等辅助设计手段，以帮助设计者精确定位布局表格和布局单元格。

1. 显示标尺

要显示标尺，可单击“查看”/“标尺”/“显示”命令。如图 3-20 所示，标尺将在网页的顶部和左侧显示。标尺的默认单位是像素，可以通过单击“查看”/“标尺”/“英寸”或“查看”/“标尺”/“厘米”命令来改变标尺的单位。

有了标尺就可以了解网页的面积，而且设计者在拖动鼠标绘制页面布局时，就能立即得到布局表格和布局单元格的宽度和高度，让设计者在布局时能够做到心中有数。

标尺的原点□在网页的左上角，如果要计算所要绘制单元格的大小，可以把标尺的原点设置在该单元格的左上角。要改变标尺原点的设置，只要把原点拖动到所需要的位置即可；而要使标尺原点回到页面左上角，可单击“查看”/“标尺”/“重设原点”命令。

图 3-20 向布局表格中添加网页内容

2. 显示和编辑网格

在绘制网页时,如果要整齐有序,则可以使用网格以及网格对齐功能。要显示网格可单击"查看"/"网格"/"显示网格"命令,如图 3-21 所示。为了使网格颜色醒目,可以通过单击"查看"/"网格"/"网格设置"命令来修改网格颜色。同时在网格对话框中还可以做以下设置:

图 3-21 在 Dreamweaver 中显示网格

靠齐到网格:该功能使得设计者在绘制布局和单元格时,能自动对齐网格。该功能也可以通过单击"查看"/"网格"/"靠齐到网格"命令来实现。

间隔:用于设置网格大小。

显示:选择网格的显示方式。选项有"点"和"线"。

3. 跟踪图像

所谓"跟踪图像"是在设计网页之前 Dreamweaver 导入的草图。它的作用就相当于描红本上的文字。设计者可以根据草图的设计进行布局示。

在建设一个大型网站时,通常一个网页上有许多专题。进行网页设置时就需要召集这些专题的负责人进行讨论,讨论的结果往往是手绘的或某个绘图软件制作的草图。网页设计者可以导入草图，然后在此草图的基础上快速设计出网页。

(1) 若要将跟踪图像放在"文档"窗口中，可执行以下操作。

① 打开"页面属性"对话框(可参考第 2 章 2.3 节内容)。

② 在分类列表框中单击"跟踪图像"。"页面属性"对话框将显示跟踪图像的相关属性，如图 3-22 所示。单击文本框旁边的"浏览"按钮，选择草图。

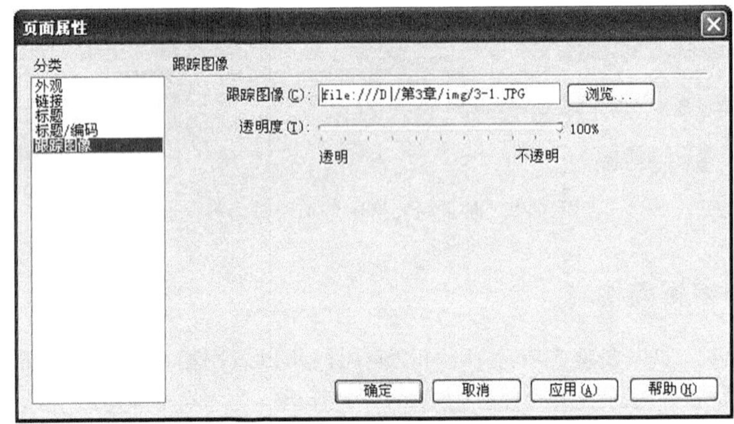

图 3-22　导入跟踪图像并设置其透明度

③ 拖动"图像透明度"滑块指定图像的透明度，然后单击"确定"按钮。

(2) 若要显示或隐藏跟踪图像，可执行"查看"/"跟踪图像"/"显示"命令。

(3) 跟踪图像与背景图像的区别如下。

当设置了跟踪图像后，在 Dreamweaver 中只显示跟踪图像，页面的实际背景图像和颜色在"文档"窗口中是不可见的。但是，在浏览器中查看页面时，背景图像和颜色是可见的，跟踪图像不会被用户下载，所以是不可见的。仅在 Dreamweaver 中跟踪图像是可见的。

(4) 若要更改跟踪图像的位置，可执行"查看"/"跟踪图像"/"调整位置"命令，然后执行下列操作之一。

① 若要准确地指定跟踪图像的位置，可在"X"和"Y"文本框中输入坐标值。

② 若要逐个像素地移动图像，可使用箭头键。

③ 若要一次 5 个像素地移动图像，可按 Shift 键和箭头键。

(5) 重设跟踪图像的位置：执行"查看"/"跟踪图像"/"重设位置"命令，跟踪图像随即返回到文档窗口的左上角。

(6) 若要将跟踪图像与所选元素对齐，在文档编辑窗口中选择一个元素，然后执行"查看"/"跟踪图像"/"对齐所选范围"命令，则跟踪图像的左上角立即与所选元素的左上角对齐。

3.3.4　调整布局表格和布局单元格

使用布局表格和布局单元格进行排版，通常不可能一蹴而就，需要反复调整以设计出合理的布局。

1. 调整和移动布局单元格

为了调整页布局，可以对布局单元格和嵌套布局表格进行移动并调整它们的大小。当然，最外面的布局表格只能调整大小而不能移动。在移动单元格和表格或调整它们的大小时，可以使用 Dreamweaver 网格作为参考。

(1) 调整布局单元格的大小以及移动单元格。

可以调整布局单元格的大小或移动它们，但是不能使它们重叠。对单元格进行移动或调整大小之后，该单元格不能跨越包含它的布局表格的边框。布局单元格不能小于其内容的大小。

若要调整布局单元格的大小，可执行以下操作。

① 选择一个单元格，方法是单击该单元格的边沿，或者在按住 Ctrl 键的同时单击该单元格中的任何位置。选中后，该单元格周围出现选择控制柄。

② 拖动选择控制点来调整单元格的大小。单元格边沿会自动与其他单元格的边沿靠齐，如图 3-23 所示。

图 3-23　将鼠标移动到调整柄上

(2) 若要移动布局单元格，可首先选中单元格，然后执行下列操作之一。

① 将该单元格拖到其所在的布局表格中的另一个位置。

② 按箭头键移动该单元格，每次移动 1 个像素。

③ 按住 Shift 键的同时按箭头键移动该单元格，每次移动 10 个像素。

2. 调整和移动布局表格

调整和移动布局表格与调整和移动布局单元格的方法相同。调整布局表格的大小时应注意，该布局表格不能小于包含其所有单元格的最小矩形的大小；调整布局表格的大小后还不能使其与其他表格或单元格重叠。只有嵌入布局表格才能被移动，但是嵌入布局表格与布局单元格一样不能跨越包含它的布局表格的边框。

3.3.5　设置布局单元格和表格的格式

布局单元格和表格的格式的设置是通过属性面板进行的。

1. 设置布局单元格属性

若要设置布局单元格的属性，首先要选中布局单元格。在布局模式下，布局单元格的属性面板如图 3-24 所示，其与标准模式下表格的单元格属性面板(见图 3-25)类同，可参考 3.2.5 节。

宽：用于设置布局单元格的宽度。它有两个选项“固定”和“自动伸展”。若选择“固定”，则将单元格设置为固定宽度，在旁边的文本框中输入宽度(以像素为单位)。选择“自

图 3-24 布局模式下的布局单元格属性面板

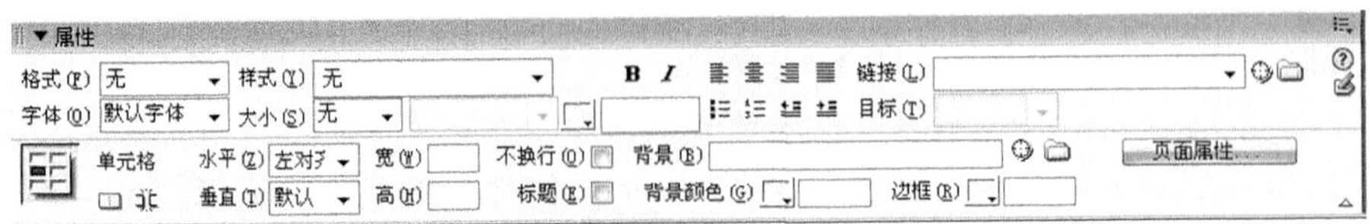

图 3-25 标准模式下的单元格属性面板

动伸展"使单元格自动伸展以适应浏览器的宽度。

2. 设置布局表格属性

若要设置布局表格的属性，首先要选中布局表格。在布局模式下，布局表格的属性面板如图 3-26 所示，其与标准模式下表格的属性面板(图 3-27)类同，可参考 3.2.4。

图 3-26 布局模式下的布局表格属性面板

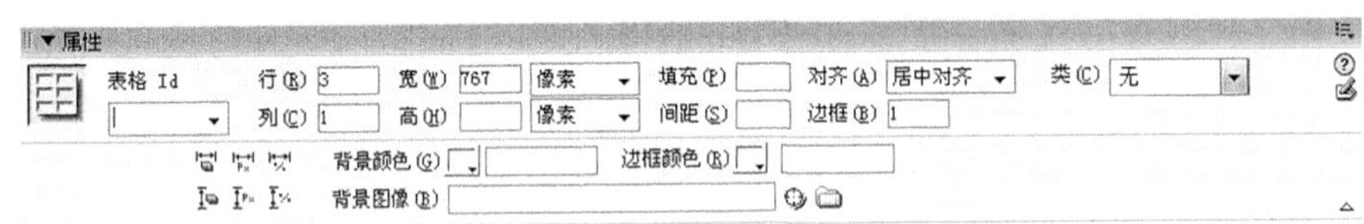

图 3-27 布局模式下的布局表格属性面板

间距：设置该布局表格内布局单元格之间所能允许的最小间隔(以像素为单位)。设置单元格间距不为 0 后，在单元格周围将出现白色的边框，并且布局表格也会被撑大，如图 3-28 所示。

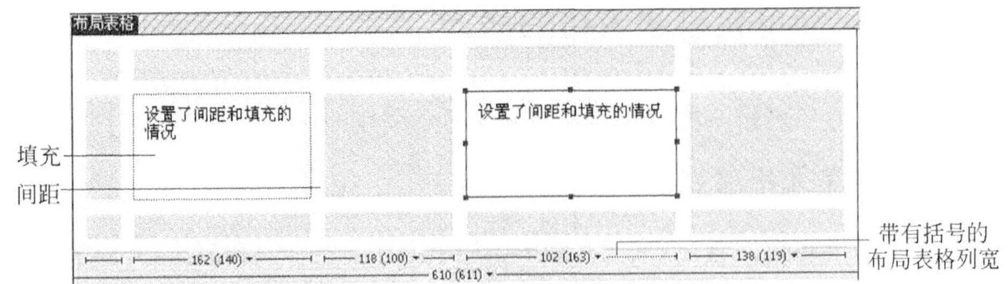

图 3-28 设置布局表格间距和填充

在属性面板的右边有 4 个小按钮，分别是清除行高、使单元格宽度一致、删除所有间隔图像和删除嵌套。这 4 个选项也可通过单击表格标题菜单来实现。

使单元格宽度一致：如果在更改单元格边距时出现一个带有括号的布局表格列宽（如图 3-28 所示），可以使用“使单元格宽度一致”选项使单元格宽度一致；如果在布局中有固定宽度的单元格，则该选项使 HTML 代码中的单元格宽度与它们在屏幕上的显示宽度匹配。

删除嵌套：删除嵌套在另一个布局表格中的布局表格，而不丢失它的任何内容。嵌套布局表格消失，它包含的布局单元格成为外部表格的一部分。该按钮只有在选择嵌套布局表格后才有效。

间隔图像（也叫间隔 GIF）是透明的图像，用来控制自动伸展表格中的间距。间隔图像由一个单像素的透明 GIF 图像组成，向外伸展到指定像素数的宽度。浏览器绘制的表格列不能窄于该列的单元格中所包含的最宽图像，因此在表格列中放置间隔图像要求浏览器至少应该保持该列与该图像一样宽。若要将列的最小宽度限制到某一特定值，可在该列中插入一个间隔图像。可以在每个列中添加和删除间隔图像。包含间隔图像的列在显示列宽的区域中具有双线。

当设置某列自动伸展时，Dreamweaver 将自动在其他列添加间隔图像，除非已指定不使用任何间隔图像。删除所有间隔图像从布局表格中删除全部的间隔图像。删除间隔图像可能导致表格中的某些列变得非常窄。通常情况下，应该在适当的位置保留间隔图像，除非每个列都包含其他内容可以将该列保持在所需的宽度。

3.3.6 设置列宽

可以将列设置为自动伸展或固定宽度。表格和单元格的宽度值将出现在每一列的列标题区域。固定列宽时，显示的就是一个指定的宽度数值，而自动伸展的列将在其列标题区域显示为波浪线，而且在其最外层的表格的列标题区域将显示“100%（列宽）”，如图 3-29 所示。“100%”表示表格将填充整个浏览器窗口，括号内的列宽值是在设计时 Dreamweaver 所显示的实际宽度。

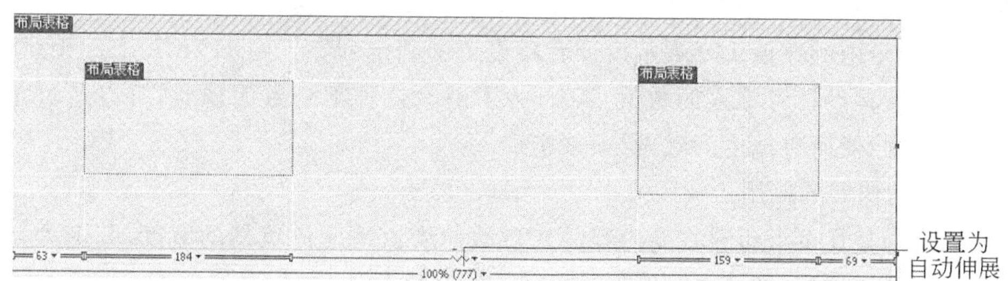

图 3-29　当设置某列自动伸展时，Dreamweaver 将自动在其他列添加间隔图像

当一个表格或单元格的列宽被设置为自动伸展后，它的列宽将随着浏览器窗口的大小自动发生变化，使得网页内容始终填满浏览器窗口。

在布局完成之前让某个列自动伸展可能会对表格布局产生无法预料的效果。为了防止列变得出人意料的宽或窄,在让某个列自动伸展之前,可先创建完整的布局,并在使列自动伸展时使用间隔图像。如果每个列都包含其他内容可以使该列保持所需的宽度,则无须使用间隔图像。

(1) 要使列自动伸展,执行下列操作之一。

① 单击列标题菜单,然后选择"使列自动伸展",如图3-30所示。在给定的表格中只能让一个列自动伸展。

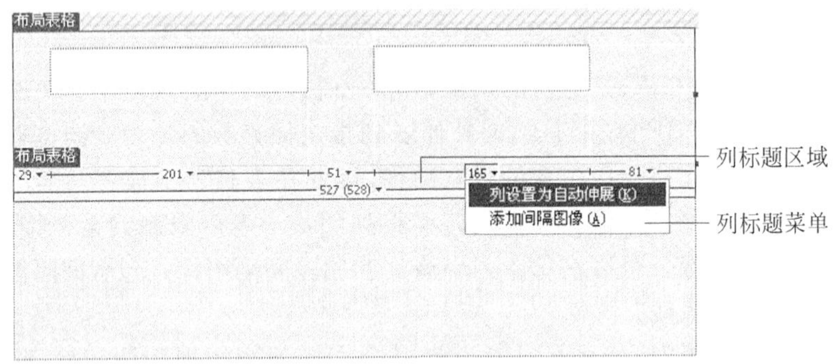

图3-30 列设置为自动伸展

② 如果尚未给该站点设置间隔图像,将出现"选择间隔图像"对话框。在对话框中选择一个间隔图像文件,然后单击"确定"按钮。在自动伸展列的顶部或底部会出现波浪线,其他列自动添加间隔图像。在包含间隔图像的列的顶部或底部会出现双线。

(2) 若要将某个列设置为固定宽度,可执行以下操作之一。

① 单击列标题菜单,然后选择"使列宽度固定"。该操作用于把自动伸展的列改为固定列宽。

② 选择一个单元格,然后在属性面板中单击"固定"并输入一个数值。单元格所在的列的宽度都被赋予该固定列宽。如果输入的数值小于列内容的宽度,则Dreamweaver将自动设置宽度以匹配内容的宽度。在列标题区域所出现的列宽度将以带括号的形式出现。如图3-28中第一列显示的列宽为"162(140)",162表示该列在Dreamweaver中显示的实际列宽,括号内的数值140表示设计者所设置的固定列宽。在HTML代码中,该列的宽度属性仍然是设计者输入的数值140。为了消除这种不一致的现象,可以通过单击列标题菜单中的"使所有宽度一致"选项来实现。

(3) 列自动伸展的应用。

常见的布局是让页上包含主要内容的列自动伸展以适应浏览器的宽度,其他列自动设置为固定宽度。这样,即使在浏览器的窗口不是最大化的情况下,这些重要内容也能全部出现在窗口中。若这些主要内容所在的列被设置为固定列宽,当窗口比页面小的情况下,部分内容可能无法在窗口中显示出来,使得用户不能在第一时间获得这些信息而忽略了该网页。

3.4 建立框架网页

页面一词含义较为宽泛，既可以表示单个 HTML 文档，也可以表示给定时刻浏览器窗口中的全部内容，例如同时显示有几个 HTML 文档的情况。“使用框架的页面”通常表示一组框架以及最初在这些框架中显示的文档。为了避免混淆，在本书中统一规定，网页表示给定时刻浏览器窗口中的全部内容，页面表示单个 HTML 文档。

框架也是布局的工具，可以用框架把浏览器窗口划分成若干个部分，每个框架都是浏览器窗口中的一个区域，它可以显示独立内容的 HTML 文档。框架集也是 HTML 文件，它定义一组框架的布局和属性，包括框架的数目、大小和位置以及在每个框架中初始显示的页面的 URL。框架集文件本身不包含要在浏览器中显示的 HTML 内容(noframes 部分除外)，而只是向浏览器提供应如何显示一组框架以及在这些框架中应显示哪些文档的有关信息。访问该网页时，在浏览器地址栏中输入框架集的 URL，所有的页面内容才能出现在浏览器的窗口中。

图 3-31 是一个用框架对网页进行布局的例子。

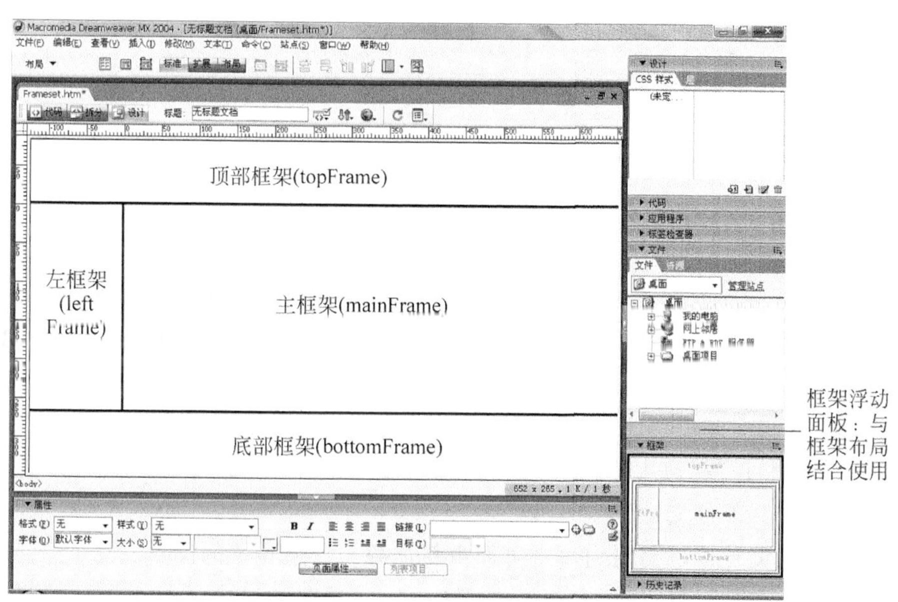

图 3-31　用框架对网页进行布局

以下是该网页框架集文件中的 HTML 代码片段，其中，<frameset>为框架集的 HTML 标签，其中，<frame>为框架的 HTML 标签。

```
<frameset rows="80,* " frameborder="NO" border="0" framespacing="0">
    <frame src="Frame-1" name="topFrame" scrolling="NO" noresize>
    <frameset rows="* ,80" cols="* " frameborder="NO" border="0" framespacing="0">
        <frameset cols="80,* " frameborder="NO" border="0" framespacing="0">
```

```
        <frame src="Frame-2" name="leftFrame" scrolling="NO" noresize>
        <frame src="&# 26694;&# 26550;/Frame-3.htm" name="mainFrame">
        </frameset>
        <frame src="Frame-4" name="bottomFrame" scrolling="NO" noresize>
    </frameset>
</frameset>
```

图 3-32 是上述网页框架集的结构。从结构中可以看出，要存储图 3-31 所示的网页共要 5 个文件：4 个框架需要 4 个文件，外加一个框架集文件。所以用框架建立的网页共要 $N+1$ 个文件，N 表示网页中框架数量。

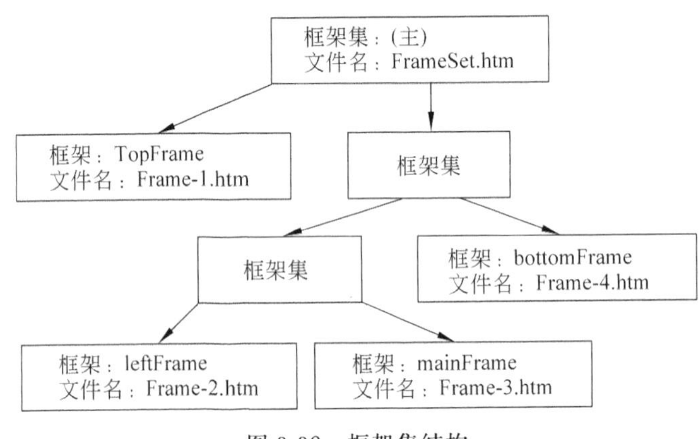

图 3-32　框架集结构

3.4.1　使用框架的优点

框架的最常见用途就是导航。一组框架通常包括一个含有导航条的框架和另一个要显示主要内容页面的框架。如可以用图 3-31 的框架组来实现图 3-1 所示“金龙在线”主页和栏目首页，在顶部框架放置网站标志、标题和导航条；左侧框架放置导航栏；主框架安排网页的主要内容；底部框架输入版权信息等。当单击导航条时，比如“网页制作”，则在主框架调入“网页制作”栏目主页。

使用框架具有以下优点：

(1) 访问者的浏览器不需要为每个页面重新加载与导航相关的图形。

(2) 每个框架都具有自己的滚动条(如果内容太大，在窗口中显示不下)。例如 QQ 游戏主窗口的左侧框架，当框架中的内容页面超过了浏览器窗口的高度时，在该框架中会出现滚动条。

(3) 各个页面之间的逻辑关系可以很好地表示出来。

但是使用框架也有以下缺点：

(1) 可能难以实现不同框架中各元素的精确图形对齐。

(2) 有些浏览器可能不支持框架。

所以，使用框架布局时，通常还要与表格、层等结合使用。

3.4.2 创建框架和框架集

在 Dreamweaver 中有两种创建框架集的方法：在若干预定义的框架集中选择，也可以自己设计框架集。

1. 选择预定义的框架集

选择预定义的框架集将自动设置创建布局所需的所有框架集和框架，它是迅速创建基于框架的布局的最简单方法。创建预定义的框架集有两种方法：

(1) 用“新建文档”对话框创建新的空框架集。

要创建新的空预定义框架集，可执行以下操作。

① 选择“文件”/“新建”命令。

② 在“新建文档”对话框中选择“框架集”类别。然后从“框架集”列表选择所需要的预定义框架集，如图 3-33 所示。

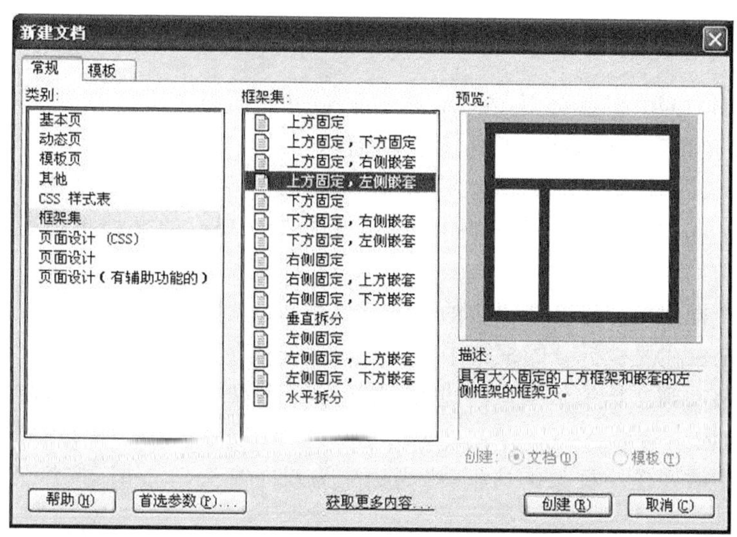

图 3-33 用“新建文档”对话框创建新的空框架集

③ 单击“创建”按钮，则框架集出现在文档中。如果出现“框架标签辅助功能属性”对话框，单击“确定”按钮就可以。

(2) 通过插入栏创建预定义的框架集。

该方法是在已有文档的基础上创建预定义的框架集，并且让该文档在框架集的某一框架(通常是主框架 mainFrame)中显示。若要创建预定义的框架集并在某一框架中显示现有文档，可将插入点放置在文档中，然后执行下列操作之一。

① 从“插入”/“HTML”/“框架”子菜单中选择预定义的框架集。

② 在“插入”栏的“布局”类别中单击“框架”按钮 的下拉箭头，然后选择预定义的框架集。框架集图标提供应用于当前文档的每个框架集的可视化表示形式，其中蓝色区

域表示当前文档,而白色区域表示将显示其他文档的框架,如图 3-34 所示。

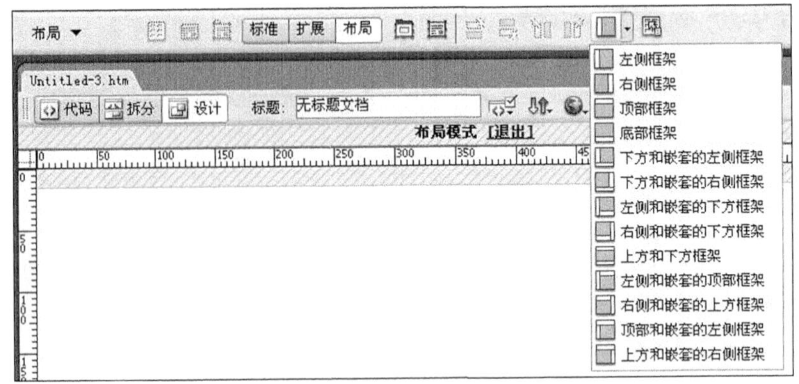

图 3-34　从“插入”工具栏选择预定义框架集

当应用框架集时,Dreamweaver 将自动设置该框架集,以便在某一框架中显示当前文档(插入点所在的文档)。

2. 设计框架集

可以通过向窗口添加“拆分器”在 Dreamweaver 中设计框架集。

(1) 若要创建自定义框架集,可执行以下操作。

① 选择“修改”/“框架集”命令,然后从子菜单中选择拆分项(例如“拆分左框架”或“拆分右框架”)。Dreamweaver 将窗口拆分成几个框架。现有的文档将出现在其中一个框架中。

② 要将一个框架拆分成几个更小的框架,可以通过以下操作之一来实现。

a. 将光标定位在要被拆分的框架中,然后单击“修改”/“框架集”子菜单的拆分项。

b. 将鼠标移动到文档编辑窗口的边沿,当光标变为双向箭头⟺时,将框架边框拖入文档编辑窗口内。

c. 将鼠标移动到任一框架的边框,当光标变为双向箭头⟺时,按住 Alt 键的同时拖动框架边框。

(2) 若要删除一个框架,可执行以下操作。

将框架边框拖离页面或拖到父框架的边框上。如果要删除的框架中的文档有未保存的内容,则 Dreamweaver 将提示保存该文档。但是该操作无法删除一个框架集。要删除一个框架集,可关闭显示它的“文档”窗口。如果该框架集文件已保存,则删除该文件。

(3) 若要调整框架的大小,可执行以下操作之一。

① 若要设置框架的粗略大小,可在“文档”窗口的“设计”视图中拖动框架边框。

② 若要指定准确大小,可使用属性面板(参见 3.4.6 节)。

3.4.3　在框架中打开文档

将内容输入到某个框架中的方法和步骤可以与单页面的网页一样,也就是结合布局表格和布局单元格对该框架中的内容进行布局，然后把必要的文字、图像或视频等元素添加进布局单元格。也可以通过在框架中打开现有文档来指定框架的初始内容。

要在框架中打开现有文档，可执行以下操作。

(1) 将插入点定位于框架中。

(2) 选择“文件”/“在框架中打开”。

(3) 选择要在框架中打开的 HTML 文档，然后单击“确定”按钮，该文档随即显示在框架中。

要令该文档成为在浏览器中打开框架集时在框架中显示的默认文档，可保存该框架集。更多的信息可参见 3.4.5 节。

3.4.4 选择框架和框架集

对框架或框架集进行操作前，通常需要先选择框架或框架集。选择方法如下。

(1) 选取框架。

“框架”浮动面板提供框架集内各框架的可视化表示形式。它能够显示框架集的层次结构，而这种层次在“文档”窗口中的显示可能不够直观。在“框架”浮动面板中，环绕每个框架集的边框非常粗；而环绕每个框架的是较细的灰线，并且每个框架由框架名称标识。图 3-35 显示的是图 3-31 的框架面板。选择“窗口”/“框架”菜单项，就可以显示“框架”浮动面板。

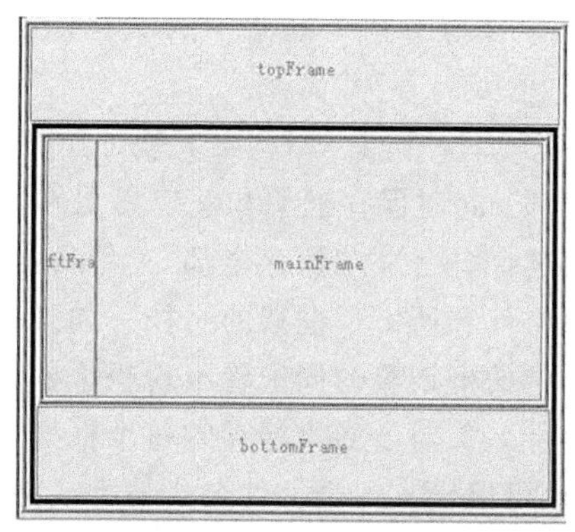

图 3-35　框架浮动面板

要选取框架，可执行以下操作之一。

① 在“框架”浮动面板中单击框架，则在“框架”浮动面板和“文档”窗口的“设计”视图中，框架周围都会显示一个用虚线表示的选择轮廓。

② 在文档编辑窗口的“设计”视图中，按住 Alt 键的同时单击框架内部任一区域。

(2) 选择一个框架集。

要选择一个框架集，可执行以下操作之一。

① 在“框架”浮动面板中单击环绕框架集的边框。则在“框架”浮动面板和“文档”窗口的“设计”视图中，框架集周围都会显示一个选择轮廓。

② 在文档编辑窗口的“设计”视图中单击框架集的某一内部框架边框（要执行这一操作，框架边框必须是可见的；如果看不到框架边框，则选择“查看”/“可视化助理”/“框架边框”命令以使框架边框可见。）在“框架”浮动面板中选择框架集通常比在“文档”窗口中选择框架集容易。

③ 先选择框架集中的一个框架，然后在文档编辑窗口状态栏的标签选择器中单击该框架的“frameset”标签，选取框架所在的框架集。

3.4.5 保存框架和框架集文件

在浏览器中预览框架集前，必须保存框架集文件以及要在框架中显示的所有文档。既可以单独保存每个框架集文件和带框架的文档，也可以同时保存框架集文件和框架中出现的所有文档。

(1) 要保存框架集文件，可执行以下操作。

① 在“框架”浮动面板或“文档”窗口中选择框架集。

② 选择“文件”/“保存框架集”命令。若要将框架集文件另存为新文件，则选择“文件”/“框架集另存为”命令。如果以前没有保存过该框架集文件，则这两个命令是等效的。

在使用 Dreamweaver 中的可视工具创建一组框架时，框架中显示的每个新文档将获得一个默认文件名。例如，第一个框架集文件被命名为“UntitledFrameset-1”，而框架中第一个文档被命名为“UntitledFrame-1”。

(2) 保存框架文件。

① 要保存单个框架中的文档，在框架中单击，然后选择“文件”/“保存框架”或“文件”/“框架另存为”命令。

② 要保存与一组框架关联的所有文件，参见下面步骤(3)的操作：

(3) 同时保存框架和框架集文件。

选择“文件”/“保存全部”菜单项，该命令将保存在框架集中打开的所有文档，包括框架集文件和所有带框架的文档。如果该框架集文件未保存过，则在文档编辑窗口“设计”视图中的框架集的周围将出现粗边框，并且出现一个对话框，可以输入一个文件名代替默认文件名。对于尚未保存的每个框架，在框架的周围也将显示粗边框，并且出现一个对话框，也可以输入一个文件名代替默认文件名。

3.4.6 设置框架和框架集属性

1. 设置框架属性

设置框架属性是通过属性面板来实现的，当选择了框架后，属性面板如图 3-36 所示。

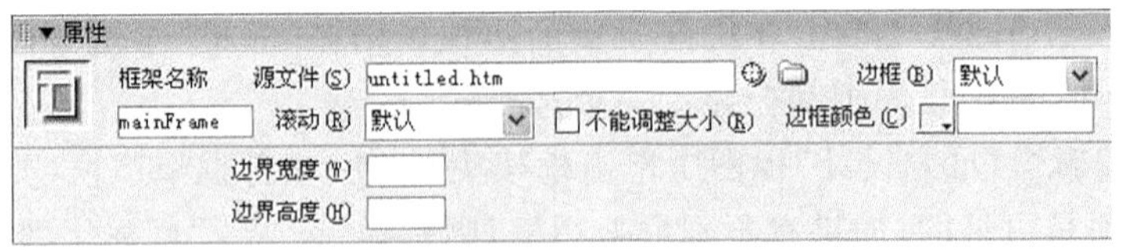

图 3-36 框架的属性面板

框架名称：是链接的目标属性或脚本在引用该框架时所用的名称。框架名称必须以字母起始，不允许使用连字符（—）、句号(.）和空格以及脚本描述语言中的保留字。框架名称也会出现在框架面板中。

源文件：指定在框架中显示的源文档。单击文件夹图标选择一个 HTML 文件。

滚动：指定在框架中是否显示滚动条。有 4 个选项："默认"、"是"、"否"和"自动"。将此选项设置为"默认"将不设置相应属性的值。大多数浏览器默认为"自动"，这意味着只有在该框架中没有足够空间来显示当前框架的完整内容时才显示滚动条。

不能调整大小：当选中该项时，访问者无法通过拖动框架边框在浏览器中调整框架大小。

边框：在浏览器中查看框架时显示或隐藏当前框架的边框。"边框"选项为"是"(显示边框)、"否"(隐藏边框)和"默认值"；大多数浏览器默认为显示边框。若该框架的相邻框架的边框被设置为"否"，则其与相邻框架共同的边框被隐藏。若该框架的边框设置为"默认值"，而其父框架集的边框被设置为"否"，则框架的边框在浏览器中将被隐藏。

边框颜色：为所有和当前框架相邻的边框设置边框颜色。

边界宽度：以像素为单位设置框架左右边框和内容之间的距离。

边界高度：以像素为单位设置框架上下边框和内容之间的距离。

若要设置框架中文档的背景颜色，可单击框架中的空白处，然后通过"页面属性"对话框"外观"分类项中的"背景颜色"进行设置。由于每一个框架中都只包含一个页面(HTML 文档)，所以每次修改页面属性只是修改当前框架的页面属性，而不是整个网页的页面属性。

2. 设置框架集属性

可以使用框架集属性面板(见图 3-37)设置框架集的边框和框架大小。

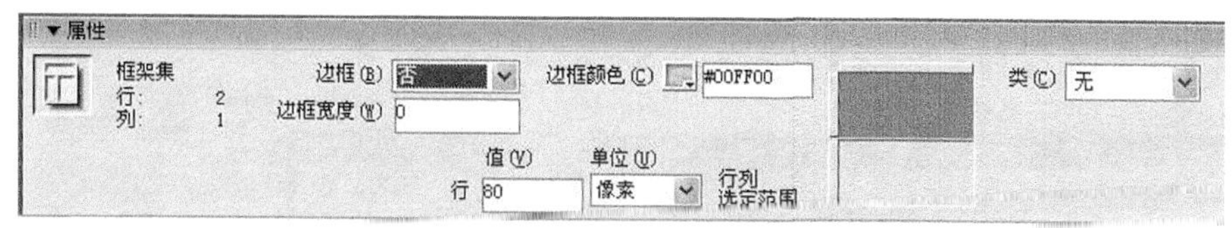

图 3-37 框架集属性面板

框架属性优先于框架集属性。例如，若对一个框架设置了边框属性为"是"，则不论其父框架集设置为什么值，该框架都显示边框。若框架的属性没有设置或被设置为"默认"，则框架的属性将与框架集属性一致。

"行列选定范围"：用于显示和设置选定框架集的各行和各列的框架大小。图 3-37 中显示的是该上下型框架集的框架，其中灰色表示此时"值"文本框中显示的为上框架的大小。设计时，可以通过单击属性面板中框架集的框架来切换所要显示和设置的框架。

"值"：设置上下型框架的行高或左右型框架的列宽。

"单位"：是"值"所对应的单位。有"像素"、"相对"和"百分比"。其中"百分比"指定选定框架相当于其框架集的总宽度或总高度的百分比。"相对"是在以"像素"和"百分比"为单位对其中一些框架分配空间后，为选定的列或行分配剩余可用空间，剩余空间在大小设置为"相对"的框架中按比例划分。

当从"单位"菜单中选择"相对"时，在"值"域中输入的所有数字均消失；如果想要指定一个数字，则必须重新输入。不过，如果只有一行或一列设置为“相对”，则不需要输入数字，因为该行或列在其他行或列已分配空间后，将接受所有剩余空间。为了确保完全的跨浏览器兼容性，可以在“值”字段中输入 1，这等效于不输入任何值。

3.4.7 框架布局应用实例

1. “金龙在线”主页框架布局结构

图 3-38 为图 3-14“金龙在线”个人网站主页所对应的框架布局结构。这个布局结构是通过框架和布局表格实现的，具体步骤可以参考下面的说明。

(1) 新建一个 HTML 文档，在“插入”栏的“布局”类别中将文档切换到布局模式下，然后单击“框架”按钮的下拉箭头，选择预定义的上方和下方框架，将文档窗口分为上中下 3 个区域，分别用来存放主页的头部、网页主体和尾部信息等。为了便于编辑，可将框架集属性面板中的“边框”值设置为“是”，“边框宽度”值设置为 3，边框颜色设置为黑色。

(2) 嵌套框架结构。将光标定位于主框架(中间框架)，单击“框架”按钮的下拉箭头，选择预定义的左侧框架，将主框架分为左右两个框架。为了便于编辑，可将框架集属性面板中的“边框”值设置为“是”，“边框宽度”值设置为 3，边框颜色设置为黑色。

(3) 利用布局表格依次为上、中、下 3 个框架页面布局内容，所得布局效果如图 3-38 所示。布局表格的实现可以参考 3.3 节。图 3-39 为“金龙在线”主页框架布局中添加内容后的效果图。

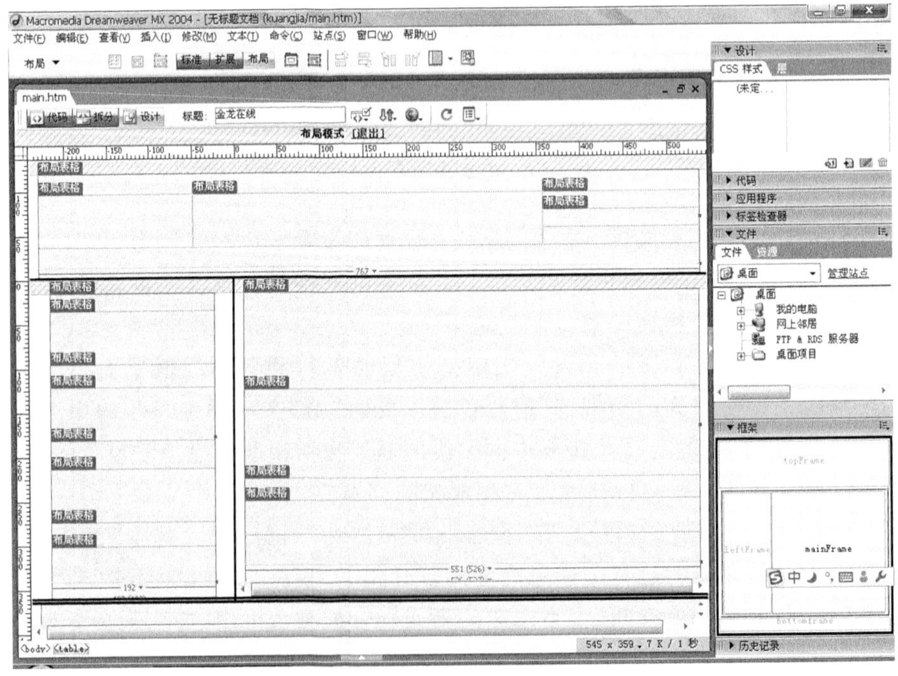

图 3-38 “金龙在线”主页框架布局结构

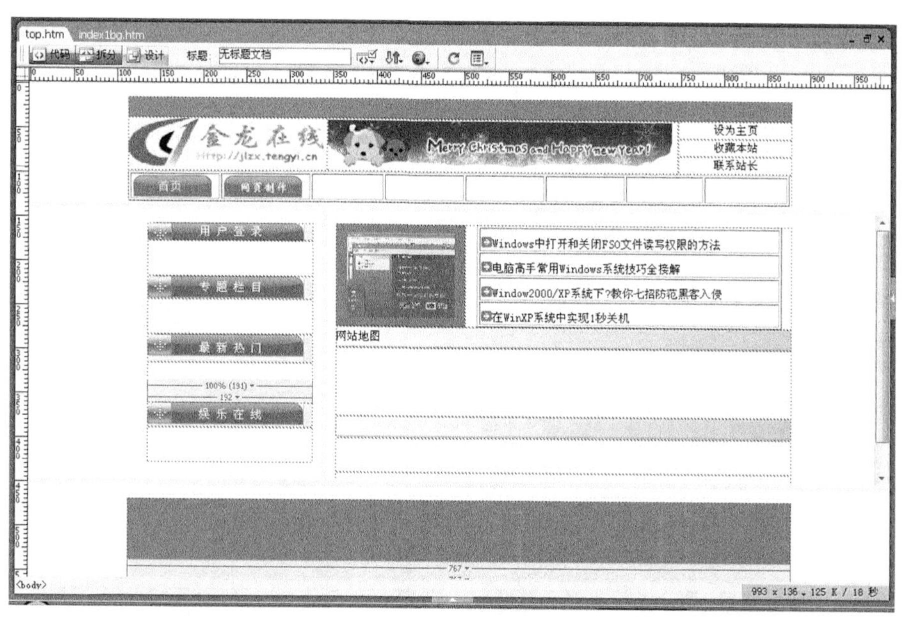

图 3-39　在“金龙在线”主页框架布局中添加内容

2. 通过超级链接控制框架内容

通过超级链接控制框架内容，即指定超级链接的目标属性，使得希望链接的目标文件在指定的框架中打开。例如，对于图 3-39，在左框架导航栏上单击“网页制作”时，网页制作栏目首页的主体将会显示于主页的主框架“mainFrame”中。

通过观察“金龙在线”主页和“网页制作”栏目首页可以发现，除了网页主体不同外，这两个网页的头部和尾部版权信息是一样的，通过超级链接控制框架内容可以简化网页制作的步骤。下面介绍通过超级链接控制框架内容制作“网页制作”栏目首页。

若要设置目标框架，可执行以下操作。

(1) 新建一个 HTML 文档，在“插入”栏的“布局”类别中将文档切换到布局模式下，然后单击“框架”按钮 的下拉箭头，选择预定义的左侧框架，将文档窗口分为左右两个框架。

(2) 将文档切换到标准模式下，把光标定位在左侧框架，单击“文件”/“在框架中打开文件”，打开保存过的“金龙在线”网站主页中间框架的左框架文件，然后对其内容进行适当调整，并用“文件”/“框架另存为”命令将框架文件另存为 left_1. htm。

(3) 将光标定位在右侧框架，用表格进行页面布局，并添加页面内容(见图 3-40)。然后单击“文件”/“保存全部”命令保存所有页面，并将框架集文件保存为 frameset_1. htm。

(4) 打开“金龙在线”主页，单击导航栏中的“网页制作”图像，然后在属性面板的“目标”弹出式菜单(见图 3-41)中选择链接的文档应在其中显示的框架或窗口。其中各选项的含义如下。

_blank：在新的浏览器窗口中打开链接的文档，同时保持当前窗口不变。

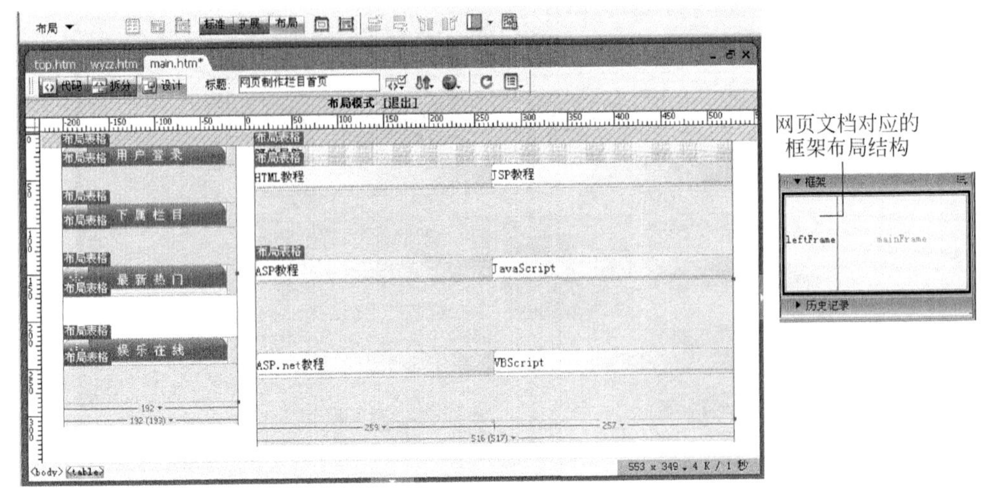

图 3-40 “网页制作”栏目首页框架布局结构

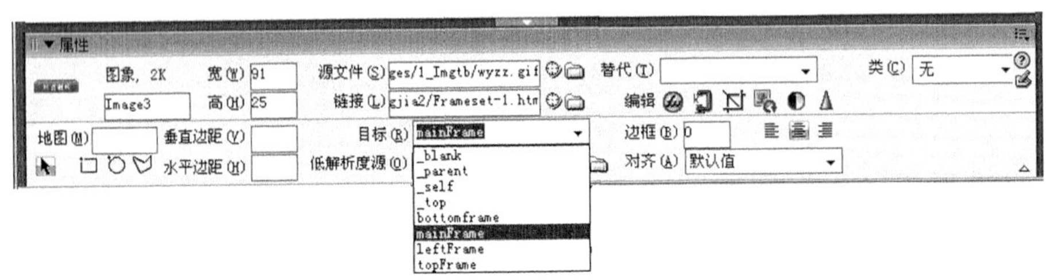

图 3-41 设置目标框架

_parent：在显示链接的框架的父框架集中打开链接的文档，同时替换整个框架集。

_self：在当前框架中打开链接，同时替换该框架中的内容。

_top：在当前浏览器窗口中打开链接的文档，同时替换所有框架。

框架名称也出现在该菜单中。选择一个命名框架以打开该框架中链接的文档。

3.4.8 处理不能显示框架的浏览器

Dreamweaver 允许指定在不支持框架的浏览器中显示的内容。此类内容存储在框架集文件中，用 noframes 标签括起来。

```
<noframes><body>
</body></noframes>
```

当不支持框架的浏览器加载该框架集文件时，浏览器只显示用 noframes 标签括起来的内容。

若要为不支持框架的浏览器提供内容，执行以下操作。

(1) 选择“修改”/“框架集”/“编辑无框架内容”菜单项，Dreamweaver 将清除“设计”视图中的内容，并且在“设计”视图顶部将显示“无框架内容”字样。

(2) 在“文档”窗口中，像处理普通文档一样输入或插入内容。

(3) 再次单击“修改”/“框架集”/“编辑无框架内容”命令，取消该选项以返回到框架集文档的普通视图。

3.5 层

3.5.1 理解层的概念

Dreamweaver 的层相当于一片透明的胶片，可以放置在页面的任何位置上，实现与网页元素的层叠。同时，层还是个容器，在层中可以放置文字、图像和表格等元素。因此可以利用层非常灵活地布置内容。在 Dreamweaver 中也可以使用层来设计页面的布局，使用层进行布局是最灵活的。

除了利用层进行布局外，还可以通过将层前后放置，隐藏某些层而显示其他层，以及在屏幕上移动层等技术实现一些特殊效果。

当在文档中放置层时，Dreamweaver 将在代码中插入该层的 HTML 标签。可以选择让 Dreamweaver 将 div 标签或 span 标签用于层。默认情况下，Dreamweaver 会使用 div 标签创建层。大多数情况下最好使用 div 而不是 span 标签。

3.5.2 在页面中添加层

层作为载体可以放置文字、图像等。任何可以放置在 HTML 代码<body>标签中的对象都可以插入到层中。层可以放置在页面的任何位置，还可以重叠，所以使用层可以实现布局表格和框架等无法实现的布局效果。

1. 插入层

(1) 切换到标准视图或扩展视图。

(2) 单击“插入”工具栏中“布局”分类的“描绘层”按钮，然后在文档窗口中拖动就可以绘制出层，如图 3-42 所示。若要连续绘制多个层，只要按下 Ctrl 键，就可以继续绘制新的层。

如果层标记不可见，可选择“查看”/“可视化助理”/“不可见元素”命令。

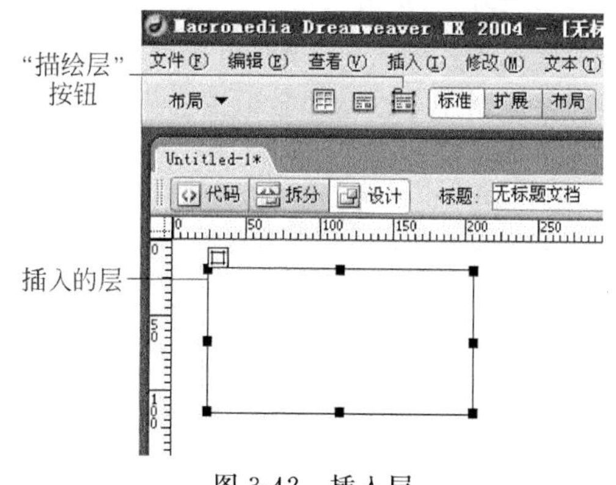

图 3-42 插入层

2. 插入嵌套层

所谓“嵌套层”就是包含在另一个层中的层。嵌套通常用于将层组织在一起。嵌套层随其父层一起移动，并且可以设置为继承其父层的可见性。

(1) 若要在从另一个层中开始绘制层时自动嵌套层,可执行以下操作。

① 选择"层"首选参数中的"嵌套"选项。

② 选择"窗口"/"层"命令,打开"层"面板。在层面板中取消"防止重叠"选项。

③ 在"层"面板中选择一个层,或在文档窗口中单击一个层。

④ 在"插入"栏的"布局"类别中单击"绘制层"按钮,或在"文档"窗口的"设计"视图中将插入点放置在一个现有层中,然后选择"插入"/"层"命令。

从图 3-43 可以看到,Layer3 层被选中。被选中的层左上角有一个"回"字图形。在层面板中显示了层之间的关系,Layer2 是 Layer1 的嵌套层。

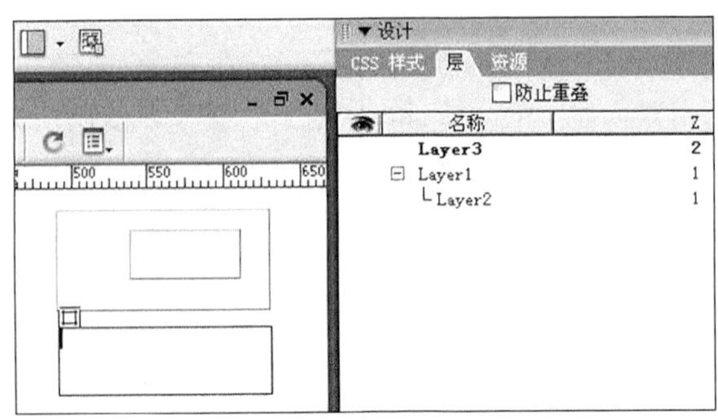

图 3-43 插入嵌套层

(2) 若要使用"层"面板将现有层嵌套在另一个层中,可执行以下操作。

① 选择"窗口"/"层"命令,打开"层"面板。

② 在"层"面板中选择一个层,然后通过按住 Ctrl 键并拖动该层移动到"层"面板上的目标层。

③ 当目标层的名称突出显示时,松开鼠标按钮,这样该层就成为目标层的嵌套层。

因此,嵌套层不必一定包含目标层中,嵌套只是用于组织层与层之间的关系。

通过"层"面板可以管理文档中的层。使用"层"面板可以防止重叠,更改层的可见性,将层嵌套或堆叠,以及选择一个或多个层。层显示为按 Z 轴顺序排列的名称列表;首先创建的层出现在列表的底部,最新创建的层出现在列表的顶部。可以通过拖动操作来改变层的叠放顺序。在层的眼形图标列内单击可以更改其可见性。

3.5.3 设置层属性

当选择了一个层后,可以在层的"属性"面板(如图 3-44 所示)中设置层属性。

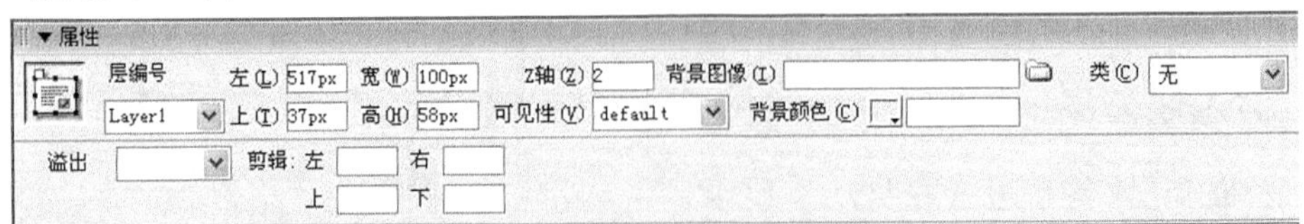

图 3-44 层属性面板

属性面板各参数含义如下。

"层编号"：用于指定一个名称，以便在"层"面板和 JavaScript 代码中标识该层。只能使用标准的字母数字字符，而不要使用空格、连字符、斜杠或句号等特殊字符。每个层都必须有它自己唯一的编号。

"左"和"上"：指定层的左上角相对于页面(如果嵌套，则为父层)左上角的位置。

"宽"和"高"：指定层的宽度和高度。如果层的内容超过指定大小，层的底边沿(按照在 Dreamweaver"设计"视图中的显示)会延伸以容纳全部内容。但是如果"溢出"属性设置为"不可见"，层在浏览器中不会显示全部内容，只会显示"宽"和"高"所限定范围内的内容。位置和大小的默认单位为像素（px）。也可以指定以下单位：pc（pica）、pt(点)、in(英寸)、mm(毫米)、cm(厘米)或 %(父层相应值的百分比)。缩写必须紧跟在值之后，中间不留空格：例如，3mm 表示 3 毫米。

"Z 轴"：确定层的 Z 轴(即堆叠顺序)。在浏览器中，编号较大的层出现在编号较小的层的前面。值可以为正，也可以为负。当更改层的堆叠顺序时，使用"层"面板要比输入特定的 Z 轴值更为简便。

"可见性"：指定该层最初是否是可见的。从以下选项中选择。

- "默认"：不指定可见性属性。大多数浏览器都会默认为"继承"，即"继承"使用该层父级的可见性属性。
- "可见"：显示该层的内容，而不管父级的值是什么。
- "隐藏"：隐藏该层的内容，而不管父级的值是什么。

可以使用脚本描述语言(如 JavaScript)控制层可见性属性并动态地显示层的内容。

"背景图像"：指定层的背景图像。单击其文件夹图标可浏览并选择图像文件。

"背景颜色"：指定层的背景颜色。如果将此选项留为空白，则是指定透明的背景。

"溢出"：控制当层的内容超过层的指定大小时如何在浏览器中显示层。"可见"指示在层中通过延伸来显示层中的全部内容；"隐藏"指定不在浏览器中显示超出"宽"和"高"所限定范围的内容，"滚动"指定浏览器应在层上添加滚动条，而不管是否需要滚动条。"自动"使浏览器仅在需要时(即当层的内容超出其边界时)才显示层的滚动条。

"剪辑"：定义层的可见区域。通过指定左侧、顶部、右侧和底部坐标可在层的坐标空间中定义一个矩形(从层的左上角开始计算)。层经过"剪辑"后，只有指定的矩形区域才是可见的。例如，若要使一个层中位于左上角的 50 像素宽、75 像素高的矩形区域可见而其他内容均不可见，可将"左"设置为 0，将"上"设置为 0，将"右"设置为 50，将"下"设置为 75。

3.5.4 操纵层

当处理页面布局时，可以对层进行选择、移动、大小调整和对齐。在对一个层进行移动、大小调整或对齐之前，必须先选择该层。如果已启用"防止重叠"选项，则在调整层的大小或移动层时将无法使该层与另一个层重叠。

1. 调整层大小

可以调整单个层的大小，也可以同时调整多个层的大小以使它们具有相同的宽度和高度。

(1) 调整单个层的大小,可执行以下操作。

① 在“设计”视图中选择一个层。

② 把鼠标移动到大小调整柄上。

③ 当鼠标变成双箭头时,通过以下操作之一来移动层边框以实现层的大小调整。

a. 拖动该层的任一大小调整柄。

b. 若要一次调整一个像素的大小,可在按箭头键的同时按住 Ctrl 键。箭头键可以移动层的右边框和下边框,但是不能移动上边框和左边框。对上边框和左边框使用 Ctrl+箭头键的结果还是移动层的下边框和右边框。

c. 若要按网格靠齐增量来调整大小,可在按箭头键时按住 Shift+Ctrl 键,这种方法也无法调整上边框和左边框。

d. 在属性面板中输入宽度(W)和高度(H)的属性值。

(2) 调整多个层。若要同时调整多个层的大小,可执行以下操作。

① 在“设计”视图中选择两个或更多个层。

② 执行下列操作之一。

a. 选择“修改”/“对齐”/“设成宽度相同”或“修改”/“对齐”/“设成高度相同”命令。修改的结果使得所有选定层的宽度或高度与最后一个选定层(黑色突出显示)一致。

b. 在属性面板(选择“窗口”/“属性”命令)中的“多个层”下输入宽度和高度值。这些值将应用于所有选定层。

2. 移动层

若要移动一个或多个选定的层,可执行以下操作。

(1) 在“设计”视图中选择一个或多个层。

(2) 把鼠标移动到层边框(不含调整柄),当鼠标变成十字时,执行下列操作之一。

① 通过拖动操作来移动层。若要移动多个层,可拖动最后一个选定层(黑色突出显示)。

② 若要一次移动一个像素,可使用箭头键。

③ 按箭头键时按住 Shift 键,可按当前网格靠齐增量来移动层。

3. 对齐层

使用层对齐命令可按最后一个选定层的边框来对齐一个或多个层。当对层进行对齐时,未选定的子层可能会因为其父层被选定并移动而移动。

若要对齐两个或更多个层,可执行以下操作。

(1) 在“设计”视图中选择多个层。

(2) 选择“修改”/“对齐”命令,然后选择一个对齐选项,包括“左对齐”、“右对齐”、“对齐上缘”和“对齐下缘”。所有层的某个边框与最后一个选定层对应的边框对齐。例如,如果选择“顶对齐”,所有层都会移动,并且它们的上边框与最后一个选定层(黑色突出显示)的上边框处于同一垂直位置。

3.5.5 层和表格的相互转换

1. 层转换为表格

虽然使用层进行布局比布局表格更灵活，但是有些旧版本的浏览器并不支持层。因此，可以先使用层技术进行布局，然后再将层转换成表格。这样既使用了层这个灵活的布局工具，又能支持旧版本的浏览器。

若要将层转换为表，可执行以下操作。

(1) 选择“修改”/“转换”/“层到表格”命令，将显示“转换层为表格”对话框，如图 3-45 所示。

(2) 选择所需的选项。单击“确定”后，所有的层转换为一个表。

“转换层为表格”对话框中各选项含义如下。

“最精确”：为每个层创建一个单元格，也为层之间的空间创建单元格。

“最小”：如果层之间的间距小于指定数目的像素，则层的边沿应对齐后再进行转换。这样就不会因为层没有精确对齐，转换成表格后出现一些无用的、细小的空白单元格。选择该选项，转换后的表格将包含较少的空行和空列，但可能与原先的布局没有精确匹配。图 3-47 与图 3-48 显示了对图 3-46 进行转换后的结果。可以明显看出使用“精确”选项进行转换后的单元格数量比较多。

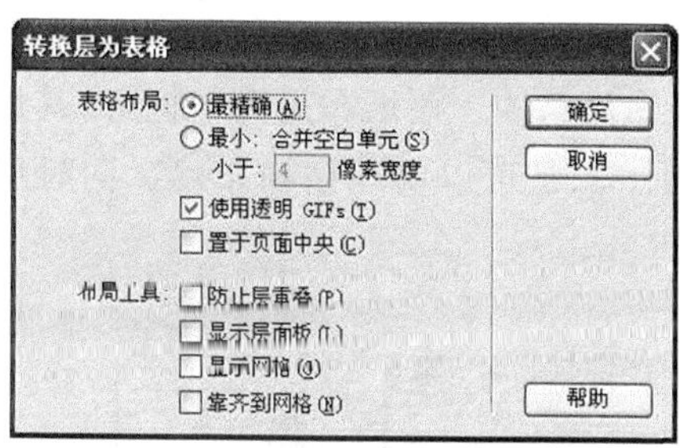

图 3-45 “转换层为表格”对话框

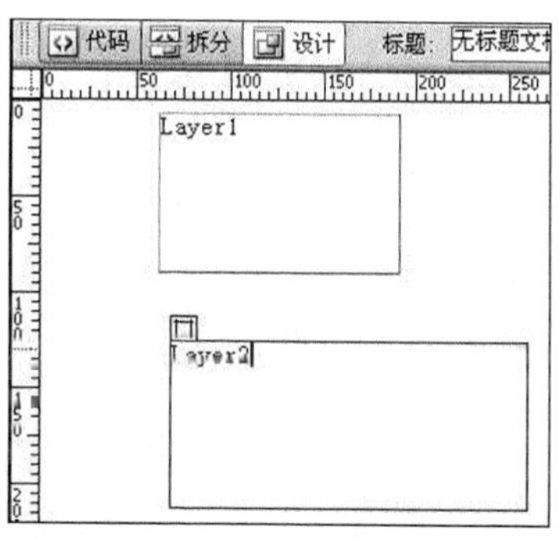

图 3-46 要转换为表格的层

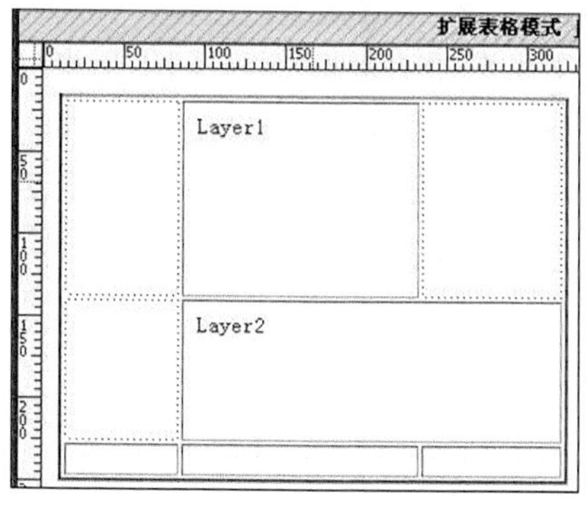

图 3-47 使用“最小”选项进行转换的结果

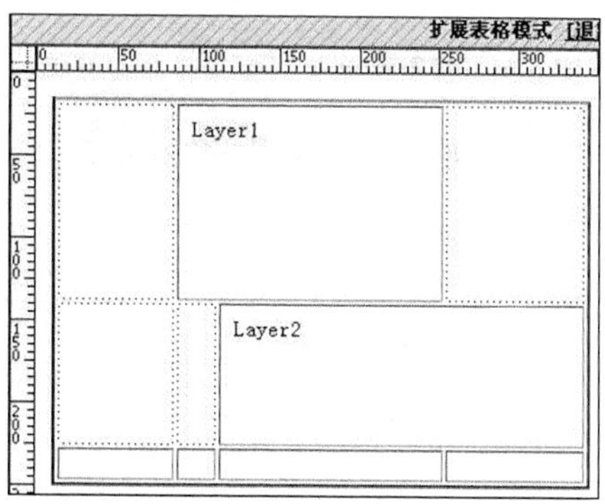

图 3-48 使用“精确”选项进行转换的结果

"使用透明 GIFs"：用透明的 GIF 填充表格的最后一行，将确保该表在所有浏览器中以相同的列宽显示。当启用此选项后，不能通过拖动表列来编辑结果表。当禁用此选项后，结果表将不包含透明 GIF，但在不同的浏览器中可能会具有不同的列宽。

"置于页面中央"：将转换后的表格放置在页面的中央。如果未选用此选项，表格左上角与页面的左上角重叠。

2. 表格转换为层

若要将表转换为层，可执行以下操作。

(1) 选择"修改"/"转换"/"表格到层"命令，即可显示"转换表格为层"对话框，如图 3-49 所示。

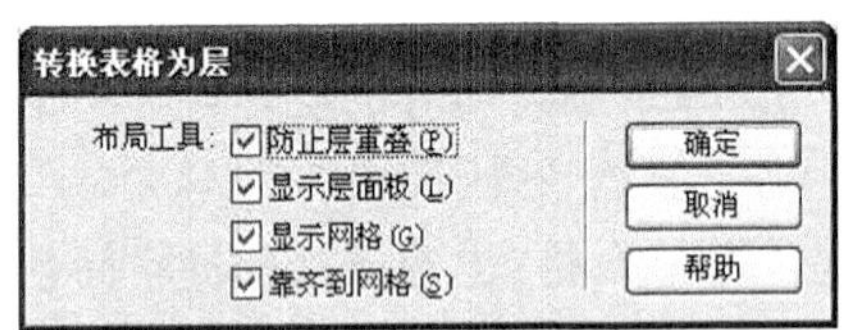

图 3-49 "转换表格为层"对话框

(2) 选择所需的选项。单击"确定"按钮，将表转换为层，空单元格不会转换为层(除非它们具有背景颜色)。另外，位于表外的页面元素也会放入层中。

3.5.6 层布局应用实例

图 3-50 为图 3-14"金龙在线"主页所对应的层布局结构。用层布局灵活性好，其最大的优点主要有两个：一是可以实现网页元素的重叠，二是可以实现精确布局。同时层还可以结合表格进行布局。

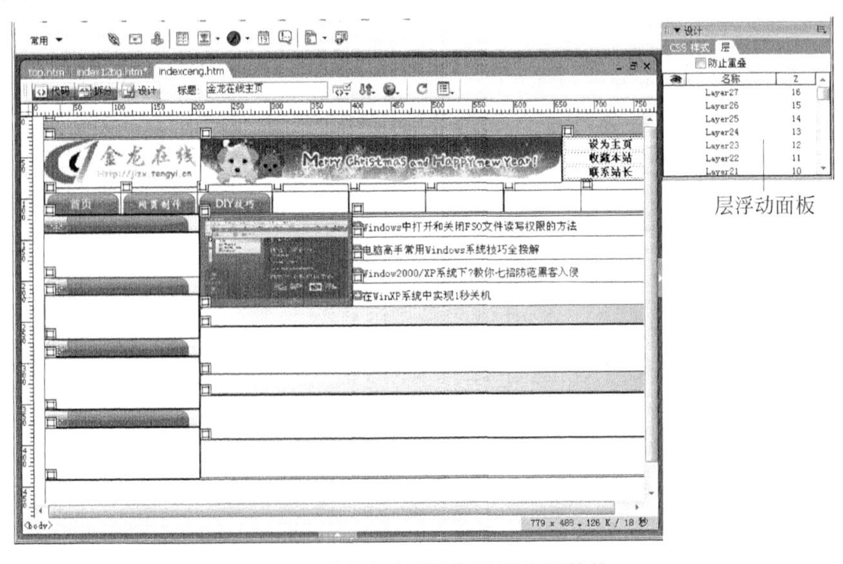

图 3-50 "金龙在线"主页层布局结构

思考与练习

3.1 名词解释

页面布局　标准模式　布局模式　表格式数据　布局表格　跟踪图像　框架页面　框架集　层布局　嵌套层

3.2 在进行网页制作前，为什么要对网页进行布局？网页布局的一般步骤是什么？

3.3 Dreamweaver 2004 有哪 3 种布局模式？这 3 种布局模式的区别体现在哪方面？

3.4 请说明表格布局和布局表格的区别，它们设计时各自处于哪种视图模式？

3.5 能导入表格式数据的文件格式是什么？如何导入？

3.6 在绘制网页布局时，Dreamweaver 提供了哪些辅助设计手段以帮助设计者精确定位布局表格和布局单元格？

3.7 框架布局、布局表格及层布局有什么区别？使用框架的优点有哪些？若要设计一个上、中、下型的框架结构，该如何操作？

3.8 在绘制网页布局时，如何绘制两个平行的布局表格？层的 Z 轴属性是什么意思？试分别用布局表格、框架和层进行网页页面布局，并比较这几种方法的优点和缺点。

第4章

表单和表单行为

［本章学习目标］

本章主要介绍表单交互原理和设计表单网页的方法，其中包括静态和动态表单的设计方法。要求掌握在网页中插入各种表单元素并设置其属性和样式的方法。对于表单数据的接收和后台处理部分，只需了解即可。另外，本章还介绍跳转菜单的添加和设置方法，虽然它不属于表单网页，但是它借用了表单，所以在此也将它归并到表单分类中。最后，本章简单介绍行为的添加和常见行为事件的解释。

4.1 理解表单交互过程

作为一个功能完善的网站，用户对网页的要求不仅是获取信息，还希望要有互相的交流。表单作为浏览者交互的一种元素，被应用在网站的各个区域。其表现的形式有用户登录、搜索引擎、问卷调查、线上交易以及拍卖活动等，如图4-1所示。网页上的表单和日常生活中使用的表单在功能上有相同之处，表单提供者可以通过表单来收集浏览者填写和发送的信息，实现与用户之间的交互功能。

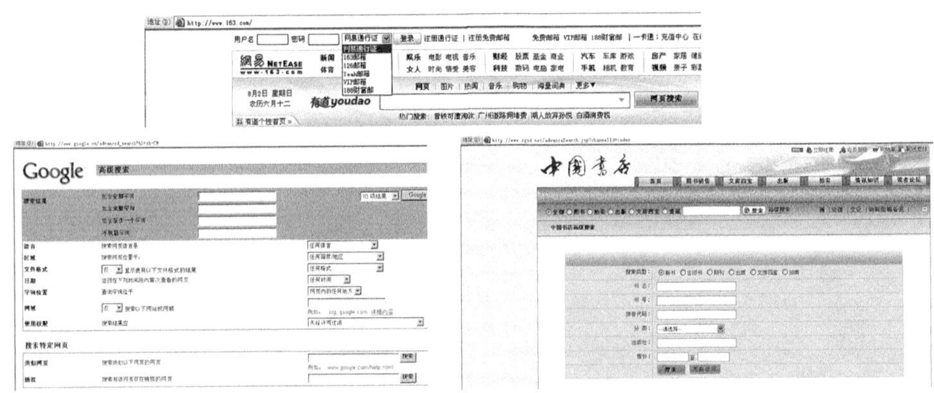

图4-1 表单的表现形式

创建表单的基本步骤如下。

(1) 确定需要收集的信息，然后根据信息特点设计表单结构。

(2) 创建表单域，然后对表单进行布局，并在表单中插入不同的表单元素。

(3) 设置表单域的输入规则。

(4) 设置通过表单所收集的信息的处理方式。

(5) 设置确认网页，确认已经接收到用户填写的信息，并可与用户核对信息是否正确。

表单只用于收集浏览者输入的信息，其数据的接收、传递、处理以及反馈工作是由通用网关接口 CGI(Common Gateway Interface)程序来完成的。如果要在网页中添加表单，就必须编写相应的 CGI 程序。

4.2 常用表单元素

Dreamweaver 表单元素包括文本域、按钮、图像域、复选框、单选钮、列表/菜单、文件域以及隐藏域等。要创建表单，可按以下步骤操作：选择"插入"工具栏上的"表单"分类，然后单击"表单"按钮。如果执行此操作后没有看到可见结果，可选中"查看"/"可视化助理"/"不可见元素"。在添加表单之后，文档中将以红色虚线表示表单区域，如图 4-2 所示。表单元素可插入在红色虚线内。

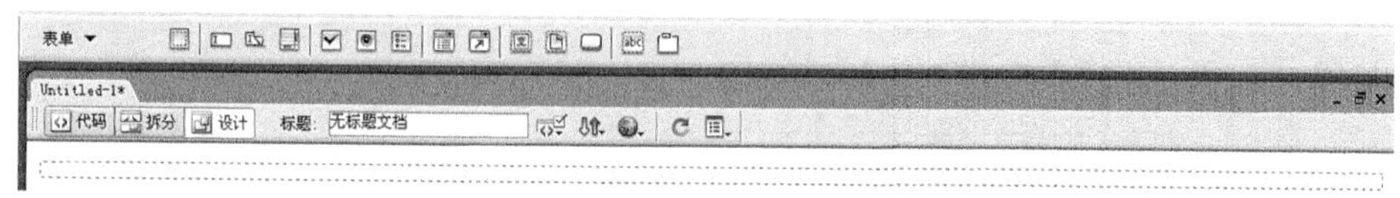

图 4-2 "表单"插入工具栏与表单域

表单的属性可以通过属性面板进行设置，如图 4-3 所示。

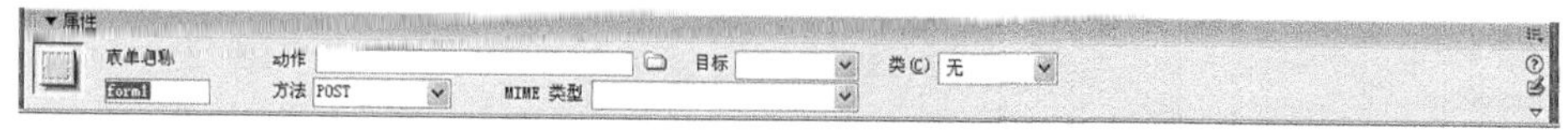

图 4-3 表单属性面板

表单属性面板中各属性含义如下。

表单名称：为表单设置一个唯一的名称。命名表单后，就可以使用脚本语言(如 JavaScript 或 VBScript)引用或控制该表单。如果不命名表单，则 Dreamweaver 使用语法 form*n* 生成一个名称，并在向页面中添加每个表单时递增 *n* 的值。

动作：识别和处理表单信息的服务器端应用程序。如果指定为 URL，可以输入应用程序路径或单击文件夹图标确定文件位置。

方法：定义表单数据处理的方式，它有 3 个选项：Post、Get 和默认。"Get"：追加表单值到 URL 并发送到服务器。"Post"：在消息正文中发送表单值并发送到服务器。"默认"：使用浏览器默认的方法，一般为 Get。

注意"方法"的区别：不要使用 Get 方法发送长表单。因为 URL 的长度限制在 8192

个字符以内。如果发送的数据量太大，数据将被截断，从而导致意外的或失败的处理结果。

如果要收集机密用户名和密码、信用卡号或其他机密信息，Post 方法看起来比 Get 方法更安全。但是，由 Post 方法发送的信息是未经加密的，容易被黑客获取。若要确保安全性，应通过安全的连接与安全的服务器相连。

MIME 类型：指定对提交给服务器进行处理的数据使用 MIME 编码类型，默认设置 application/x-www-form-urlencode 通常与 Post 方法一起使用。如果要创建上传域，则可以指定 multipart/form-data 类型。

目标：用来指定一个窗口显示被调用程序所返回的数据。“目标”值如下：

_blank：在未命名的新窗口中打开目标文档。

_parent：在显示当前文档的窗口的父窗口中打开目标文档。

_self：在提交表单所使用的窗口中打开目标文档。

_top：在当前窗口的窗体内打开目标文档。此值可用于确保目标文档占用整个窗口，即使原始文档显示在框架中。

4.2.1 表单布局

为了合理地安排表单元素，通常使用表格和单元格来放置表单元素。如图 4-4 所示，在添加表单之后，文档中将以红色虚线表示表单区域，表单元素只能插入在红色虚线内，可以将表单元素放在红色虚线框内的表格单元中。

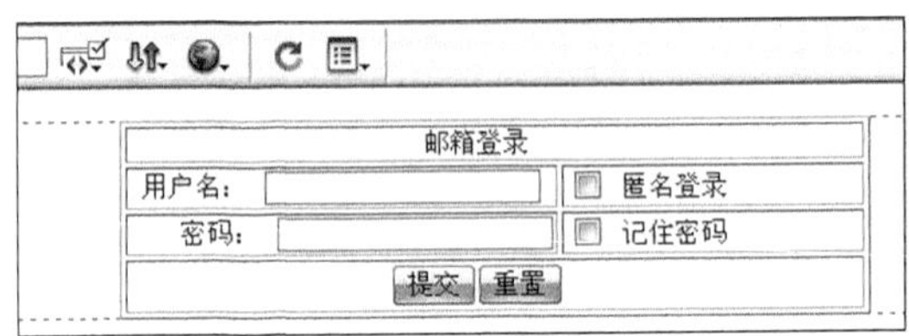

图 4-4 表单置于表格中

4.2.2 在表单中添加不同元素

在插入表单之后，用户需要在表单（红色虚线内）添加表单元素。例如文本域、单选钮、复选框以及弹出菜单等。利用“插入”栏的“表单”项可以方便地插入表单中的各个元素。

1. 文本域

文本域是常见的表单元素之一，在文本域内可以输入任何文本或字母、数字类型的信息。输入的文本可以显示为单行、多行、项目符号或星号（多用于密码保护）。要插入文本域，将光标定位后，单击“插入”工具栏“表单”分类上的“文本字段”按钮 即可，如

图 4-5 所示。

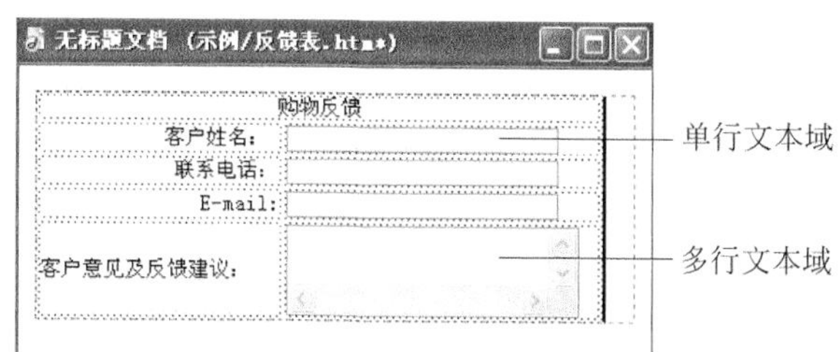

图 4-5 使用文本域的表单

要设置文本域属性，可选中插入的文本域，然后在属性面板中进行相应的设置，如图 4-6 所示。在 Dreamweaver 2004 中，默认情况下，插入文本域的名称为 textfield。为了便于服务器程序识别，最好为每个文本域进行重新命名，如 textfield1、textfield2 等。要控制网页上所显示的文本域宽度，可修改属性面板中“字符宽度”的值；要限制文本域输入的字符数，可在“最大字符数”框中输入所需值。文本域的“类型”可以划分为以下 3 种：

单行：只允许用户输入单行文本。

密码：用于输入密码，所有在该框中输入的字符都显示为星号。

多行：可以输入多行文本，并且滚动显示。如果要直接插入多行文本域，则可以选择“插入”工具栏“表单”分类上的“文本区域”按钮。

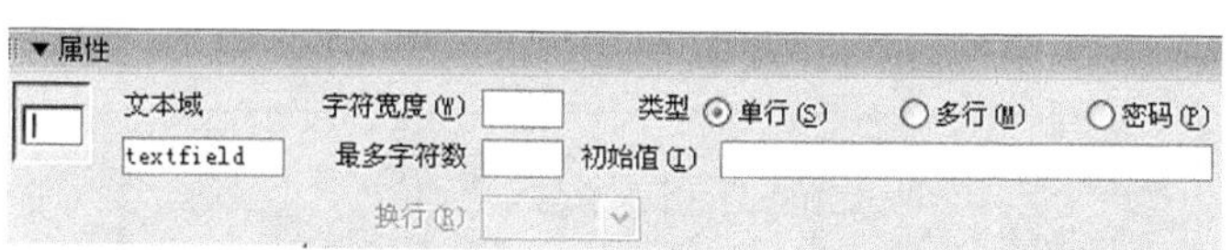

图 4-6 文本域属性面板

在所有类型的文本域中都可以输入“初始值”，即浏览者尚未输入文本、字母或数字之前文本域所显示的信息，其意义在于减少用户所需要输入的文字数量。

2. 单选按钮

单选按钮用于在一组单选项中只能选取一项的情况。要插入单选按钮，将光标定位后，单击“插入”工具栏“表单”分类上的“单选按钮”按钮，也可以单击“单选按钮组”对话框中输入和添加选项。由于单选按钮的特殊性，在同组的多个单选按钮中，它们的“属性面板”(如图 4-7 所示)中的“单选按钮”名称是一致的。例如“请选择您喜欢的动物”这组单选按钮均必须同样取名为 radiobutton，“请选择您喜欢的颜色”这组单选按钮均必须同样取名为 radiobutton1，否则将出现可以同时选中多个单选按钮的错误。

要设置单选按钮的初始状态，可以选择“已勾选”或“未选中”。同一组按钮中有且只有一个单选按钮可选择“已勾选”。

3. 复选框

复选框用于在一组选项中允许选取多个选项的情况。插入复选框的方法与插入单选

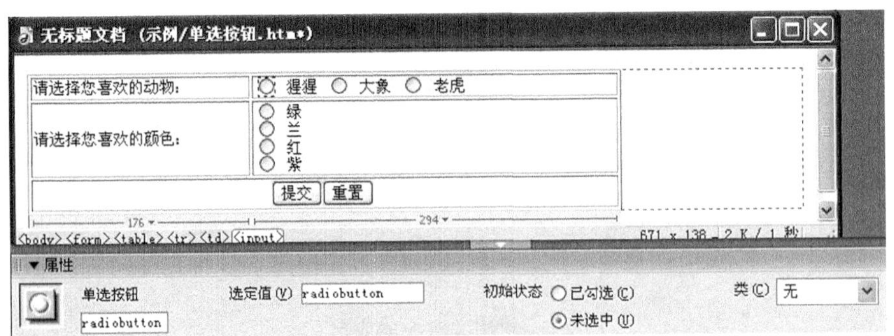

图 4-7　单选按钮属性面板

按钮类似。要插入复选框，将光标定位后，单击“插入”工具栏“表单”分类上的“复选框”按钮☑。要设置复选框的属性，可以在其属性面板中操作。在“复选框名称”下面的框中可以输入复选框的名称。注意，所有复选框的名称都必须各不相同，这样才具有可以选取多个选项的功能。同样，复选框的初始状态和单选按钮一样，也可以设置“已勾选”或“未选中”。

4. 列表/菜单

弹出下拉菜单和列表都列出了一组用户可以从中选择的值，例如，用户可以在列表中选择自己想要查询的商品类别以及价格范围，如图 4-8 所示。

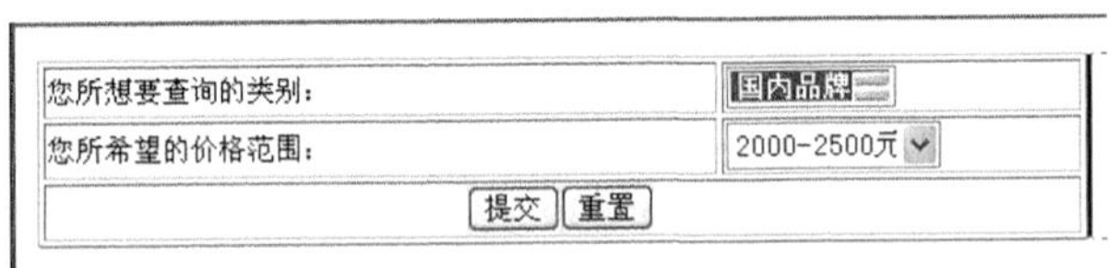

图 4-8　列表菜单

要插入列表/菜单，将光标定位后，单击“插入”工具栏“表单”分类上的“列表/菜单”按钮。弹出菜单和列表对象是有一些区别的。弹出菜单只允许单项选择，而列表框则可选取多项。我们可以通过它的属性面板观察到这一点，如图 4-9 所示。

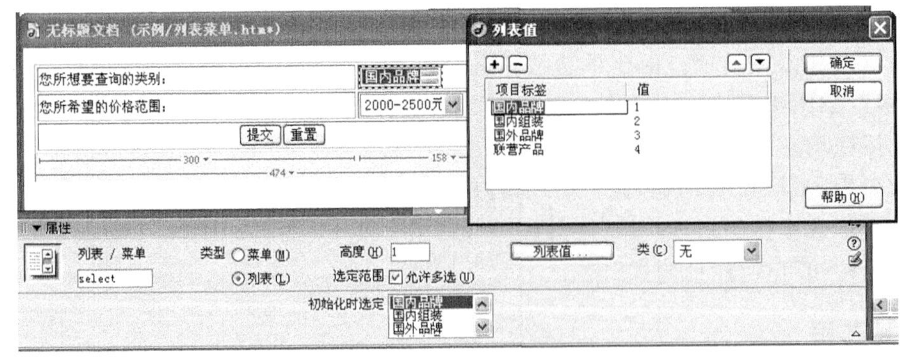

图 4-9　列表菜单及其属性面板

此图中的查询类别和价格范围均是“列表/菜单”，只是查询类别是“列表”，所以在它的属性面板中可以看到选定范围 ☑ 允许多选(U)。但价格范围使用的是“菜单”，在它的属性面板中我们看到的是无效的“允许多选”选项。使用属性面板中的“列表值”按钮可以编辑此“列表”/“菜单”中的内容。单击该按钮打开列表值对话框，其中，“项目标签”是显示在弹出菜单中的内容，而“值”是发送到服务器的值。因为此时列表菜单中的项目都是静态手工输入的，所以暂时可以不用关心此处值的设定，在 4.6 节会再次提及相关内容。有关该项的具体设置，可询问表单处理程序的编写人员。要设置下拉菜单的初始值，可单击初始化时选定 2000-2500元 中的任一项，表格中的下拉菜单将立即显示初始选中项。

5. 使用文件域

文件域是为了方便我们对当前可存取的各个文件存放位置上的文件进行操作的一个元素，其使用风格完全与微软 Windows 系统的文件访问方式一致，如图 4-10 所示。要在表单中添加文件域，将光标停放在需要添加文件域的位置，然后单击“插入”工具栏“表单”分类上的“文件域”按钮。

图 4-10　文件域

6. 按钮

表单按钮可以执行提交或重置表单的标准任务，也可以执行自定义功能。在插入时可以设置自定义按钮标签或使用预先定义的标签。要插入表单按钮，将光标定位后，单击“插入”工具栏“表单”分类上的“按钮”。要设置按钮属性，可单击选中按钮，在它的属性面板中修改“标签”值或“动作”类型，如图 4-11 所示。对于“提交”按钮来说，其动作默认为“提交表单”；而对于“重置”按钮来说，其动作默认为“重设表单”。

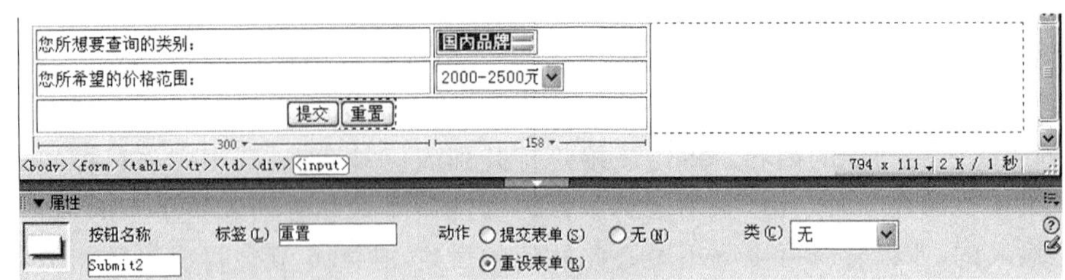

图 4-11　表单按钮属性面板

7. 隐藏域

使用隐藏域可以存储并提交非用户输入而对被访问系统却是需要搜集的信息，例如访问者的访问时间、IP 地址、浏览器版本和操作系统等信息。该信息对访问者而言是隐藏的。要添加隐藏域，先将光标停在需要插入隐藏域的位置，单击“插入”工具栏“表单”分类上的“隐藏域”。这时在文档中会出现一个标记。在属性面板的“隐藏域”文本框中，用户可以为该域更改默认的名称hiddenField，而输入一个新名称。在“值”文本框中可以输入为该域指定的值，如图 4-12 所示。

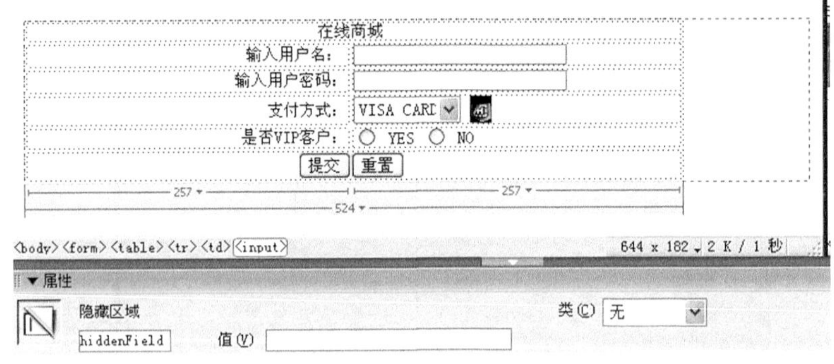

图 4-12　隐藏域

8. 图像域

使用图像域可以作为提交表单数据的按钮，或者可以通过附加某种行为来执行相应的任务。要在网页中添加图像域，先将光标停放在需要插入图像域的位置上，单击“插入”工具栏“表单”分类上的“图像域”按钮，在出现的“图像源文件”对话框中为该按钮选择所需图像，如图 4-13 所示，然后单击“确定”。在图像域的属性面板中可以根据需要设置图像域的属性值，如图 4-14 所示。例如，将图像域用作提交按钮，可以在属性面板的“图像区域”文本框中输入 submit；还可以给图像添加行为，在选中图像之后从“行为”面板中选择所需行为，相关内容在本章最后一节介绍。

9. 字段集

要插入字段集，可以选择要编排为一组的表单元素，然后单击“插入”工具栏“表单”分

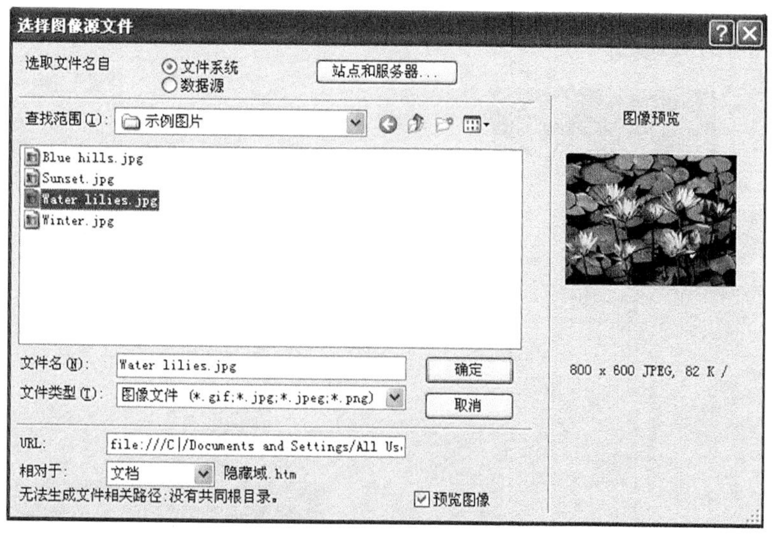

图 4-13　选择图像源文件

图 4-14　图像域属性面板

类上的“字段集”按钮，在弹出的“字段集”对话框中输入标签。

4.3　行为与动作

网页中的很多动态效果可以通过行为来实现。Dreamweaver 附带了很多内置的行为，即使是不懂 Java 的入门者也能轻松地制作网页动态效果。本节主要说明行为的概念，介绍为对象附加行为的基本方法及如何修改行为的触发事件，详细介绍 Dreamweaver 内置动作的具体应用方法和如何实现验证表单输入结果的正确性。

4.3.1　什么是行为

行为是在某一对象上因为某一事件而触发某一动作的综合描述。所以任意一个行为都是由对象、事件和动作三者构成的，是被用来动态响应用户操作、改变当前页面效果或是执行特定任务的一种方法。例如，当鼠标移动到按钮图像上，产生了图像对象的事件，该事件触发了动作，显示了一个下拉菜单。这些要素加在一起，就构成了“行为”。行为是由预先书写好的 JavaScript 代码构成的，使用它可以完成诸如打开新浏览窗口、播放背景音乐、控制 Shockwave 文件的播放等任务，如图 4-15 所示。事件是为大多数浏览器所理解的通用代码，例如，onMouseOver(鼠标进入)，onMouseOut(鼠标离开)和 onClick(单击鼠标)等事件,如图 4-16 所示,都是用户在浏览器中对浏览页面的操作,而浏览器通过一定的解释来响应用户的动作。

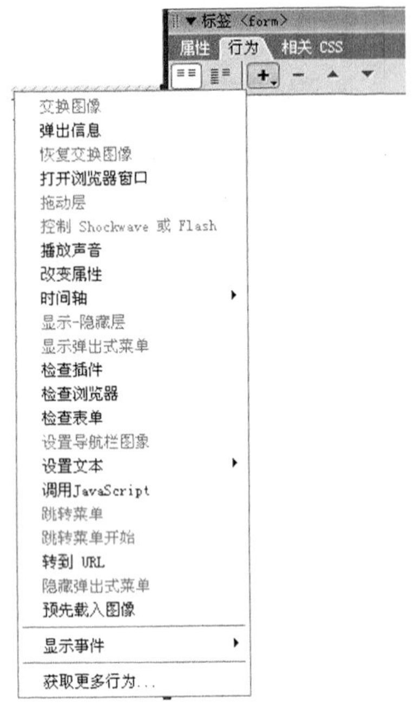

图 4-15 “行为”列表

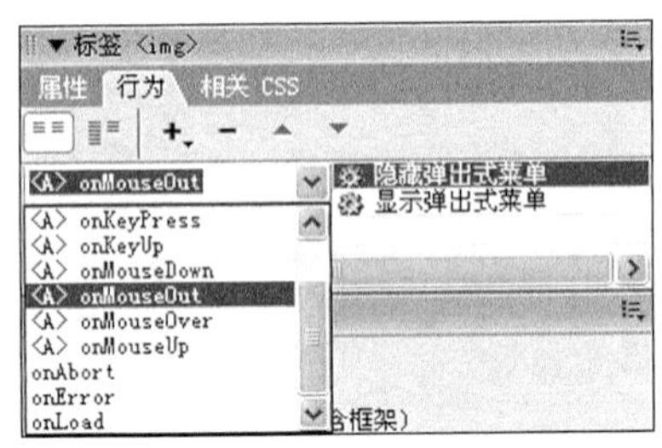

图 4-16 “动作”列表

Deamweaver 包含了百余个事件和行为,同时也提供了扩展行为的功能,可以通过下载第三方的行为来扩展其行为的种类。如果擅长 JavaScript 语言,也可以自己书写行为。但要注意附加行为时的对象必须是那些可以接受事件和动作的对象。用户可以将行为附加给整个文档(即网页的 BODY 部分),也可以附加给链接、图像以及表单元素等。此外,行为的使用很大程度上取决于浏览器的版本,版本越高,其能接受的事件数也越多。因此,在添加行为时要考虑到大部分使用者的浏览器版本。

每个对象和事件都可以指定多个动作。例如,当访问者打开一个网页时,既可以播放声音,又可以在网页的下方状态栏内显示提示的文本;当访问者将鼠标移动到图片上时,既可以触发改变图像的动作,又可以显示一个隐藏的层,从而使页面上出现一个弹出菜单。

4.3.2 使用内置行为

在 Deamweaver MX 2004 中内置的行为有二十几种。要附加内置行为,在“行为”面板中,通过指定一个动作,然后指定触发该动作的事件,即可将行为添加到页面中。

下面介绍几种常见的行为的操作。

1) 播放声音

(1) 打开相应的网页文件,单击“窗口”/“行为”,打开“行为”面板。

（2）在工作区中选择<body>标记，在“行为”面板中单击“添加行为”按钮+，选择“播放声音”。

（3）在弹出的“播放声音”对话框中输入音乐文件的存放位置，单击“确定”按钮。

（4）在“行为”面板中选择“onLoad”事件，如图4-17所示。

图4-17 “行为”面板

2）交换图像

（1）在网页中插入某个图像，在其属性面板中设置图像的名称（设置名称并不是必需的，只是为了在进行图像交换时明确交换的对象）。

（2）单击“窗口”/“行为”，打开“行为”面板，在“行为”面板中单击“添加行为”按钮+，选择“交换图像”。

（3）在“交换图像”对话框中选择准备做交换的源图像，单击“浏览”按钮添加目标图像，单击“确定”按钮，如图4-18所示。

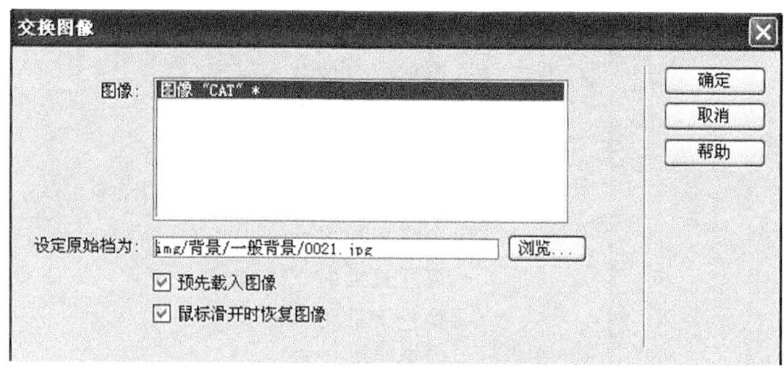

图4-18 “交换图像”对话框

（4）此时，在“行为”面板中会自动添加两个事件：onMouseOut（恢复交换图像）和onMouseOver（交换图像），前者表示当鼠标离开该图像区域时恢复原来的图像，后者表示当鼠标进入该图像区域时触发了交换图像事件。

3）设置网页状态栏文本

（1）打开相应的网页文件，单击“窗口”/“行为”，打开“行为”面板。

（2）在工作区中选择<body>标记，在“行为”面板中单击“添加行为”按钮+，选择“设置文本”下的“设置状态栏文本”。

（3）在“设置状态栏文本”对话框中输入相应的文本信息，如图4-19所示，单击“确定”按钮。

图4-19 “设置状态栏文本”对话框

(4) 在“行为”面板中选择“onLoad”事件。

4.3.3 常见触发行为的事件

不同的浏览器所支持的事件类型不尽相同，表 4-1 列出了一些常见触发行为的事件。可以依照上述方法尝试其他的内置行为，在自己的网页中设置更多的动态效果。

表 4-1 常见触发行为的事件

事　件	描　述
OnBlur	取消选中对象时
OnChange	更改页面上的值时
OnClick	单击对象时
OnDblClick	双击对象时
OnHelp	单击浏览器帮助对象时
OnKeyDown	按下键盘任意键时
OnKeyPress	按下并释放键盘任意键时
OnLoad	图像或页面载入完成时
OnMove	移动窗口或框架时
OnReset	将表单重设为默认值时
OnResize	重调浏览器窗口或框架大小时
OnSubmit	提交表单时
OnUnload	离开页面时
OnAbort	中止下载传输时
OnAfterUpdate	对象更新之后
OnBeforeUpdate	对象更新之前
OnFocus	选中指定对象时
OnMouseDown	按下鼠标键时
OnMouseMove	鼠标光标在指定对象上移动时
OnMouseOut	鼠标光标离开指定对象时
OnMouseOver	鼠标光标刚开始指向指定对象时
OnMouseUp	释放按下的鼠标键时
OnScroll	上下拖动浏览器窗口中的滚动条时

4.3.4 验证表单的输入结果

在 4.2 节中介绍了各个表单元素的使用，但是那只是一个完整的表单应用的一个部分，因为在表单的实际应用中，还需要设定表单的输入规则(验证表单)以及指定表单的处理程序。大家可以回忆在上网过程中碰到的一些场景：在某个网页中填写一些个人注册信息时，有一些内容是必填项，如果必填项目为空，则这个注册过程将不能继续下去，直到你填写了所有的必填项；另外，还有一些特殊的输入框会提示用户只能输入特定的信息，如不能在姓名字段中出现一些标点符号之类的特殊字符。那么，这些规则又是如何制定的呢?

在 Dreamweaver MX 2004 中,内置的“检查表单”动作可以帮助用户对表单输入结果进行验证。对用户输入结果进行验证可以按下列步骤进行操作:

(1) 将光标定位于表单域中,然后单击文档窗口状态栏标签选择器中的＜form＞标签,选中整个表单。

(2) 单击“窗口”/“行为”,打开“行为”浮动面板。

(3) 在“行为”浮动面板中单击加号按钮 +,添加行为。这时弹出一个菜单,显示动作列表。注意,此时列举出的动作是针对当前所选表单而言的,例如有播放声音、检查表单等,如图 4-20 所示。

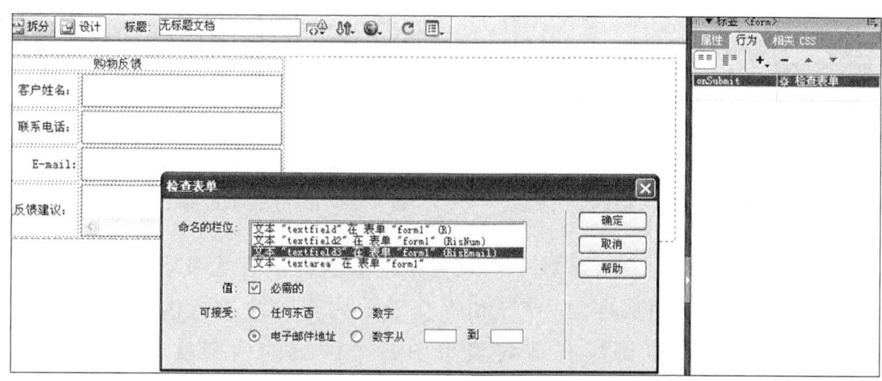

图 4-20 “检查表单”对话框

(4) 选择“检查表单”。在出现的对话框中,“命名的栏位”列出了表单域中所有的表单元素的名称。选择和“客户姓名”相对应的文本域 textfield,即图 4-20 中“命名的栏位”项中第一行,选中下方的“必需的”复选框,然后在“可接受”区域中选择默认的“任何东西”单选项,表示表单中“客户姓名”字段是必须输入的且内容可以是任意的字符。

(5) 接下来的是与“联系电话”相对应的文本域 textfield2,如图 4-20 所示。同样选中下方的“必需的”复选框,然后在“可接受”区域中选择“数字”单选项,表示表单中“联系电话”字段为必填项且只接受数字类型的输入值。

(6) 再下来的是与“E-mail”相对应的文本域 textfield3,如图 4-20 所示。同样选中下方的“必需的”复选框,然后在“可接受”区域中选择“电子邮件地址”单选项,表示表单中“E-mail”字段为必填项且必须是电子邮件地址类型的输入值,即类似于 xxx@xxx 这样的字符串。

(7) 最后是与“反馈建议”相对应的文本区域 textarea,不选中下方的“必需的”复选框,保持“可接受”区域中的默认设置,表示此字段的内容不是在提交此表单时必须输入的内容。

(8) 单击“确定”按钮关闭对话框。

在“行为”面板中将出现 onSubmit 事件和“检查表单”动作,见图 4-20 右侧,表示当浏览者提交表单时,将检查表单输入的内容是否符合要求。只有在符合要求的情况下,数据才会被提交到服务器端。即如果客户并没有单击“提交”按钮,就不会触发这个动作,也就不会进行表单检查了。但是，我们在上网过程中，在有的网页中输入信息后，即便没有提交，它们也会根据你输入的内容进行检查，给出相应的提示，这又是如何实现的呢？

在上面的操作步骤中，在操作之初选中了标签中的<form>这个表单标签，所以它是对整个表单内容进行的“检查表单”动作。现在，我们可以在工作区中选中希望进行检查的表单元素，例如可以选中第一个字段即客户姓名。然后，在“行为”面板中选择 +. 进行行为的添加，出现如图 4-15 所示的行为列表，选中其中的“检查表单”。这时我们发现在“行为”面板中出现了如图 4-21 所示的选项，默认的动作是 onBlur。对于“检查表单”中的内容可以参考前面的 8 个步骤进行设置。

图 4-21 “行为”面板的默认动作

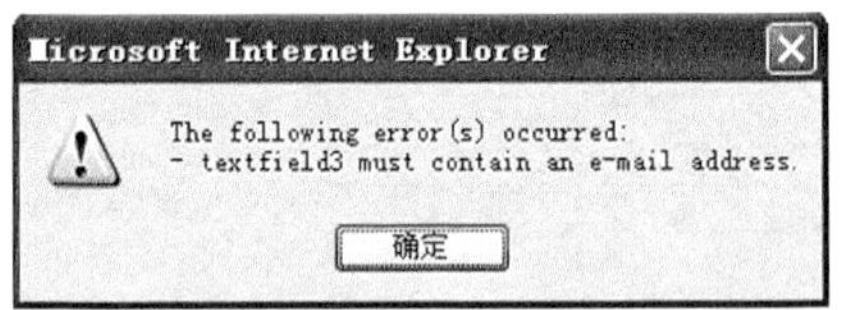

图 4-22 检查表单的错误提示信息

这样，在表单中的不同的输入区域中可以分别建立这样的行为及附加的动作，对每个区域进行检查，而不是像前面那样，只有等到提交表单内容时才进行内容检查。另外，在图 4-21 中，onChange 事件也可以实现对表单中各个区域的内容实行检查，onBlur 与 onChange 事件有相似的功能：当用户从某个表单域移开时，这两个事件都触发“检查表单”动作。它们之间的区别是：onBlur 不管用户是否在该域中输入内容都会发生，而 onChange 只有在用户更改了该域的内容时才发生。当指定了该域是必需的域时，最好使用 onBlur 事件。

需要说明的是，在“检查表单”的动作被激活后，如果遇到不满足事先定义的输入规则的情况，系统会给出提示，但是提示的信息是英文形式的，如图 4-22 所示，提示用户输入信息有误，“在 textfield3 中必须包含一个 E-mail 地址”。

当然，如果要设置更加复杂的输入规则，用户需要自行编写脚本来实现。

4.4 创建跳转菜单

跳转菜单实际上是一个选项弹出菜单，它同表单元素中的列表元素有相似的地方。跳转菜单是文档中的弹出菜单，对站点访问者可见，并列出链接到文档或文件的选项。可以创建到整个 Web 站点内文档的链接、到其他 Web 站点上文档的链接、电子邮件链接和到图形的链接，也可以创建到可在浏览器中打开的任何文件类型的链接。

要插入跳转菜单，可按以下步骤操作。

(1) 打开一个文档，然后将插入点放在“文档”窗口中。

(2) 选择菜单“插入”/“表单”/“跳转菜单”或者直接单击“表单”插入栏的“跳转菜单”按钮。

(3) 在出现的“插入跳转菜单”对话框中修改默认的“文本”框中的 unnamed1 文本，输入所需的跳转菜单项，例如“可选择要查看的内容”、“选择其中一项”，该项目将提示用户选择一个具体项目，如图 4-23 所示。

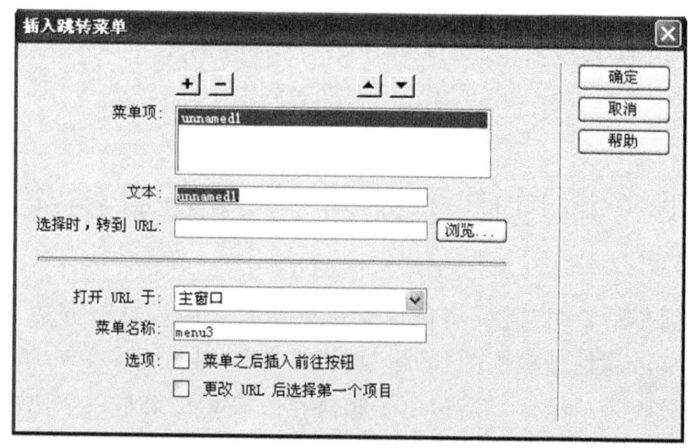

图 4-23 “插入跳转菜单”对话框

(4) 注意选中“选项”下面的“更改 URL 后选择第一个项目”复选框。这个选项是为了使跳转菜单在用户选择其他选项之后返回第一个选项。如果要添加一个带有“确定”性质的按钮，则可以选择“菜单之后插入前往按钮”复选框。

(5) 单击加号按钮 + ，可以添加其他跳转菜单选项。

(6) 在“文本”框中输入第二个菜单选项，然后单击“选择时，转到 URL”框右边的“浏览”按钮，选中所需的链接目标。如果链接的是绝对地址，例如链接的目标是另一个网站地址，则可以直接在框中输入相应地址。

(7) 重复步骤(5)、(6)添加更多的跳转菜单选项。

(8) 单击“确定”按钮完成跳转菜单的设置。

如果要对已建立的跳转菜单的超级链接和文本选项进行调整，可在属性面板中修改其“列表值”，如图 4-24 所示。

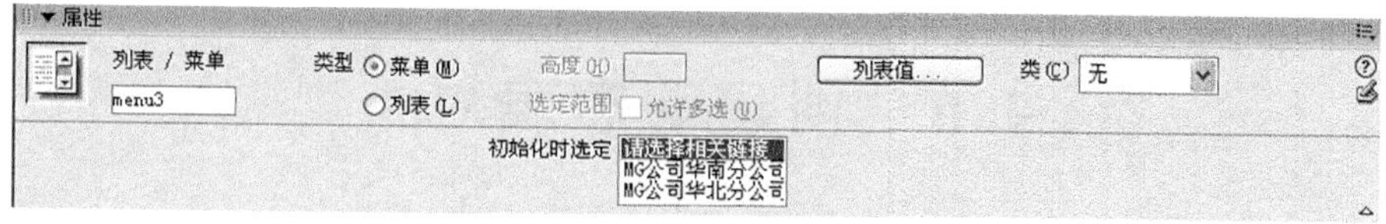

图 4-24 列表菜单属性面板

在“列表值”对话框中，可执行以下操作：

① 单击加号按钮 + 添加一个菜单项。

② 选定一个菜单项，然后单击减号按钮 − 可将其删除。

③ 选定一个菜单项，然后用箭头键 ▲ ▼ 在列表中向上或向下移动此菜单项。

还可以通过“行为”面板修改“跳转菜单”行为。使用这种方法可以获得比使用属性面板更多的可修改内容。

首先选择“窗口”/“行为”菜单，调出“行为”面板，如图4-25所示。这时我们发现在跳转菜单的使用过程中也涉及了内置的“行为”动作，并且在此处默认情况下调用的是onChange动作。双击跳转菜单，就可以进行设置的调整了。

图 4-25 “行为”面板

4.5 通过电子邮件接收表单结果

表单信息输入完毕后，用户需要将该信息提供给有关的人员。方法主要有两种：一是通过脚本或在表单域属性面板中的“动作”属性中指定应用程序来处理表单中的数据；二是通过电子邮件接收表单结果。通过电子邮件接收表单结果是一个比较容易实现的方法。具体的操作步骤如下。

(1) 将光标定位在表单域中，然后单击文档窗口状态栏标签选择器中的＜form＞标签，选中整个表单。

(2) 在表单域属性面板的“动作”文本域中输入表单动作“mailto：xxx@xxx.xxx”，同时在“方法”下拉列表中选择“POST”选项。

(3) 在“MIME类型”中输入text/plain。该语句指定表单信息按纯文本方式传送，如图4-26所示。

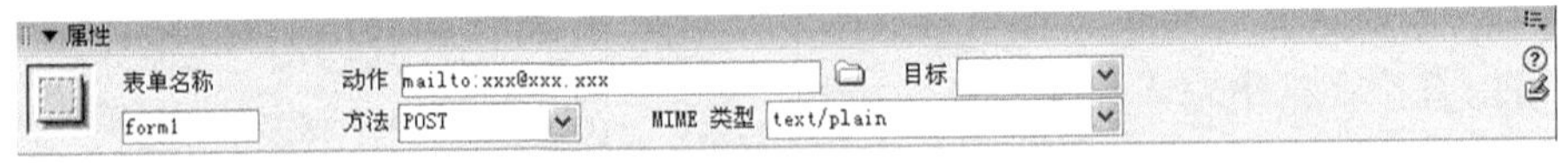

图 4-26 表单属性面板

这样，当站点访问者在浏览器中输入信息并提交表单时，信息就会按纯文本格式传送到预先设定的电子邮箱中。

4.6 创建动态表单

前面介绍了关于表单的许多知识，通过学习我们已经能够建立一些表单的页面了。在现实中，表单的应用是不是就是上面介绍的这些内容了呢？作为一种表单元素，动态表单对象的初始状态是在向服务器请求页面时由服务器确定的，而不是由表单设计者在设计时确定。例如，当用户请求的PHP页上包含带有菜单的表单时，该页中的PHP脚本会自动使用存储在数据库中的值填充该菜单，然后由服务器将完成后的页面发送到该用户的浏览器中。

在现实的工作场景中，动态表单的功能使表单对象成为动态对象，对于数据量很大的表单选项或经常变动的表单选项，动态表单可以简化站点的维护工作。例如，许多在线购物的网站使用菜单为用户提供一组选项，站点供客户选择的商品是在不断变化中的。如果该选择菜单是动态的，可以在某一位置（即存储菜单项的数据库表）集中添加、删除或更改菜单项，从而更新该站点上同一菜单的所有实例。

除菜单之外，还有其他类型的动态表单对象。还可以创建和使用动态单选按钮、复选框、文本域和图像域。

4.6.1 定义记录集

动态 Web 站点需要一个内容源，在将数据显示在网页上之前，动态 Web 站点需要从该内容源提取这些数据。在 Dreamweaver 中，这些数据源可以是数据库、请求变量、服务器变量、表单变量或预存过程。在 Web 页中使用这些内容源之前，必须执行以下操作。

(1) 创建动态内容源（如数据库）与处理该页面的应用程序服务器之间的连接。

(2) 指定要显示数据库中的什么信息，或指定希望在该页面中包括什么变量。

(3) 使用 Dreamweaver 的指向并单击(point-and-click) 界面选择动态内容元素并将其插入到选定页面。

Dreamweaver 使用户可以方便地连接到数据库并创建从中提取动态内容的记录集。记录集是数据库查询的结果。它提取请求的特定信息，并允许在指定页面内显示该信息。根据包含在数据库中的信息和准备显示的内容来定义记录集。但是，Dreamweaver 是不能帮助用户创建数据库的，所以必须使用其他的工具进行数据库的建立，例如可以使用 MS Office Access 或 MS SQL Server 来建立数据库。接下来，还必须创建连接数据库的方式，当然这可以通过输入 ASP 语句来建立，也可以通过“控制面板”中的“管理工具”下的“数据源”组件来进行数据库的连接。

不同的技术供应商可能使用不同的术语来表示记录集。在 ASP 和 ColdFusion 中，记录集被定义为查询；在 JSP 中，记录集被称为结果集；ASP.NET 将记录集称为数据集。如果使用的是其他数据源，如用户输入或服务器变量，则 Dreamweaver 中定义的该数据源的名称与数据源名称本身相同。

若要在 Dreamweaver 中使用数据源，可使用“绑定”面板来创建数据源。“绑定”面板（如图 4-27 所示）使用户可以为数据库和其他变量类型创建数据源。创建数据源后，该数据源存储在“绑定”面板中，可以从该面板中选择此数据源并将其插入到当前页面中。

若要在 Dreamweaver 中创建记录集，可使用“记录集”对话框。从“窗口”菜单的“绑定”子菜单调出相应面板或者直接按 Ctrl＋F10 快捷键调出“绑定”面板。“记录集”对话框使用户可以选择现有数据库连接，并可以通过选择要将其数据包括在记录集中的表来创建数据库查询，还可以使用该对话框的“筛选”部分为查询创建简单的搜索和返回条件。可以在“记录集”对话框内测试查询，并可以进行任何必要的调整，然后再将其添加到“绑定”面板。

在第一次使用“绑定”面板时，需要进行一些设置，这样才可以在该页面上使用动态数据。所需进行的设置包括 3 个步骤。

(1) 为该文件创建一个站点。

(2) 为该页面选择一种文档类型。

(3) 设置站点的测试服务器。

只有这 3 个步骤都完成了之后，才可以在“绑定”面板中添加记录集。添加记录集的界面如图 4-28 所示，当第 1、2、3 步骤前面打勾时，才可以通过加号按钮添加记录集。关于 3 个条件的详细设置方法将在本章后面的实例中进行介绍。

建立数据库连接并定义记录集后，该记录集将出现在“绑定”面板中。从该面板中可以将记录集导入到已定义站点内的任何网页中。如图 4-27 所示的“绑定”面板中打开的是某雇员数据库的记录集。可以将任何显示的值插入到网页中，方法是先选中该项，然后单击面板底部的“插入”按钮，该选中项将被插入到页面内的指定占位符处。

图 4-27 “绑定”面板

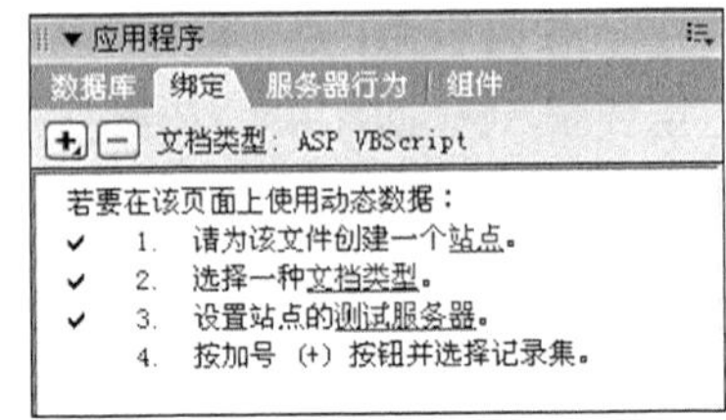

图 4-28 在“绑定”面板中添加记录集

使用 Dreamweaver 中的简单“记录集”对话框和高级“记录集”对话框都可以定义记录集，在简单“记录集”对话框中可以轻松构建简单的 SQL 语句，在高级“记录集”对话框中可以编写用户自己的 SQL 语句或使用图形化“数据库项”树创建 SQL 语句。

如果对编写从数据库中检索信息的 SQL 语句不熟悉，可使用简单“数据集”对话框。

4.6.2 创建动态 HTML 表单菜单

创建了前面介绍的记录集之后，就可以用数据库中的项动态地填充 HTML 表单菜单或列表菜单。在开始之前，必须在 ColdFusion、PHP、ASP 或 JSP 页中插入一个 HTML 表单，而且必须为该菜单定义记录集或其他动态内容源。若要插入动态表单菜单，可按以下步骤操作。

(1) 在页面上的 HTML 表单内单击。

(2) 选择菜单“插入”/“表单”/“列表/菜单”，Dreamweaver 在页面中插入一个“列表/菜单”表单元素。

(3) 选择该“列表/菜单”表单元素。

(4) 在属性面板中单击“动态”按钮 动态...，显示“动态列表/菜单”对话框，如图 4-29 所示。

若要设置该对话框的选项，可按以下步骤操作。

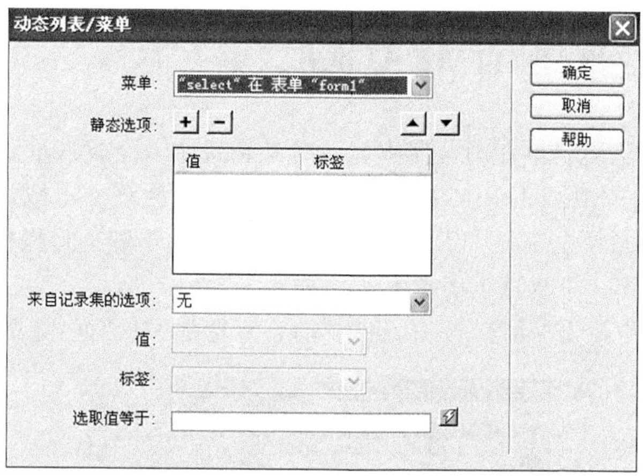

图 4-29 "动态列表/菜单"对话框

(1) 在"菜单"下拉框中选择要使之成为动态对象的"列表/菜单"表单元素。

(2) 在"来自记录集的选项"弹出菜单中选择要用作内容源的记录集。该菜单还允许以后编辑静态和动态列表/菜单项。

(3) "静态选项"区域允许在列表或菜单中输入默认项。对话框的这一部分还允许在添加动态内容后编辑"列表/菜单"表单元素中的静态项。使用加号按钮+和减号按钮-添加及删除列表中的项。项的顺序与"初始列表值"对话框中的顺序相同。在浏览器中载入页面时,列表中的第一个项是选中项。使用"向上"按钮▲或"向下"按钮▼重新排列列表中各项的先后顺序。

(4) 在"值"弹出菜单中选择包含菜单项值的域。

(5) 在"标签"弹出菜单中选择包含菜单项标签文字的域。

(6) 如果希望在浏览器中打开页面或者在表单中显示记录时某个特定菜单项处于选中状态,可在"选取值等于"框中输入一个等于该菜单项值的值。可以输入静态值,也可以通过单击该框旁边的闪电图标,然后从数据源列表中选择动态值来指定动态值。无论在何种情况下,所指定的值都应该与菜单项值之一匹配。

(7) 单击"确定"按钮。

4.6.3 创建 HTML 动态文本域

可以在 HTML 文本域中显示动态内容。如前所述,在开始之前,必须在 ColdFusion、PHP、ASP 或 JSP 页中创建表单,而且必须为该文本域定义记录集或其他动态内容源。若要使 HTML 文本域成为动态对象,按下面的步骤进行操作。

(1) 选择页面上 HTML 表单中的文本域。

(2) 在属性面板中单击"初始值"文本框旁的闪电图标,出现"动态数据"对话框。

(3) 选择为文本域提供值的记录集列,然后单击"确定"按钮。

当在浏览器中查看该表单时,该文本域将显示动态内容。

4.6.4 动态预先选择 HTML 复选框

可以让服务器决定当表单在浏览器中显示时是否选中一个复选框，在开始之前，必须在 ColdFusion、PHP、ASP 或 JSP 页中创建表单，而且必须为该文本域定义记录集或其他动态内容源。若要动态预先选择 HTML 复选框，按下面的步骤进行操作。

(1) 在页面上选择一个复选框表单元素。

(2) 在属性面板中单击“动态”按钮，出现“动态复选框”对话框，如图 4-30 所示。

图 4-30 “动态复选框”对话框

(3) 完成“动态复选框”的设定，单击“确定”按钮结束。

4.6.5 动态预先选择 HTML 单选按钮

可以让服务器决定当表单在浏览器中显示时是否选中一个 HTML 单选按钮。在开始之前，必须在 ColdFusion、PHP、ASP 或 JSP 页中创建表单，而且必须为该文本域定义记录集或其他动态内容源。若要动态预先选择 HTML 单选按钮，按下面的步骤进行操作。

(1) 在“设计”视图中，在单选按钮组中选择一个单选按钮。

(2) 在属性面板中单击“动态”按钮，出现“动态单选按钮组”对话框。

(3) 完成“动态单选按钮组”的设定，单击“确定”按钮结束。

4.6.6 动态 HTML 表单菜单实例

下面以动态表单菜单为例介绍 Dreamweaver MX 2004 中动态表单的操作过程。为了突出这一知识点，本实例不再添加其他表单元素。

图 4-31 所示是这一实例最终的显示结果，可能大家会觉得奇怪，这不是用本章 4.2 节的“列表菜单”工具就可以实现吗？是的，但是，在 4.2 节中介绍的是使用静态的输入数值产生的这一页面，而本实例中介绍的是如何从给定的数据库(源)中取出这些列表值。操作步骤如下。

(1) 本例中使用的数据库是用 MS Access 2003 建立的。图 4-32 是建立好的数据库，也就是本例的数据源，表单中显示的结果就是来自这个数据库里的记录。

(2) 打开“控制面板”，双击“管理工具”下的“数据源 ODBC”选项，打开“ODBC 数据源管理器”，选择“系统 DSN”页面，单击“添加”按钮，在列表中选择“Driver do Microsoft

图 4-31　动态表单实例

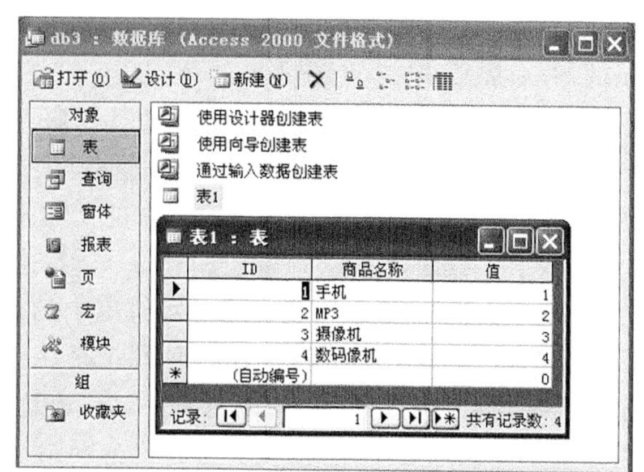

图 4-32　Access 数据库

Access（*.mdb）”，单击“完成”按钮。在“ODBC Microsoft Access 安装”对话框的“数据源名”中输入数据源名，如“data for test”，单击“选择”按钮，选中所建立的.mdb 文件后单击“确定”按钮，再次单击“确定”按钮退出“ODBC 数据源管理器”，如图 4-33 所示。

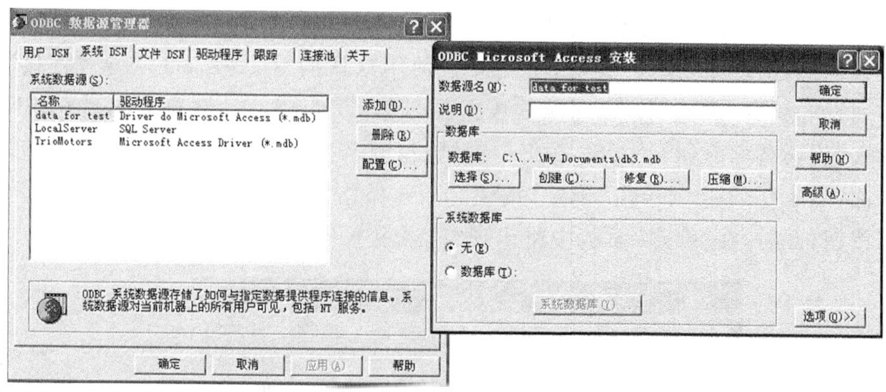

图 4-33　ODBC 数据源管理器

（3）打开“控制面板”，双击“Internet 信息服务器”，如图 4-34 所示，右键单击“默认网站”，选中“新建”/“虚拟目录”，在“虚拟目录创建向导”页面中选择“下一步”按钮，在“别名”输入框中输入虚拟目录名，如“test”，单击“下一步”按钮，单击“浏览”按钮，选择网页所放置的文件夹，单击“下一步”，在“访问权限”页面中单击“下一步”按钮，最后单击“完成”按钮。图 4-34 为完成设置后的界面。

图 4-34　IIS 服务器设置

（4）打开 Dreamweaver MX 2004，建立新的文件。选择“插入”菜单下的“表单”项下的“列表菜单”，在“是否添加表单标签”提示框中单击“是”按钮，选中“表单菜单”，在“属性面板”中所见到的与 4.2 节中介绍的一样。选择“列表值”按钮，可以添加静态的表单数据。选择“窗口”菜单下的“绑定”或直接按组合键 Ctrl+

F10，弹出“绑定”面板。在“绑定”面板中，此时添加记录集的按钮是灰的，暂时不可用。按照提示的顺序，先单击“站点”链接，在“站点定义”页面中输入站点名称，如 mytestsite，单击“下一步”按钮，在此页面中选中“是，我想使用服务器技术”并在服务器技术下拉列表中选择“ASP VBScript”，单击“下一步”按钮，选择“在本地进行编辑和测试（我的测试服务器是这台计算机）”单选项，并在本页面下方的文本框中输入当前站点根目录，单击“下一步”按钮进入下一页面，在“你应该使用什么 URL 来浏览站点的根目录?”文本框中输入“http://localhost/test/”，（注意：此时字符串中的 localhost 指的就是当前的机器，因为现在是把当前这台机器作为服务器的，而 test 是在前面 Internet 信息服务器中设立的虚拟目录的名字，为了确保正确，可以打开 IE，在地址栏内输入 http://localhost/test/，如果可以正确访问此网页内容，就表明当前这个网站设置是正确的了。）此时，单击“测试 URL”按钮会弹出“URL 前缀测试已成功”，单击“确定”按钮，单击“下一步”按钮，单击“否”按钮，不要使用远程服务器，单击“下一步”按钮，最后单击“完成”按钮。此时，在右边的“绑定”面板上可以看到在“可为该文件创建一个站点”这一项左边已勾选，表示已通过。接下来，选择第二项“文档类型”，在“选择文档类型”列表框中选择“ASP VBScript”，单击“确定”按钮。现在，在“绑定”面板中的 3 项都会出现打勾标记，说明 3 项设置都已通过。

（5）现在“绑定”面板中的添加按钮成为可选的状态，单击按钮添加记录集。选择“记录集（查询）”，出现“记录集”菜单，“名称”栏使用默认的 Recordset1，单击“连接”右边的 定义... 按钮，选择“新建”按钮，选择“数据源名称（DSN）”，在“数据源名称（DSN）”对话框中输入“连接名称”，如 CONN，在下一列“数据源名称（DSN）”中选择在第（2）步中的数据源名称“data for test”，单击“确定”按钮之后再单击“完成”按钮，如图 4-35 所示。单击“确定”按钮，此时，在“绑定”面板中将出现“记录集 Recordset1”。

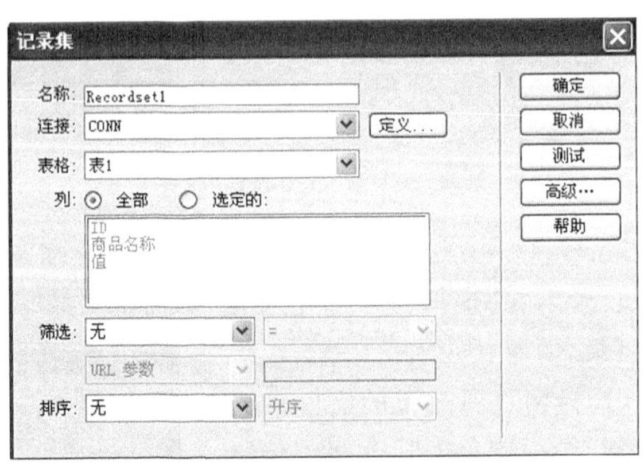

图 4-35 添加“记录集”对话框

（6）在工作区中选中“列表菜单”，在属性面板中将出现 动态... 按钮，表明对此“列表菜单”已经可以使用动态的数据源了。单击“动态”按钮，出现“动态列表/菜单”对话框，按如图 4-36 所示进行设置，单击“确定”按钮。

（7）现在可以单击“文档”窗口工具栏的预览按钮，或按快捷键 F12 在浏览器中预览此页面的实际效果，如前面的图 4-31 所示。

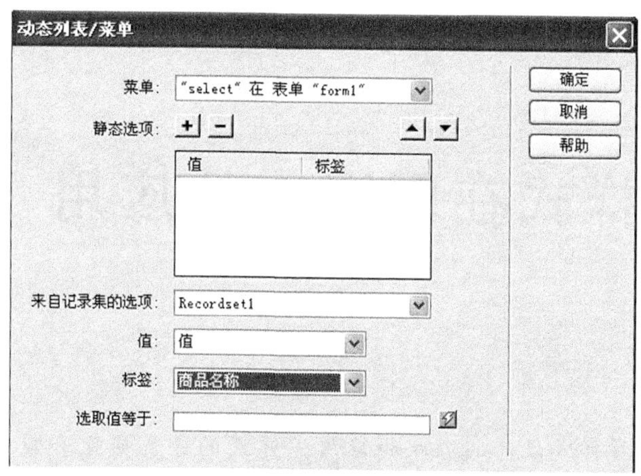

图 4-36 “动态列表/菜单”对话框

至此,我们已介绍了如何利用 Access 数据库作为数据源,在动态的菜单列表中显示数据库中的记录,还可以在数据库中改变数据记录的内容,从而实现菜单列表中的“动态”的效果,以减轻维护大数据量页面的工作量。

思考与练习

4.1 名词解释

表单　POST 方式　列表/菜单　文件域　行为　动作　跳转菜单　动态表单

4.2 简述创建表单的基本步骤。

4.3 表单处理有哪几种方法?试比较各种方法的异同。

4.4 表单属性面板中的窗口选项包含哪几个可选项目?分别代表怎样的目标?

4.5 单选按钮和复选框的名称设置上有什么不同?

4.6 隐藏域按钮在表单中起什么作用?如何使用?

4.7 对访问者的输入结果进行验证,可以按怎样的步骤进行操作?

4.8 试比较 OnChange 事件与 OnBlur 事件的异同。

4.9 请简述如何使用电子邮件接收表单的结果。

4.10 什么是动态表单?它与静态表单有什么区别?

4.11 为什么要定义记录集?如何定义记录集?

第5章

样式在网页中的应用

[本章学习目标]

本章主要学习网页样式设计的原理和应用。样式的分类变化和应用范围非常丰富，这非常有利于美化网页。可以通过导出样式文件并应用于其他文档，使得整个网站的设计风格一致。

5.1 样式概述

样式表也称为CSS(Cascading Style Sheet)，也就是级联样式表的简称。级联样式表是一系列格式设置规则，它控制网页元素的外观，可以定义文字、表格、图像和表单等网页元素的属性。

5.1.1 使用CSS样式的优点

CSS样式可以控制许多仅使用HTML无法控制的属性。例如，可以指定自定义列表项目符号为一幅图像，而这使用"文本"/"列表"/"属性"菜单命令是无法实现的。

CSS样式可以使用自定义样式以减少设计者的工作量。例如，要对一个文字段落进行外观设计，必须对它们的字体、大小、颜色、行高和对齐等逐一设置。而若已经事先定义了文字段落样式，则只要在其属性面板中选择该样式，就完成了这段文字的上述外观设计。

CSS样式可以直接存储在文档中，如果要获得更多功能和灵活性，也可将其存储在外部样式表中。如果将外部样式表附加到多个网页，则所有网页都会自动反映对该样式表所做的任何更改。

CSS样式还提供便利的更新功能。更新CSS样式时，使用该样式的所有文档的格式都自动更新为新样式。

5.1.2 创建新的CSS样式

1. 打开"新建CSS样式"对话框

要打开"新建CSS样式"对话框，可将光标定位在文档中，然后执行以下操作之一。

(1) 单击“窗口”/“CSS 样式”菜单项，打开“CSS 样式”浮动面板(见图 5-1)，单击面板右下角区域中的“新建 CSS 样式”按钮 。

(2) 选择“窗口”/“标签检查器”菜单项，打开“标签检查器”浮动面板(见图 5-2)，单击“相关 CSS”标签，然后右击“应用的规则”选项卡，从弹出菜单中选择“新建规则”项。

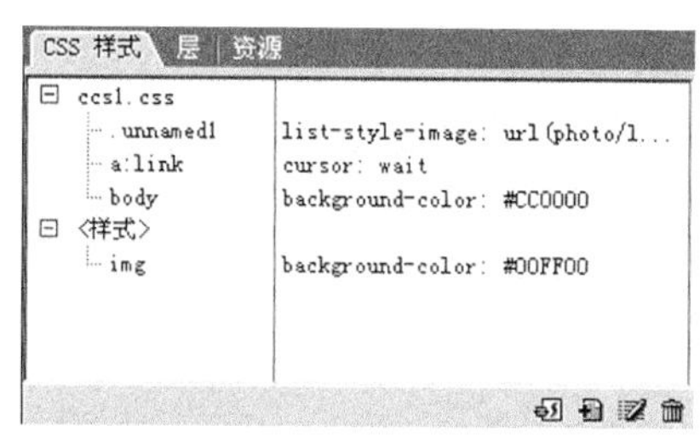

图 5-1 CSS 样式面板

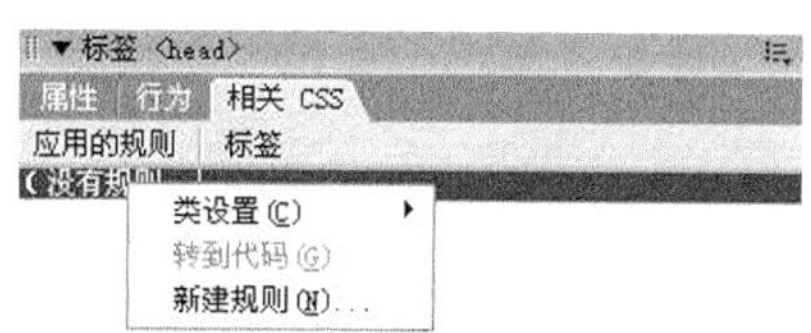

图 5-2 标签检查器面板

(3) 在文本属性面板中，从“样式”右侧的列表框中选择“管理样式”，然后在出现的“编辑样式表”对话框(见图 5-3)中单击“新建”按钮。

(4) 选择“文本”/“CSS 样式”/“新建 CSS 样式”菜单项，打开“新建 CSS 样式”对话框，如图 5-4 所示。

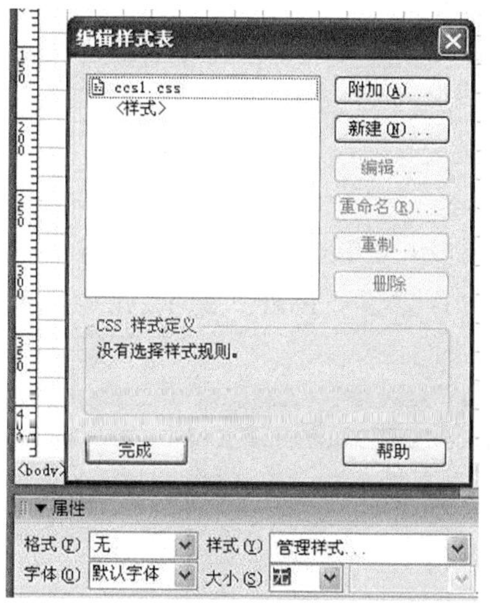

图 5-3 “编辑样式表”对话框

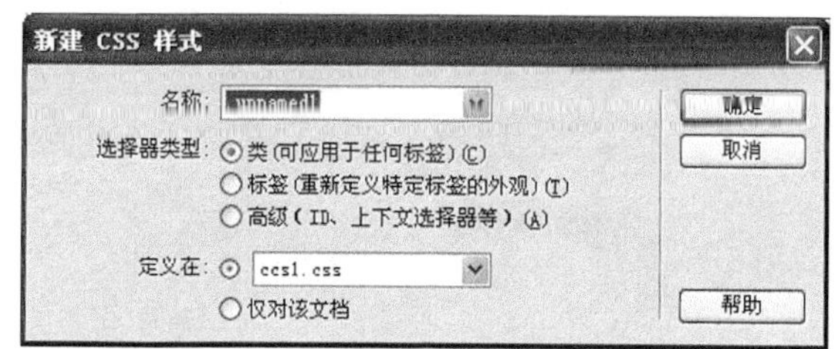

图 5-4 “新建 CSS 样式”对话框

2. 定义 CSS 样式的类型

在 Dreamweaver 中样式的类型主要有自定义 CSS 样式、HTML 标签样式和高级 3 种。

自定义 CSS 样式：又称为类样式。若要创建自定义样式，可在“新建 CSS 样式”对话框的“选择器类型”单选按钮组中选择“类”，然后在“名称”文本框中输入样式名称。类名称必须以点号开头，并且可以包含任何字母和数字组合，例如.myccs1。如果没有输入开头的点号，Dreamweaver 将自动以“.unnamed1”、“.unnamed2”等作为新建 CSS 样式名称。

HTML 标签样式：重定义特定标签的格式，例如重定义标题标签 h1。创建或更改选定标签的 CSS 样式时，所有用该标签设置了格式的文本都立即更新。若要重定义特定 HTML 标签的默认格式，可在“选择器类型”单选按钮组中选择“标签”，然后在“标签”文本框输入一个 HTML 标签，或从弹出式菜单中选择一个标签。

高级：若要为具体某个标签组合或所有包含特定 ID 属性的标签定义格式，可在“选择器类型”单选按钮组中选择“高级”，然后在“选择器”文本框中输入一个或多个 HTML 标签，或从弹出式菜单中选择一个标签。弹出式菜单中提供的选择器(称作伪类选择器)包括 a:active、a:hover、a:link 和 a:visited。

3. 选择定义样式的位置

CSS 样式可以驻留的位置有外部 CSS 样式表和内部 CSS 样式表。外部 CSS 样式表是一系列存储在独立的扩展名为.css 的外部文件(并非 HTML 文件)中的 CSS 样式。该 CSS 样式文件利用文档 HTML 代码的<head>部分中的链接，链接到 Web 站点中的一页或多页上。内部(或称嵌入式)CSS 样式表是在当前文档中嵌入样式，是一系列包含在文档 HTML 代码的<head>部分的<style>标签内的 CSS 样式。

若要创建外部 CSS 样式表，可在“新建 CSS 样式”对话框的“定义在”右边的单选按钮组中单击第一个单选按钮，并在下拉框中选择“新建样式表文件”。若创建内部 CSS 样式表，可在当前文档中嵌入样式，单击“仅对该文档”按钮。

4. 设置 CSS 样式的样式选项

在完成了对“新建 CSS 样式”对话框中各项的设置后，可单击“确定”按钮，将出现图 5-5所示的“CSS 样式定义”对话框。选择要为新 CSS 样式设置的样式选项，设置完相关属性后，单击“确定”按钮，即可完成 CSS 样式的创建。

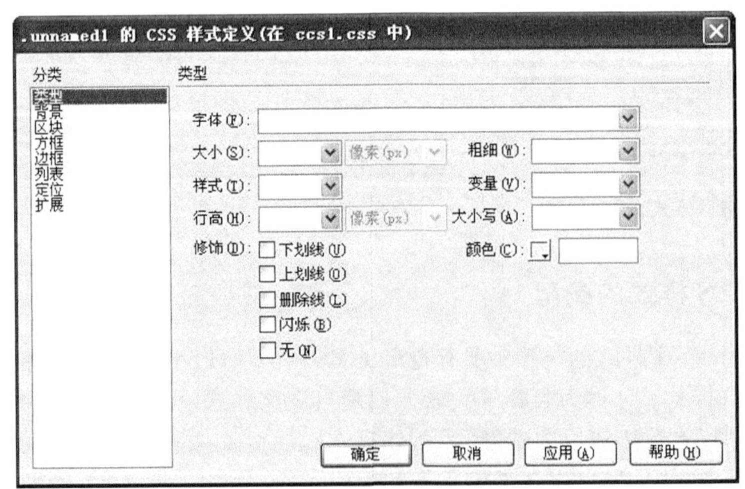

图 5-5 “CSS 样式定义”对话框

5.2 CSS 样式定义的选项说明

CSS 样式定义包括 8 类，这 8 类又各自包括若干选项，本节对这些选项作详细说明。

5.2.1 “类型”分类

如图 5-5 所示，使用“CSS 样式定义”对话框中的“类型”类别可以定义 CSS 样式的基本字体和类型设置。

“字体”、“大小”、“样式”和“颜色”：可分别为样式设置字体、字号、文本样式和颜色。

“行高”：设置文本所在行的高度。选择“正常”则自动计算字体大小的行高，或输入一个确切的值并选择一种度量单位。比较直观的写法是用百分比表示，例如 200%是指行高等于文字大小的 2 倍。

“修饰”：向文本中添加下划线、上划线或删除线，或使文本闪烁。正常文本的默认设置是“无”。

“粗细”：对字体应用特定或相对的粗体量。“正常”等于 400；“粗体”等于 700。

“变量”：设置文本的小型大写字母变量。Dreamweaver 不在“文档”窗口中显示该属性。Internet Explorer 支持变量属性，而 Navigator 不支持该属性。

“大小写”：将选定内容中的每个单词的首字母大写或将文本设置为全部大写或小写。

5.2.2 “背景”分类

“背景”类别可以定义 CSS 样式的背景设置，如图 5-6 所示，可以对网页中的任何元素应用背景属性。例如，创建一个样式，将背景颜色或背景图像添加到任何页面元素中，比如在文本、表格和页面等的后面。还可以设置背景图像的位置。

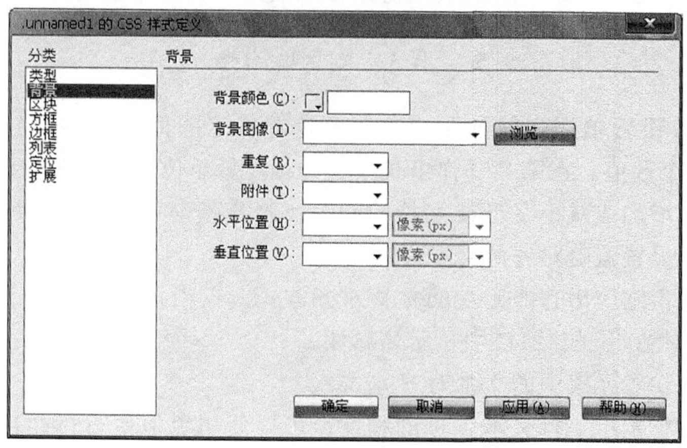

图 5-6 样式定义“背景”分类

"背景颜色"和"背景图像"：用于设置对象的背景颜色和图像。若同时为一个对象设置了背景颜色和图像，则 Dreamweaver 会优先显示背景图像。

"重复"：确定当背景图像的尺寸小于对象尺寸时，是否以及如何重复背景图像。有以下若干选项："不重复"，在元素开始处显示一次图像；"重复"，在元素的后面水平和垂直平铺图像；"横向重复"和"纵向重复"分别显示图像的水平带区和垂直带区。图像被剪裁以适合元素的边界。

"附件"：确定背景图像是固定在它的原始位置还是随内容一起滚动。注意，某些浏览器可能将"固定"选项视为"滚动"。

"水平位置"和"垂直位置"：指定背景图像相对于元素的初始位置。这可以用于将背景图像与页面中心垂直和水平对齐。如果附件属性为"固定"，则位置相对于"文档"窗口而不是元素。

5.2.3 "区块"分类

使用"CSS 样式定义"对话框的"区块"类别可以定义标签和属性的间距和对齐设置。"区块"分类如图 5-7 所示。

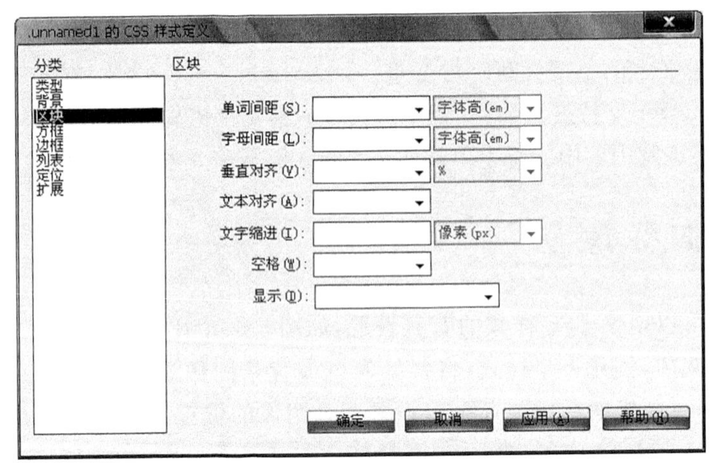

图 5-7　样式定义"区块"分类

"单词间距"：设置单词之间的距离。若要设置特定的值，可在弹出式菜单中选择"值"，然后输入一个数值。在第二个弹出式菜单选择度量单位（例如像素、点等）。

"字母间距"：增加或减小字母或字符的间距。若要减少字符间距，可指定一个负值（如-4）。字母间距设置覆盖对齐的文本设置。

"垂直对齐"：指定应用它的元素的垂直对齐方式。仅当该属性应用于<img>标签时，Dreamweaver 才在"文档"窗口中显示该属性。

"文本对齐"：设置元素中的文本对齐方式。

"文本缩进"：指定第一行文本缩进的程度。可以使用负值使首行凸出，但显示效果取决于浏览器。仅当标签应用于块级元素时，Dreamweaver 才在"文档"窗口中显示该属性。

“空格”：确定如何处理元素中的空白。从下面 3 个选项中选择：“正常”，收缩空白；“保留”，其处理方式与文本被括在<pre>标签中一样（即保留所有空白，包括空格、制表符和回车）；“不换行”，指定仅当遇到
标签时文本才换行。Dreamweaver 不在“文档”窗口中显示该属性。

“显示”：指定是否以及如何显示元素。选项“无”表示关闭它所指定的元素的显示。

5.2.4 “方框”分类

使用“CSS 样式定义”对话框的方框类别可以为控制元素在页面上的放置方式的标签和属性定义设置。如图 5-8 所示，可以在应用填充和边距设置时将设置应用于元素的各个边，也可以使用“全部相同”设置将相同的设置应用于元素的所有边。

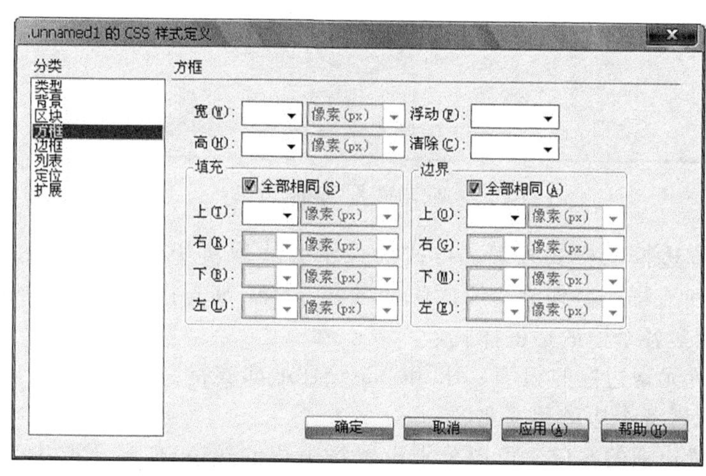

图 5-8　样式定义“方框”分类

“宽”和“高”：设置元素的宽度和高度。宽和高定义的对象多为图片、表格和层等。

“浮动”：设置元素浮动方式（如文本、层和表格等）。其他元素按通常的方式环绕在浮动元素的周围。

“清除”：不允许元素的浮动。有以下 4 个选项。“左对齐”：表示不允许左边有浮动对象；“右对齐”：表示不允许右边有浮动对象；“两者”：表示允许两边都可以有浮动对象；“无”：不允许有浮动对象。IE 和 Navigator 都支持“清除”属性。

“填充”：指定元素内容与元素边框（如果没有边框，则为边距）之间的间距。取消选择“全部相同”选项可设置元素各个边的填充。“全部相同”：将相同的填充属性应用于元素的“上”、“右”、“下”和“左”侧。

“边界”：指定一个元素的边框（如果没有边框，则为填充）与另一个元素之间的间距。仅当应用于块级元素（段落、标题和列表等）时，Dreamweaver 才在“文档”窗口中显示该属性。取消选择“全部相同”可设置元素各个边的边距。“全部相同”：将相同的边距属性应用于元素的“上”、“右”、“下”和“左”侧。

5.2.5 “边框”分类

使用“CSS 样式定义”对话框的“边框”类别可以定义元素周围的边框的设置，如宽度、颜色和样式，如图 5-9 所示。

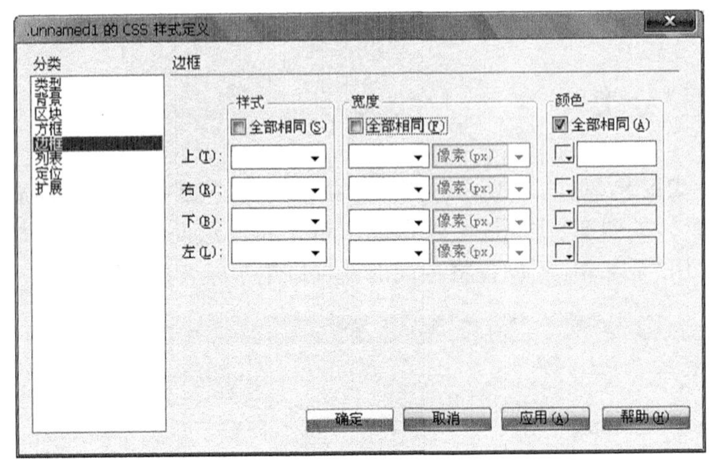

图 5-9　样式定义“边框”分类

“样式”：设置边框的样式外观。样式的显示方式取决于浏览器。Dreamweaver 在“文档”窗口中将所有样式呈现为实线。IE 和 Navigator 都支持样式属性。取消选择“全部相同”可设置元素各个边的边框样式。

“宽度”：设置元素边框的粗细。IE 和 Navigator 都支持“宽度”属性。取消选择“全部相同”可设置元素各个边的边框宽度。

“颜色”：设置边框的颜色。可以分别设置每个边的颜色，但显示取决于浏览器。取消选择“全部相同”可设置元素各个边的边框颜色。

5.2.6 “列表”分类

“CSS 样式定义”对话框的“列表”类别为列表标签定义列表设置(如项目符号大小和类型)。“列表”分类如图 5-10 所示。

“类型”：设置项目符号或编号的外观。IE 和 Navigator 都支持“类型”。

“项目符号图像”：可以为项目符号指定自定义图像。单击“浏览”按钮选择图像或键入图像的路径。

“位置”：设置列表项文本是否换行和缩进以及文本是否换行到左边距。

5.2.7 “定位”分类

“定位”样式属性使用“层”首选参数定义层的默认标签，将标签或所选文本块更改为新层。“定位”分类如图 5-11 所示。

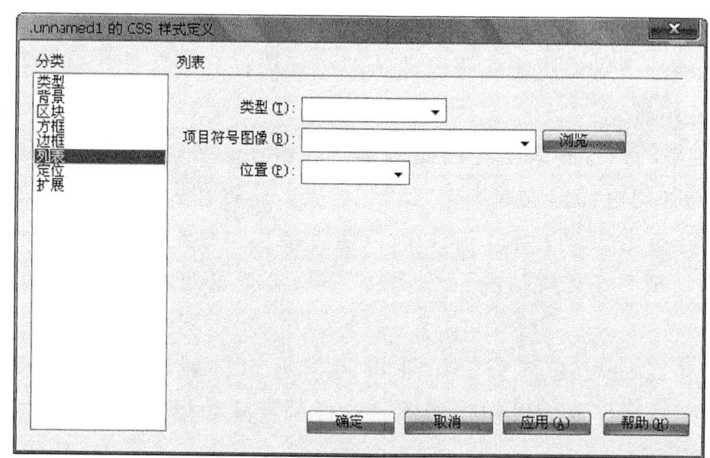

图 5-10 样式定义“列表”分类

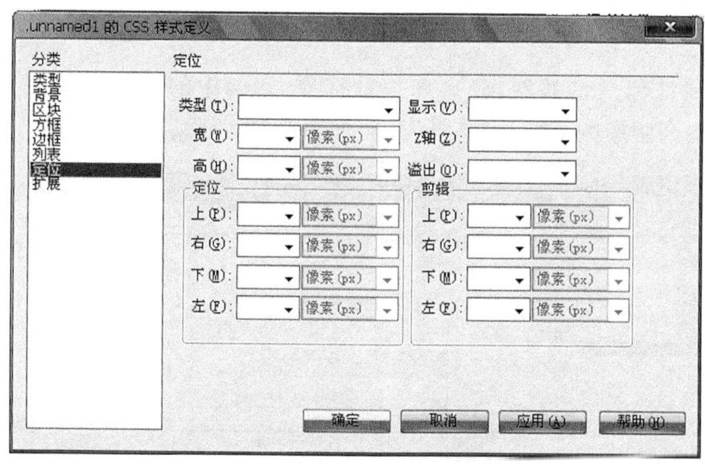

图 5-11 样式定义“定位”分类

“类型”：确定浏览器应如何来定位层，有“绝对”、“相对”和“静态”3 个选项。“绝对”，使用“定位”框中输入的坐标(相对于页面左上角)来放置层；“相对”，使用“定位”框中输入的坐标(相对于对象在文档的文本中的位置)来放置层。该选项不显示在“文档”窗口中；“静态”：将层放在它在文本中的位置。

“显示”：确定层的初始显示条件。如果不指定可见性属性，则默认情况下大多数浏览器都继承父层的值。其选项包括：“继承”，指定继承父层的可见性属性，如果层没有父层，则它将是可见的；“可见”，显示该层的内容，而不管父层的值是什么；“隐藏”，隐藏这些层的内容，而不管父层的值是什么。

“Z 轴”：确定层的堆叠顺序。编号较高的层显示在编号较低的层的上面。值可以为正，也可以为负。注意：若要改变层的堆叠顺序，使用“层”面板更改更容易。

“溢出”：确定在层的内容超出它的大小时的处理方法，此仅限于 CSS 层。其选项包括：“可见”，增加层的大小，使它的所有内容均可见，层向右下方扩展；“隐藏”，保持层的大小并剪辑任何超出的内容，不提供任何滚动条；“滚动”，在层中添加滚动条，不论内容是否超出层的大小，该选项仅适用于支持滚动条的浏览器；“自动”，使滚动条仅在层的内容超出它的边界时才出现。

“定位”：指定层的位置和大小。例如当鼠标停留在超级链接上时，层上移 8 像素的效果。效果浏览器如何解释位置取决于“类型”设置。位置和大小的默认单位是像素。对于 CSS 层，还可以指定下列单位：pc（十二点活字）、pt（点）、in（英寸）、mm（毫米）、cm（厘米）、ems、exs 或 %（父层值的百分比）。缩写必须紧跟在值之后，中间不留空格，如 3mm。

“剪辑”：定义层的可见部分。如果指定了剪辑区域，可以通过脚本语言（如 JavaScript）访问它，并操作属性以创建像擦除这样的特殊效果。通过使用“改变属性”行为可以设置这些擦除效果。

5.2.8 “扩展”分类

“扩展”样式属性包括过滤器、分页和指针选项，它们中的大部分效果仅受 Internet Explorer 4.0 和更高版本的支持。“扩展”分类如图 5-12 所示。

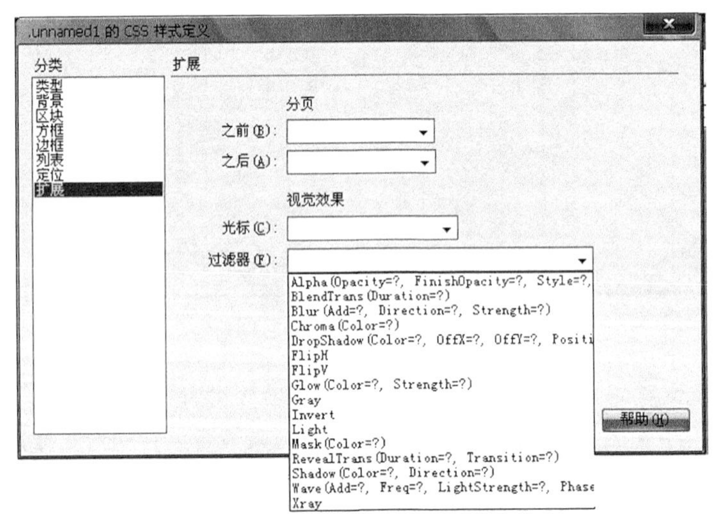

图 5-12 样式定义“扩展”分类

“分页”：若选中该项，则在打印期间在样式所控制的对象之前或者之后强行分页。选择要在弹出式菜单中设置的选项。

“光标”：用来设置光标显示属性设置。当指针位于样式所控制的对象上时改变指针图像。可选择弹出式菜单进行设置。它的详细列表和相关说明如图 5-13 所示。

“过滤器”：又称 CSS 滤镜，对样式所控制的对象应用特殊效果。它把我们带入绚丽多姿的世界。正是有了滤镜属性，页面才变得更加漂亮。Dreamweaver 扩展类过滤器嵌入 16 项样式属性，可以根据实际需要从“过滤器”弹出式菜单中选择并加以设置。在弹出式菜单的选项中包含“?”号，这些问号表示要求设计者用具体的值来代替。图 5-14 列出了 16 项滤镜及说明。

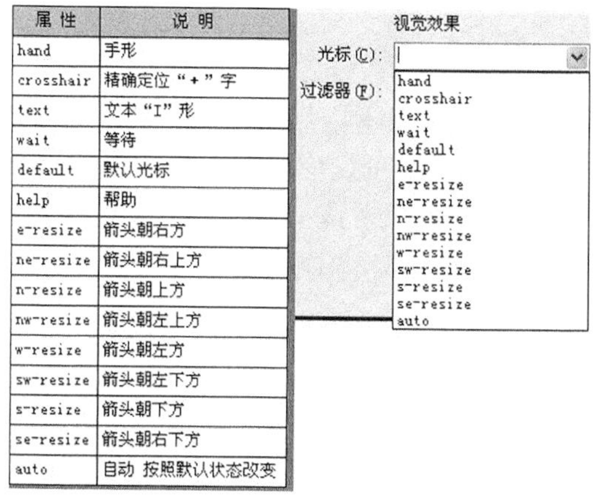

属 性	说 明
hand	手形
crosshair	精确定位“+”字
text	文本“I”形
wait	等待
default	默认光标
help	帮助
e-resize	箭头朝右方
ne-resize	箭头朝右上方
n-resize	箭头朝上方
nw-resize	箭头朝左上方
w-resize	箭头朝左方
sw-resize	箭头朝左下方
s-resize	箭头朝下方
se-resize	箭头朝右下方
auto	自动 按照默认状态改变

图 5-13 “光标”弹出菜单项说明

滤 镜	说 明
Alpha	透明的渐进效果
BlendTrans	淡入淡出效果
Blur	风吹模糊的效果
Chroma	指定颜色透明
DropShadow	阴影效果
FlipH	水平翻转
FlipV	垂直翻转
Glow	边缘光晕效果
Gray	彩色图片变灰度图
Invert	底片的效果
Light	模拟光源效果
Mask	矩形遮罩效果
RevealTrans	动态效果
Shadow	轮廓阴影效果
Wave	波浪扭曲变形效果
Xray	X光照片效果

图 5-14 CSS 的 16 项滤镜及说明

5.3 CSS 样式应用实例

本节将应用一个实例来进一步认识 CSS，如图 5-15 所示为第 2 章中的“厦门新貌”站点的“厦门概况”页面，下面就对此页面利用 CSS 样式进行美化。

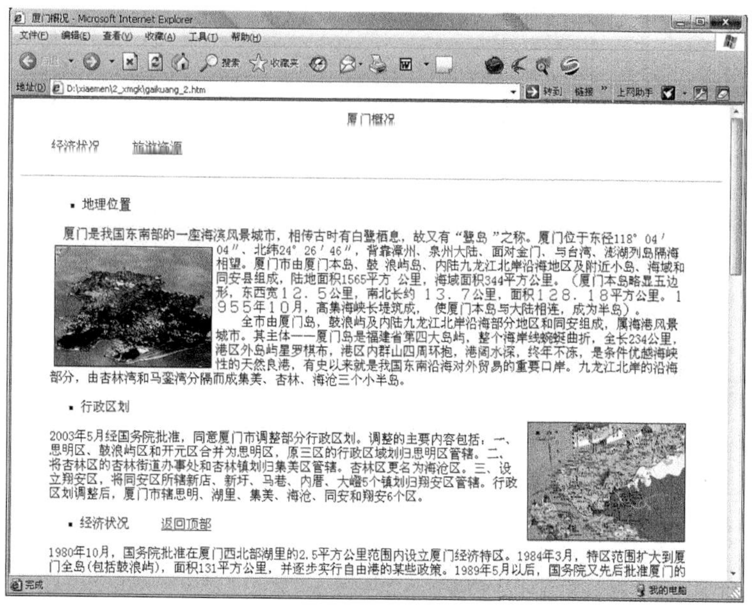

图 5-15 “厦门概况”网页原始页面

5.3.1 自定义 CSS 样式

1. 创建自定义 CSS 样式

单击 CSS 样式浮动面板下方的"新建 CSS 样式"按钮，打开如图 5-16 所示的"新建 CSS 样式"对话框。选择"选择器类型"为类，这是唯一可以应用于文档中的任何文本的 CSS 样式类型；定义名称为". title"，选择"定义在"为"仅对该文档"，在当前文档中嵌入样式；单击"确定"按钮后，会弹出图 5-17 所示的". title 的 CSS 样式定义"对话框。

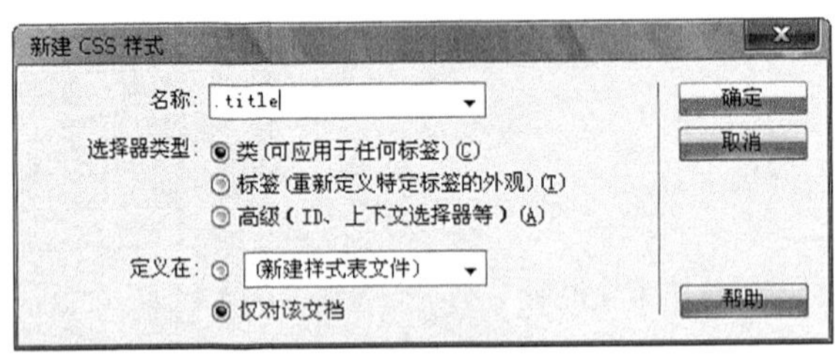

图 5-16 "新建 CSS 样式"对话框

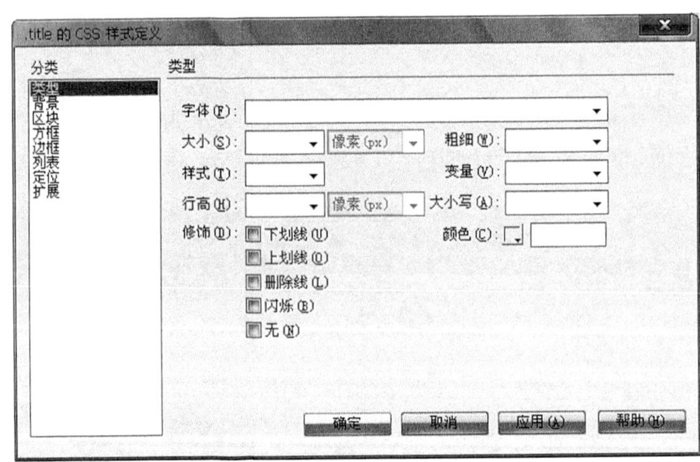

图 5-17 ". title 的 CSS 样式定义"对话框

2. 设定样式

在图 5-17 的对话框中，首先设置字体，本例中选择"字体"为"黑体"，如果在字体列表中没有需要的字体，则需要单击"编辑字体列表"项来添加字体；"大小"设置为"46px"，"颜色"设置为"黑色"。然后单击"确定"按钮，则在 CSS 样式面板中将新出现"title"的样式。

3. 应用样式

样式设定完后，需要进行样式的应用。在文档窗口中选中"厦门概况"，然后在 CSS

样式面板中的“title”上右击鼠标，在弹出的菜单中选择“套用”，如图 5-18 所示，这样，样式就被应用到了文字上，如图 5-19 所示。

按照同样的方法，可以为下面的段落文字设定样式。新建一个名为“. text”的样式，在“类型”分类中设定“字体”为仿宋_GB2312、“大小”为 16px、“颜色”为黑色；在“区块”分类中设定“字母间距”为 2px、“文字缩进”为 20 点数。然后单击“确定”，则在 CSS 样式面板中将出现“text”的新样式。与标题部分应用样式的方法相同，对段落文字应用样式“. text”，其效果如图 5-20 所示。

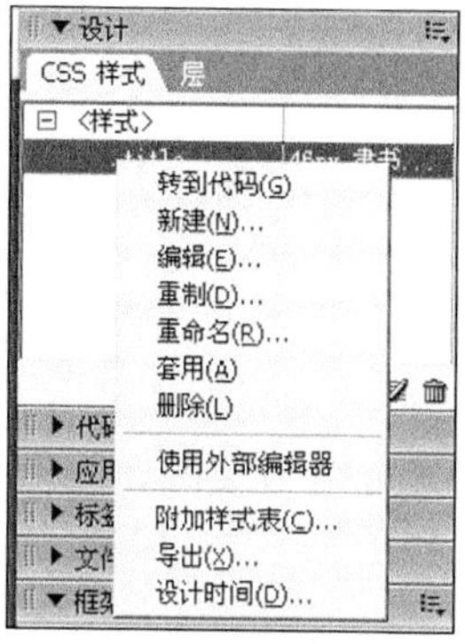

图 5-18　选择“套用”命令

图 5-19　“title”样式的应用

图 5-20　“厦门概况”网页当前效果

4. 将自定义样式从选定内容中删除

选择要从其中删除样式的对象或文本。执行下列操作之一。

(1) 在文本属性面板中，从“样式”弹出式菜单中选择“无”。

(2) 在“相关 CSS”选项卡中右击要删除的已应用规则，然后从上下文菜单中选择“设置类”/“无”。

5.3.2 新建 HTML 标签样式

单击 CSS 样式浮动面板下方的“新建 CSS 样式”按钮，打开“新建 CSS 样式”对话框。选择“选择器类型”为“标签(重新定义特定标签的外观)”，由括号内的说明即可知，此选项能够对指定的标签重新进行样式的设定，但要想新建 HTML 标签样式表就必须了解常用的 HTML 标签的含义；从“标签”的弹出式菜单中选择无序列表标签“li”；选择“定义在”为“仅对该文档”，在当前文档中嵌入样式；单击“确定”按钮后，会弹出“. Li 的 CSS 样式定义”对话框。

在“类型”分类中设定“字体”为仿宋_GB2312、“大小”为 16px、“颜色”为黑色；在“区块”分类中设定“字母间距”为 2px；在“列表”分类中“项目符号图像中”选择站点文件夹 xiamen 下的 2_xmgk\Images\lyb_from. gif。最后单击“确定”，则在 CSS 样式面板中将出现“li”的新样式。与标题部分应用样式的方法相同，对各个列表项应用样式“. li”，其效果如图 5-21 所示。

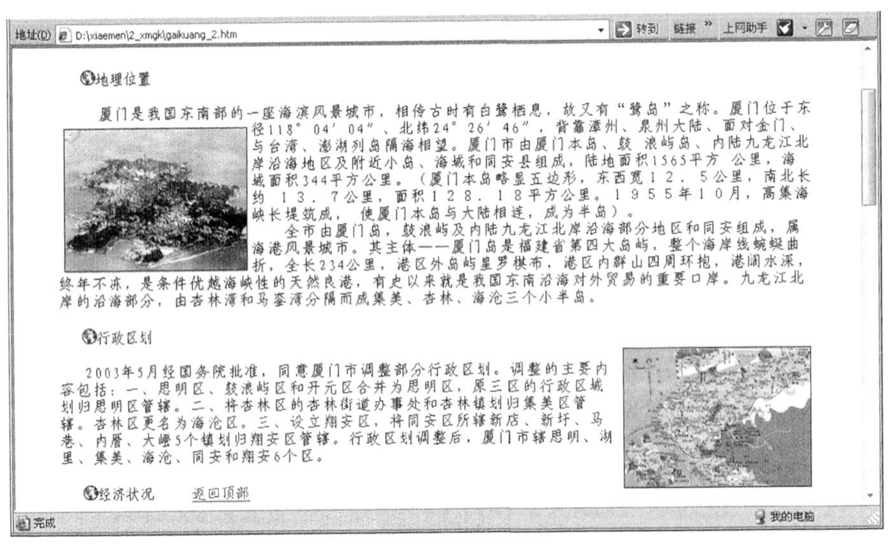

图 5-21 “厦门概况”网页当前效果

5.3.3 新建高级样式

“高级(ID、上下文选择器等)”选项可以对指定的标签组合进行样式设置。

1. 修改超级链接样式

要修改超级链接样式，可在“新建 CSS 样式”对话框中选择“高级”，然后在“选择器”弹出式菜单中选择其中一个选项。选项有“a:link”、“a:active”、“a:hover”和“a:visited”。

其中："a:link"，控制网页中超级链接文本的普通状态外观；"a:active"，控制当前活动的超级链接文本的外观；"a:hover"，控制鼠标悬停状态下超级链接文本的外观；"a:visited"：控制已经访问的超级链接文本的外观。网页中默认的超级链接文本的普通状态外观是"颜色＝蓝色"、"修饰＝下划线"。鼠标移动到超级链接上时显示为手形。访问过后文本颜色变为紫色。

下面对文档中"经济状况"等超级链接样式进行修改。在此规定，默认的超级链接为黑色、仿宋_GB2312、16px、无下划线；鼠标经过链接为红色、仿宋_GB2312、16px、有下划线；访问过的链接是暗红色、仿宋_GB2312、16px、无下划线。

首先在"新建 CSS 样式"对话框中选择"选择器类型"为高级(ID、上下文选择器等)；选择"选择器"为"a:link"；选择"定义在"为"仅对该文档"；单击"确定"按钮后，在弹出的"a:link 的 CSS 样式定义"对话框中按照前面的要求设定文字的属性，注意一定要将"类型"分类中的"修饰"定义为"无"，代表没有下划线。

重复上面的步骤，为鼠标经过超级链接、访问过后的超级链接按照要求设置各种信息。不同的是在"新建 CSS 样式"对话框中的"选择器"定义为"a:hover"、"a:visited"。修改超级链接样式后，其效果如图 5-22 所示。

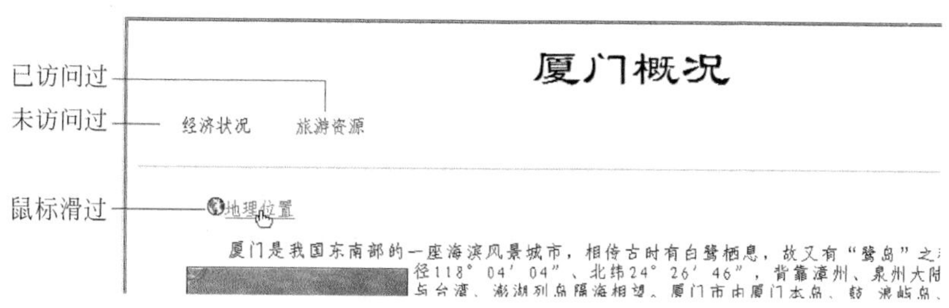

图 5-22 "厦门概况"修改超级链接样式后的效果

新建 HTML 标签、高级样式与自定义 CSS 样式在应用样式上的区别在于：新建 HTML 标签和高级样式后，新样式会自动应用到文档中的相关网页元素上，而自定义 CSS 样式则必须用"套用"命令将新样式应用到选定的网页元素上。

2. 修改特定标签组合的样式

当在"新建 CSS 样式"对话框中选择"高级(ID、上下文选择器等)"单选按钮，CSS 选择器样式将重定义特定标签组合的格式，例如在表格的某个单元格中有一级标题，它的标签组合为＜td＞＜tr＞，要对它的格式进行修改，则应该在"新建 CSS 样式"对话框的选择器中输入"td h1"，如图 5-23 所示。其他工作与"新建 HTML 标签"相同。

5.3.4 样式的编辑

CSS 样式设定好后，往往在某些情况下或许会需要对样式重新进行编辑，则可在 CSS 浮动面板中选定要编辑的样式，单击面板右下角的"编辑样式表"按钮就可以对样式进行编辑了，如图 5-24 所示。

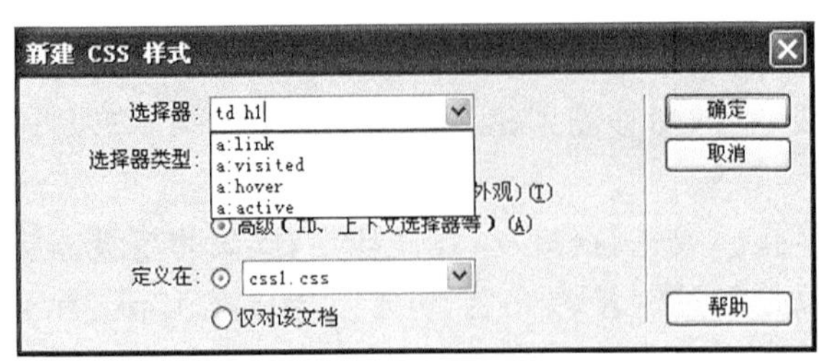

图 5-23　修改组合样式对话框

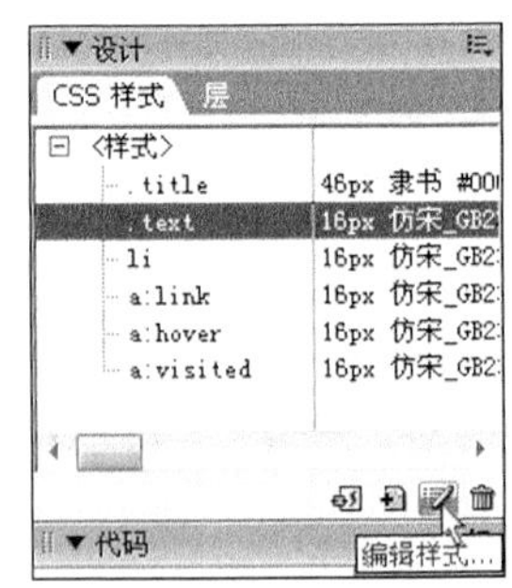

图 5-24　编辑样式

5.3.5　更多 CSS 的设定

接下来对表单、背景和图片的滤镜效果进行 CSS 设定，需要采用自定义样式。

1. 设定背景和边框

单击 CSS 样式浮动面板下方的“新建 CSS 样式”按钮，打开“新建 CSS 样式”对话框。选择“选择器类型”为类；定义名称为“. biank”，选择“定义在”为“仅对该文档”；单击“确定”按钮后，会弹出“. biank 的 CSS 样式定义”对话框。

在“背景”分类中为其设定背景图像，选择“重复”为“重复”；在“边框”分类中的设置如图 5-25 所示。然后单击“确定”按钮，则在 CSS 样式面板中将新出现“. biank”的新样式。应用样式后，其效果如图 5-26 所示。

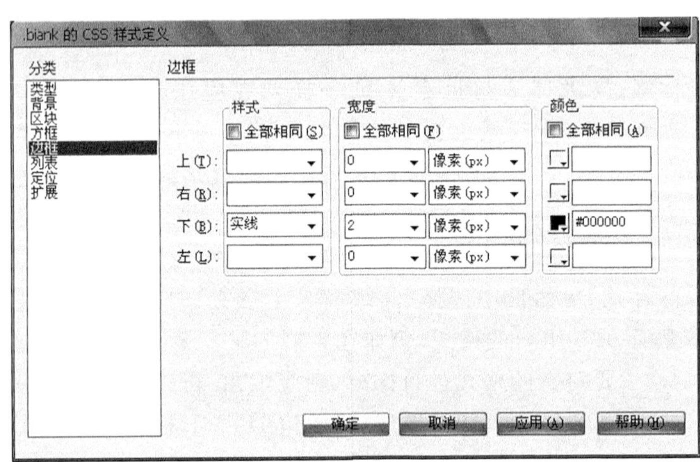

图 5-25　设定边框

2. “光标”的修改

“光标”属性用于当指针位于样式所控制的对象上时改变指针显示的图像。

在本章前面已经设置了“a:hover”的组合标签样式。本节将对该样式进行编辑，增加

图 5-26　应用 CSS 样式前后背景和边框效果

“扩展”分类中的“光标”属性，使得鼠标停留在超级链接文本上时，鼠标的光标呈现恐龙形状。

要创建网页自定义光标，可按以下步骤操作。

(1) 编辑样式。在样式面板中右键单击“a:hover”样式，在弹出菜单中选择“编辑”选项，打开样式编辑对话框。

(2) 在打开的样式定义对话框中选择“扩展”分类。若光标采用样式预先定义的形式，则只要在“光标”下拉文本框中选择其中一种。若要使用某个光标文件(扩展名为.ani)，则首先必须先把该光标文件复制到与网页文件相同的路径内，然后在“光标”下拉文本框内输入 url('光标文件名.ani')。例如，本例首先将系统盘“windows\Cursors”目录下的光标文件(在该目录下有许多光标文件，如“C:\WINDOWS\Cursors\dinosaur.ani”)复制到与网页文件相同的路径内，然后在“光标”下拉文本框内输入 url('dinosaur.ani')。

(3) 单击“确定”按钮，完成 CSS 样式的设置。

5.4　使用外部 CSS

在进行网页设计时，如果网站中的大多数页面中应用了相同的样式表，则可以将这个样式表保存成以.css 为扩展名的样式表文件，然后使用 Dreamweaver 中的连接到外部样式表的功能，将样式运用到多个网页文件中，这样既可以降低制作的工作量，又可以节省空间并提高传送速度。

5.4.1　创建外部 CSS

假设刚才创建的页面样式需要应用到多个文档中，要实现这一功能有两种方法。其一是在创建样式时在图 5-27 所示的“新建 CSS 样式”对话框中选择“定义在”为“新建样式

图 5-27　“新建 CSS 样式”对话框

表文件”，然后将此.css样式单独存盘。其二是可以从文档中导出样式来创建新的CSS样式表，然后，可以链接到其他文档提供应用。单击CSS浮动面板右上角的菜单按钮 ，在弹出的菜单中选择“导出”命令，打开“另存为”对话框，可以保存为.css样式表文件。

5.4.2 使用外部CSS

在需要用到保存好的样式表文件的页面中，单击CSS浮动面板右下角的“附加样式表”按钮，如图5-28所示。然后以链接的方式将刚才导出的CSS文件导入到当前页面，如图5-29所示。这样，所有的样式都会被附加到新的页面。

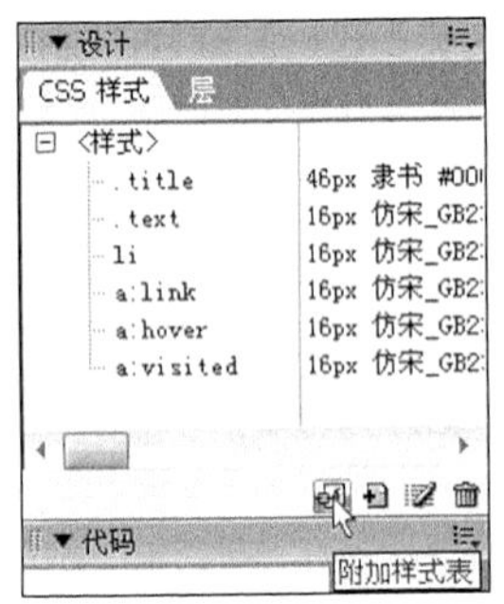

图5-28 附加样式表

图5-29 “链接外部样式表”对话框

思考与练习

5.1 名词解释

CSS样式　　自定义样式　　HTML标签样式　　外部CSS样式　　内联样式

5.2 使用CSS样式表有什么好处？

5.3 如何链接一个CSS文件？

5.4 CSS全称是什么？它的优点是什么？利用CSS如何对文字进行格式化？

5.5 CSS样式与HTML样式有何不同？

5.6 在新建样式对话框中CSS样式可为哪几种类型？

5.7 CSS样式在“样式定义”对话框中有几种分类？

5.8 操作题

(1) 设计一个内嵌式CSS样式，并用于“厦门概况”网页的文本。

(2) 打开一个做了链接的普通网页，并为之添加文字链接的动态效果。

(3) 创建一个外部CSS样式文件，并将之应用于两个以上的网页。

(4) 用层叠样式表面板创建一个名为“myfont”的自定义样式，这个样式要求字体为黑体，大小为10pt，颜色为黑色。创建完成后将其应用到网页中的任意一段文本上。

第 6 章

网站的规划与设计

［本章学习目标］

网站的规划与设计可分为网站定位、内容收集、栏目规划、目录结构设计、网站标志设计、风格设计和导航系统设计 7 个方面。本章的学习目标是：通过理论学习和实例介绍，了解网站的风格及其设计方法，掌握网站的栏目规划、导航系统设计、模板与库的应用等方面的内容。

在网页制作的过程中，容易犯的错误是：确定网站主题后立刻开始制作。当一页一页制作完毕后才发现：网站结构不清晰，目录庞杂，内容东一块西一块。结果不但用户看得糊涂，自己升级和维护网站也相当困难。所以，在网站建设之前，需要对网站进行一系列的分析和估计，然后根据分析的结果提出合理的建设方案，这就是网站的规划与设计。规划与设计非常重要，它不仅是后续建设步骤的指导纲要，也是直接影响网站发布后是否能成功运行的主要因素。网站的规划与设计可分为网站定位、内容收集、栏目规划、目录结构设计、网站标志设计、风格设计和导航系统设计 7 个方面。本章将重点介绍网站栏目规划、风格设计、导航系统设计、模板与库的应用方面的内容。

6.1 网站的栏目规划

栏目规划的主要任务是对所搜集的大量内容进行有效的筛选，并将它们组织成一个合理的便于理解的逻辑结构。成功的栏目规划不仅能给用户的访问带来极大的便利，帮助用户准确地了解网站所提供的内容和服务，快速地找到自己感兴趣的网页，而且能帮助网站管理员对网站进行更为有效的管理。在介绍如何进行栏目规划之前，我们先简单介绍一下逻辑结构的基本知识。

6.1.1 逻辑结构介绍

不同网页之间具有一定的逻辑关系，比如先后关系、包含关系和并列关系等，多个网页按照它们之间的逻辑关系组织在一起就构成了各种逻辑结构。在现在的网站中，最常见的逻辑结构是树型结构，其次是线型结构和混合型结构。

1. 线型结构

线型结构是最简单的逻辑结构，如图 6-1 所示，它将多个网页按照一定的先后顺序链接起来，使用户在没有完成上一个网页的访问之前无法进入下一个网页。

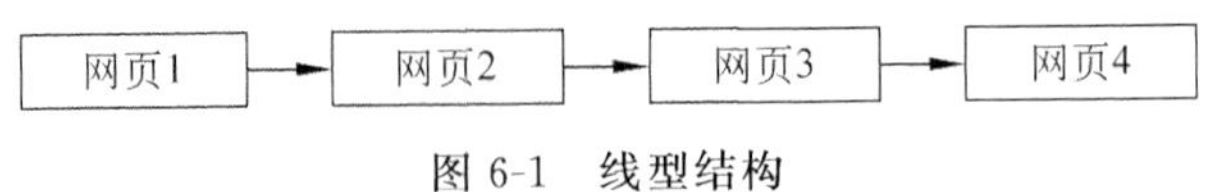

图 6-1　线型结构

线型结构最常用于需要按步骤进行的栏目上，比如用户注册、建立订单、教程等。如图 6-2 所示为一个典型的用户注册的例子，从这个图可以看出，一个新用户要完成注册需要经历 4 个步骤，而且必须按顺序进行，否则就不能完成注册。

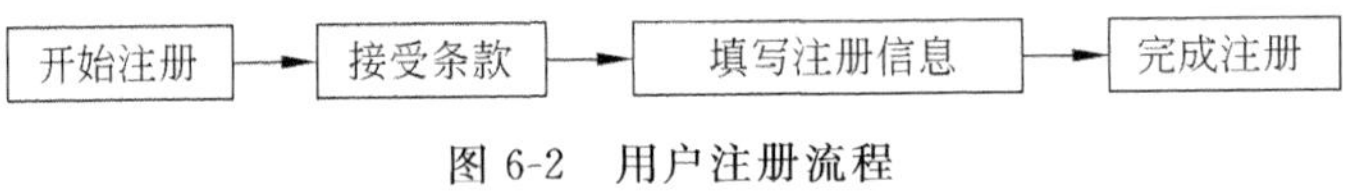

图 6-2　用户注册流程

又如在当当网或亚马逊网购买图书和音像制品等，也必须按顺序进行选择商品、确认购物车、填写订单和生成订单 4 个步骤，如图 6-3 所示。

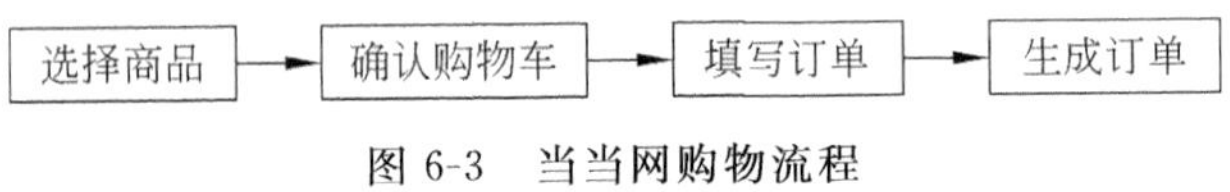

图 6-3　当当网购物流程

图 6-1 所示的只是最简单的线型结构，在这个基础上进行扩展可以演变出更具灵活性的线型结构，以满足各种不同的需求。如图 6-4 所示的带选择的线型结构，可以根据用户的选择来访问下一个页面。又比如图 6-5 所示的带选项的线型结构，可以让用户直接跳转到后面步骤以加快任务的完成。

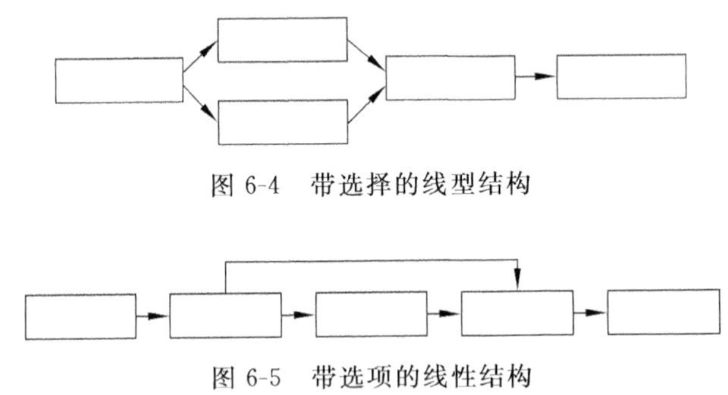

图 6-4　带选择的线型结构

图 6-5　带选项的线性结构

2. 树型结构

相对于按先后顺序组织而成的线型结构。树型结构是按网页之间的包含关系组织而成的。图 6-6 所示的就是一个典型的树型结构，它很像一棵倒置的树。树型结构简单直观，能将所有的内容规划得非常的清晰而且便于理解，所以几乎所有的网站都采用这种结构进行总体的栏目规划，即将所有的内容先分成若干个大栏目，然后再将每个大栏目细分成若干个小栏目，以此类推，直到不用再细分为止。树型结构的不足是用户如果要访问最底层的网页就不得不按照层次从上到下一层一层访问。如果树型结构的层次太深，比如5层或6层，所带来的麻烦就大大降低了树型结构所具有的优点。又比如图6-7所示的例子，用户想从网页A转到网页B，很可能不得不先从网页A一级一级地返回到网页C，然后再一级一级地往下直到网页B。

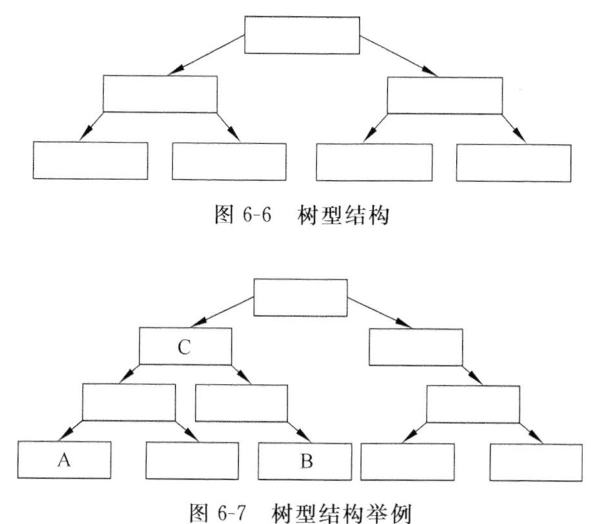

图 6-6　树型结构

图 6-7　树型结构举例

所以太深的树型结构反而会带来很多不良的影响，最好的深度就是3层，最多不能超过5层。另外，建立一个良好的导航系统也可以弥补树型结构这方面的不足。有关导航系统的设计会在本章6.3节详细的介绍。

3. 混合型结构

如图6-8所示，混合型结构是指多个网页相互之间都有超级链接的一种结构，这些网页可以是树型结构上的任一网页，但是因为导航的需要或者内容上的相关性而链接在一起。

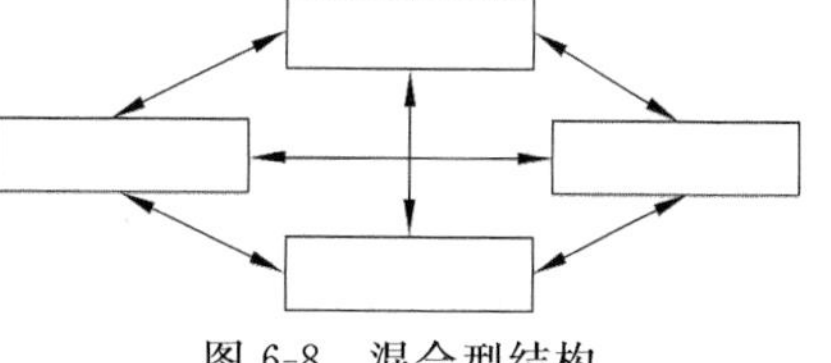

图 6-8　混合型结构

比如第1章中的介绍过的“首都之窗”网站(www.beijing.gov.cn)，它的导航栏就出现在主页和所有栏目的首页之中，它们之间就形成一个混合型结构，这样用户在任何网页上访问时，都可以通过这个结构一步切换到其他栏目的网页之上。

又如图6-9所示的“海都资讯网”的某个新闻网页，这个网页的下方设置了到其他具有相关内容的网页的超级链接，其他网页的情况也一样。所以在这些网页之间就形成了一个简单的混合型结构，使得用户在浏览某个网页的时候能够非常方便地跳转到相关网页以便继续浏览。

混合型结构的实现就是在所有相关的网页上的保留到其他网页的超级链接。这种结构使得用户能更方便地在网站上浏览的同时带来一个数量庞大的超级链接的问题。可以

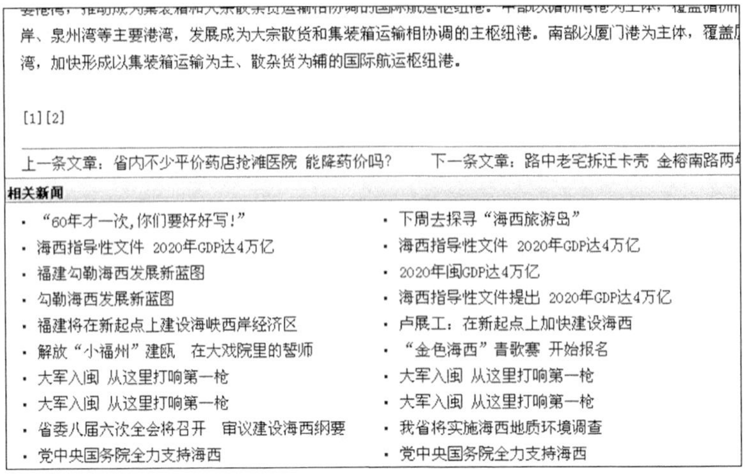

岸、泉州湾等主要港湾，发展成为大宗散货和集装箱运输相协调的主枢纽港。南部以厦门港为主体，覆盖
湾，加快形成以集装箱运输为主、散杂货为辅的国际航运枢纽港。

[1] [2]

上一条文章：省内不少平价药店抢滩医院 能降药价吗？　　下一条文章：路中老宅拆迁卡壳 金榕南路两

相关新闻

- "60年才一次,你们要好好写!"
- 下周去探寻"海西旅游岛"
- 海西指导性文件 2020年GDP达4万亿
- 海西指导性文件 2020年GDP达4万亿
- 福建勾勒海西发展新蓝图
- 2020年闽GDP达4万亿
- 勾勒海西发展新蓝图
- 海西指导性文件提出 2020年GDP达4万亿
- 福建将在新起点上建设海峡西岸经济区
- 卢展工：在新起点上加快建设海西
- 解放"小福州"建瓯　在大戏院里的誓师
- "金色海西"青歌赛 开始报名
- 大军入闽 从这里打响第一枪
- 大军入闽 从这里打响第一枪
- 大军入闽 从这里打响第一枪
- 大军入闽 从这里打响第一枪
- 省委八届六次全会将召开　审议建设海西纲要
- 我省将实施海西地质环境调查
- 党中央国务院全力支持海西
- 党中央国务院全力支持海西

图 6-9　混合型结构举例

进行这样简单的计算，最大超级链接数＝网页数×(网页数－1)，所以 4 个网页的混合型结构的超级链接数最大为 12 个，10 个网页的混合型超级链接数最大为 90 个。如此庞大的超级链接数维护起来相当困难，当某个网页有改动，如改名、删除或更新等，就可能同时需要对所有网页进行相应的修改。所以在网站中需要谨慎使用混合型结构。

6.1.2　栏目规划的任务

栏目规划最基本的任务就是要建立网站的逻辑结构，不仅为整个网站建立树型结构，还需要为每个栏目或子栏目设计合理的逻辑结构。除此之外，栏目规划还需要确定哪些栏目是重点栏目，哪些是需要实时更新的栏目，又需要提供哪些功能性栏目等。

1. 确定必需的栏目

栏目规划的第一步是确定哪些是必需的栏目，这通常取决于网站的性质。比如对于一个企业网站来说，公司简介、产品介绍、服务内容、联系方式和技术支持等栏目是必不可少的；对于政府网站来说，政务、政策法规、服务内容、百姓生活和观光旅游栏目都是必需的；对于个人网站来说比较随意，往往取决于收集的内容，但个人简介和个人收藏等栏目通常不能缺少。

除了内容栏目之外，网站还应该包括另外两类栏目，分别是用户指南类栏目和交互性栏目。用户指南类栏目的目的是为了帮助用户了解这个网站的背景、性质、目的、功能及发展历程，了解如何更好地访问网站，了解网站建设的最新动态。这类栏目通常以"帮助"、"关于网站"、"网站地图"或"最新动态"等名称出现。

交互性栏目是能与用户进行双向交流的栏目，通过它不仅可以解答用户的疑问，了解用户的需求，而且还可以获得用户对网站的建议和看法，让用户与网站、用户与用户之间建立良好的沟通，以便更好地帮助网站的建设与发展。交互性栏目最常见的方式是留言板。

2. 确定重点栏目

在确定了需要设置哪些栏目之后，接着需要做的是从这些栏目中挑选出最为重要的几个栏目，然后对它们进行更为详细的规划，这种选择往往取决于网站的目的与功能。比如企业网站，其目的可能是为了更好地推销自己的产品，所以产品介绍便是它的重点栏目，除了基本的产品介绍之外，还可能需要设立价格信息、网上订购和产品动态等相关栏目。

3. 建立树型结构

建立树型结构是一个递进的过程，即从上到下一级一级地确定每一层的栏目。首先是确定第一层，即网站所必需的栏目，然后对其中的重点栏目进行进一步的规划，确定它们所必需的子栏目，以此类推，直至不需要再细分为止。将所有的栏目及其子栏目连在一起就形成了网站的树型结构。

4. 设计每个栏目

树型结构的建立只是对网站的栏目进行总体规划，接下来要做的是对每一个栏目或子栏目进行更为细致的设计。设计一个栏目通常需要做三件事情，首先是描述这个栏目，描述该栏目的目的、服务对象、内容和资料来源等。描述能让领导和同事们对这个栏目有整体的了解和把握，也能让网站建设者对这个栏目有一个准确、清晰的认识。

其次是设计这个栏目的实现方法，即设计这个栏目的网页构成、各个网页之间的逻辑关系、各个网页的内容、内容的实现方式、数据库结构(动态网页)等方面的问题。比如很多网站都有的用户注册栏目，如图 6-10 所示，这个栏目通常需要 5 个网页，采用线型结构。第一个网页“开始注册”是用户注册的入口，它的内容通常是一个指向第二个网页的超级链接；第二个网页“接受条款”上除了列出相应的条款外，还需要设置一个用于选择是否接受条款的表单；第三个网页“填写用户注册信息”采用表单来实现，所需注册的信息根据网站的需求而定，通常包括用户名、密码、性别、国籍、省份、E-mail 等内容；第四个网页“信息检验”是为了检验用户所填写的用户名是否存在、出生日期是否在正常范围之内、所填写的内容是否包含非法脚本和不文明的词汇等，这个网页可能不会显示给用户，只是根据其检查的结果跳转到相应的网页，比如检查通过就直接跳转到“完成注册”网页，检查不通过就跳转到“填写注册信息”网页让用户重新填写或修改不合法的部分；最后一个网页是“完成注册”，它需要将用户的注册信息保存到数据库中，并将成功注册的信息显示给用户。

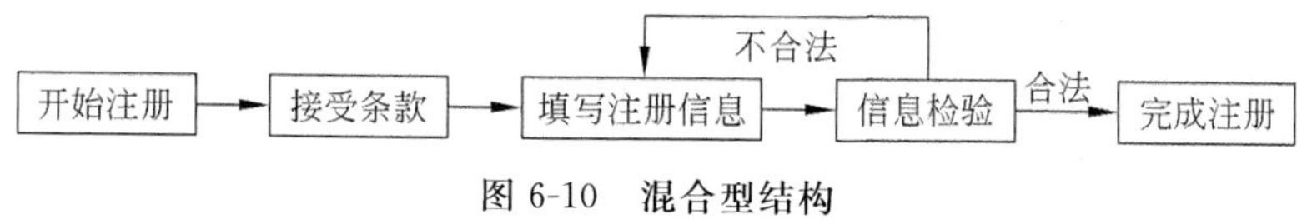

图 6-10 混合型结构

最后是设计该栏目和其他栏目之间的关系。虽然分为不同的栏目，但很多情况下，栏目之间存在着从数据、内容到布局等各个层次上的关联。比如门户网站通常将娱乐资讯分为电影、音乐、短信、游戏等多个子栏目，其中有很多电影被制作成游戏，同时又有很多游戏被拍成电影，比如《古墓丽影》，相关的内容将这些不同栏目串联起来，使用户访问更加方便。所以，设计栏目之间关系的工作就是要找出各个栏目之间可以共享和关联的内容，并确定采用什么样的方式将它们串联起来。

6.1.3 栏目规划举例

栏目规划最便捷的方法就是参考同类网站的栏目规划，吸收共同的栏目，去掉不合适的栏目，然后添加自己的特色栏目。

下面将参考网络上的文学网站来对个人网站进行栏目规划。比如你是一个非常喜欢文学和创作的人，已经收集了很多各种各样的文学作品，同时自己也创作了很多的作品，并积累了很多文学创作的经验。现要为自己建立一个名为“文学鉴赏”的个人网站，目的是和所有文学爱好者分享你的收集、作品和经验。下面就根据这个目的来看看如何规划这个网站的栏目。

根据上节介绍的知识，首先需要做的是确定网站所需要的栏目。因为已经收集了很多的文学作品，所以第一个必需的栏目是用来展示所有作品的栏目，我们将其取名为“文学欣赏”。除了收集的作品外，还有很多个人的作品和经验之谈，所以第二个必需的栏目是“个人创作”。另外，为了让别人很好地了解自己，还需要设置“个人简介”栏目。为了能得到用户对网站的评价和建议，需要建立一个“留言板”。为了能让用户全面了解网站的性质和目的，及时了解网站的建设动态，还可以分别设置“网站地图”和“最新动态”栏目。最后，为了能和同类网站相互推荐，建立良好的合作关系，需要设置“网站链接”栏目。

“文学欣赏”和“个人创作”是所有栏目中最为重要的栏目，所以需要对它们进行更详细的规划。文学作品展示最好的方式是按照文学的分类进行，所以“文学欣赏”又被分为“小说”、“诗歌”、“散文”和“传记”等子栏目。个人创作既有个人作品，也有在创作过程中得到的很多经验，所以“个人创作”分为两个子栏目“我的作品”和“经验之谈”。

将所有的栏目及其子栏目合在一起，便可得到该网站的树型结构，如图 6-11 所示。

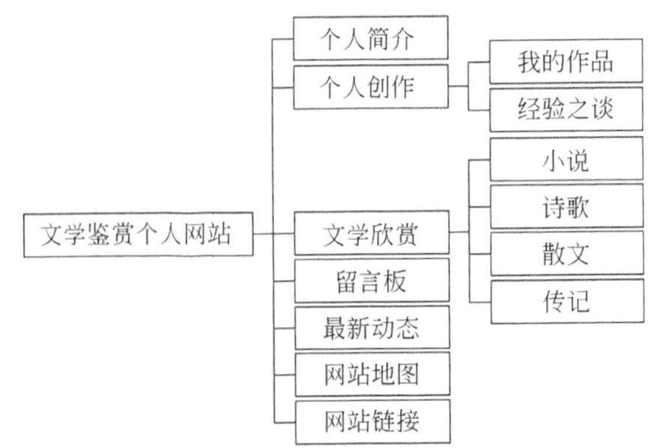

图 6-11　文学鉴赏个人网站树型结构图

6.2 网站的风格设计

相对于网站的栏目设计和目录结构设计，网站的风格设计是最抽象的，也是最令人头疼的一个问题。难就难在没有一个固定的模式可以参照和模仿。一个主题，任何两人都不可能设计出风格完全一样的网站。许多网站的建设者都是从事计算机和网络技术的，他们非常熟悉网页制作技术，却在如何创作一个既美观又有独特风格的主页上缺少想法；另一方面，专业的美工师通常从事传统的美工技术，对网页制作技术和互联网知之甚少，所以不知道如何设计最合适网页传播的图片。所以，网站的风格设计并不简单，它是一项综合性的技术。

风格是抽象的，它往往无法用一个具体的物体来描述，它是指用户对网站整体形象的一种感觉。这个整体形象包括网站标志、色彩、版面布局、交互方式、文字编排、图片和动画等诸多因素。

风格又是独特的，是网站最不同于其他网站的地方。就如一个人拥有自己独特的风格，是一般人所没有的，就会让其他人注意到这个人的特别之处。若这个人的风格是正面的，还会引起别人的注意羡慕或赞赏。统一的风格使用户无论处在网站的哪个网页，都明确知道自己正在访问这个网站。比如微软公司的网站，任何一个网页都有微软所特有的蓝色和“Microsoft”网站标志。

风格设计包含很多的内容，色彩搭配和版面布局设计是最为重要的方面。下面我们就色彩搭配来介绍一下网站的风格。

6.2.1 色彩的基础知识

网站的色彩是最影响网站整体风格的因素，也是网站美工设计中最令人头疼的问题。许多网页设计者都缺少色彩搭配的基础知识，所以在制作网页之前往往有一个很好的想法，但是不知道如何搭配网页的颜色来表达预想的效果。因此，在介绍色彩搭配之前，我们先来看看色彩的基础知识。

根据物理学的原理，颜色是因为光的反射而产生的。颜色不同，光的波长就不同。红、绿、蓝是自然界的三原色，它们不同程度的组合可以形成各种颜色，所以在网页中，也就用它们的不同颜色值来表示各种颜色。

网页中的颜色通常采用6位十六进制的数值表示，每两位代表一种颜色，从左到右依次是红色、绿色和蓝色。颜色值越大，表示这种颜色越深。比如红色，其值为“＃FF0000”，绿色为“＃00FF00”，蓝色为“＃0000FF”，白色为“＃FFFFFF”，黑色为“＃000000”。也可以采用以“，”相隔的十进制数表示某种颜色，比如红色，其十进制表示为color(255,0,0)。

在传统的色彩理论中，颜色一般分为彩色和非彩色（或称为灰色）两大色系。非彩色是指黑、白和所有灰色。在网页中，如果三种颜色的数值相等，就显示为灰色，如

“＃CCCCCC”。

太阳光是彩色的，按照颜色的色调通常将其划分为 7 种颜色：红、橙、黄、绿、青、蓝、紫。如果将这 7 种颜色按照顺序渐变为一条色带的话，越靠近红色，给人的感觉越温暖，越靠近蓝色和紫色，给人的感觉越寒冷。所以红、橙、黄的组合又称为暖色调，青、蓝、紫的组合又称为冷色调。

除了冷暖的差别之外，不同的单个颜色也会个人带来不同的心理感觉。

红色：是一种激奋的色彩。能产生刺激效果，使人产生冲动、愤怒、热情、有活力的感觉。

绿色：介于冷暖两种色彩的中间，有和睦、宁静、健康、安全的感觉。它和金黄、淡白搭配，可以产生优雅、舒适的气氛。

橙色：也是一种激奋的色彩，具有轻快、欢欣、热烈、温馨、时尚的效果。

黄色：具有快乐、希望、智慧和轻快的个性，它也是最亮的一种颜色。

蓝色：是最具凉爽、清新、专业的色彩。它和白色混合，能体现柔顺、淡雅、浪漫的气氛(像天空的色彩）。

白色：具有洁白、明快、纯真、清洁的感受。

黑色：具有深沉、神秘、寂静、悲哀、压抑的感受。

灰色：具有中庸、平凡、温和、谦让、中立和高雅的感觉。

每种色彩在饱和度和透明度上略微变化就会产生不同的感觉。以绿色为例，黄绿色有青春、旺盛的视觉意境，而蓝绿色则显得幽静、阴森。

6.2.2 网站的色彩搭配

网站的色彩搭配通常分为两个步骤：首先是为整个网站选取一种主色调，然后为主色调搭配多种合适的颜色。主色调指的是整个网站给人印象最深的颜色，或者说除了白色之外用得最多的颜色。

比如蓝色给人一种非常专业的感觉，所以许多高科技公司都喜欢使用蓝色作为公司的颜色。最典型的当数微软公司(www.microsoft.com)，将主色调蓝色用在了网页和内容文字上，极大地加强了人们对其产品的信任感。又比如红色是热情和活力的象征，北京市政府网站首都之窗(www.beijing.gov.cn)正是通过红色向人们传递了北京作为中国首都的气质：大气和热情。又比如图 6-12 所示的阿里巴巴(www.alibaba.com)是全球最大的提供中小企业交易平台的中文网站，它致力于为所有的网络用户建立一个诚信、激情、客户第一、时尚、安全、轻松的网上交易环境，而对于这一点，没有比橙色更为合适的颜色了。

企业或政府部门在选择主色调时需要考虑符合自身的形象，而个人网站则要随意得多，往往选择的是自己喜欢的颜色。

选好主色调后，接下来考虑的就是在什么地方使用主色调。从前面的几个例子中可以看到，主色调最常表现在三个位置：首先是网页头部，也就是网页最上面的部分，通常包含导航条。头部是最能体现主色调的地方，所以所有的网站都会在头部使用主色调。其次是栏目索引条，栏目索引条虽然面积小，但是出现在网页的各个部分，所以能非常有效地渲染

图 6-12　阿里巴巴网主页

主色调。最后是网页上的文字，文字笔画虽细，但大面积的文字也能很好地突出主色调。

接着要考虑的是在别的地方使用什么颜色去搭配这种主色调，比如背景色、文字颜色、导航条颜色、插图颜色等。色彩搭配是一项非常精细的工作，往往一个细节就会影响整个网页的色彩平衡。色彩搭配没有固定的模式和步骤，但是如果从大面积用色到小细节去搭配颜色，会使得这项工作更轻松一些。下面我们就来看看几个主要的方面。

(1) 选取背景色。大多数的网站都会选择白色作为背景色。白色使得有限的屏幕空间显得很大，再多的信息在白色背景下，其排版也显得很整齐，其页面也可以显得非常干净和整洁。

(2) 导航条的颜色。导航条是对网站栏目的一个索引，它通常以一个水平长条的形式出现在网页头部的下边。导航条作为头部的一部分，经常采用主色调，如图 6-12 所示的阿里巴巴网和首都之窗网都属于这种情况。另一方面，导航条因为介于网页的头部和内容的中间，所以也经常作为头部和内容的过渡，这种情况通常采用灰色系，如 IBM 公司的主页就采用了黑色的导航条。

(3) 栏目索引条的颜色。栏目索引条因为分布在网页的各个部位，所以经常采用主色调中不同深度的颜色来烘托整体的效果，比如图 6-12 所示的阿里巴巴网站采用不同的橙色。栏目索引条也经常采用与主色调非常协调的颜色。另外，为了颜色的过渡，位于网页中间的栏目索引条也经常采用浅灰色。

(4) 文字的颜色。文字在一个网页上是无处不在的，但是文字的笔画比较单薄，所以文字通常用来进一步突出主色调，或者用来过渡和缓解页面的颜色。文字的颜色主要根据文字的背景色进行选择，它与背景色应该形成较大的反差，如白底黑字、橙底白字等，以便能清楚地显示文字。另处，文字的颜色搭配还得兼顾文字周围物体的颜色。

(5) 插图的颜色。网页的插图通常尺寸都比较小，所以它的颜色可以绚丽、丰富一些，这样一来可以使页面变得活泼，二来可以点缀整个页面。但是在选择有背景的图片时要特别小心，不要和网页的背景色及图所在区域的背景色相冲突。解决这个问题一般有两种方法，一种是采用可透明的 GIF 图像，另一种是将图片的背景色做成和网页背景色一样的颜色。

6.3 网站的导航设计

在现实生活中，我们经常需要从一个地方到另一个地方，比如到一个购物中心去购物或到某一个地方去旅游。这时，我们总希望能走最短、最舒适、最安全的路线到达目的地而不迷路。这就需要导航，导航就是帮助我们找到能最快到达目的地的路。

在访问网站的时候也是一样，用户也期望在任何一个网页上都能清楚地知道目前所处的位置，并且能快速地从该网页切换到另一个网页。但与现实世界不同的，在访问网站的时候，用户无法向别人询问"我现在在哪?""我还有多久才能到达那里?"之类的问题，所以经常会因为点击了过多的网页而迷失方向。因此网站导航对于一个网站来说是非常必要和重要的，它是衡量一个网站是否优秀的重要标准。

6.3.1 导航的实现方式

导航最常用的实现方式是导航条。在导航条中，所有超级链接所对应的网页在网站的树型结构中是并列的，所以通过它可以快速地切换到并列的其他网页。比如图 6-13 所示的当当网图书栏目首页中就有很多导航条。首先是网站第一层分类栏目的导航条，这个导航条几乎出现在当当网站的所有网页中，所以在任何一个网页通过它都可以立即跳转到图书、音乐、影视等各个栏目的首页，因为是图书栏目的首页，所以又有一个图书分类的导航条，这个导航条也出现在图书栏目的各个网页中，所以在任何一个介绍图书信息的网页中都可以通过它快速地跳转到图书栏目的不同分类网页。

图 6-13　当当网图书栏目首页

几乎所有的网站上都可以找到类似的导航条，不同之处可能只是在表现形式上。比如当当网和第3章的“金龙在线”网站的导航条采用类似图片或图片按钮的形式，而首都之窗网站、新浪网等的导航条则直接采用文字超级链接的形式。

除了普通的导航条之外，导航另一种非常重要的实现方式是路径导航，即在网页上显示这个网页在网站树型结构上的位置。通过路径导航，用户不仅可以了解当前所处的位置，还可以快速地返回到当前网页以上的任何一层网页。

比如图6-14所示的新浪网新闻网页上就有路径导航。从这个导航可以清楚地看到这个网页归属于财经栏目下的国际财经子栏目的首轮中美战略与经济对话专题，而且通过它还可以直接跳转到新浪财经、国际财经或首轮中美战略与经济对话专题首页。

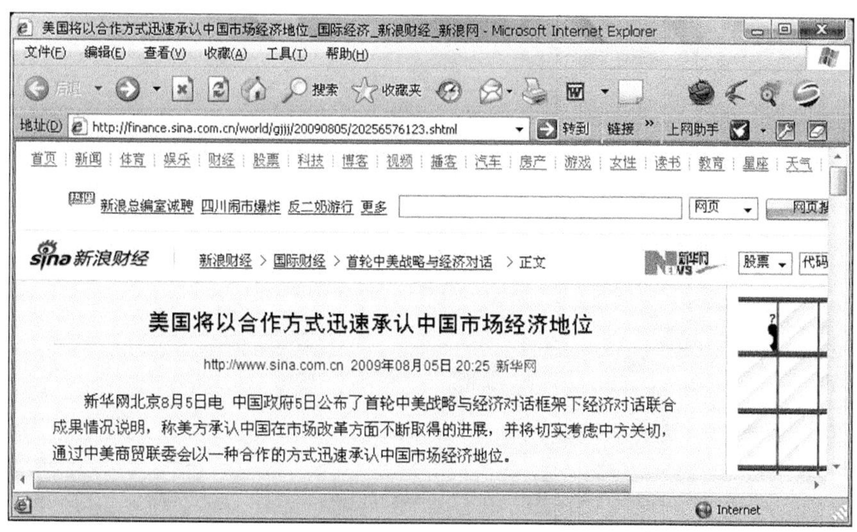

图6-14 新浪网新闻网页

除了上述两种最为重要的实现方式之外，还有一些扩展的实现方式，如重点导航、相关导航等，这些导航可以让用户有更多灵活的方式找到自己所感兴趣的网页。下面我们通过实际的例子来看看这些导航。比如新浪网在每个新闻内容网页的底部都会有一个区域，里头罗列着与这个新闻相关的新闻网页的超级链接，如图6-15所示，这就是相关导航、相关专题。再比如图6-16所示的当当网主页，其上还有许多重点导航，比如“周周促销 天天低价”导航、“本周热荐”导航等。

6.3.2 导航的设计策略

虽然导航有很多不同的实现方式，但是并不是所有网站都需要使用这些方法，这通常取决于网站的规模。下面就是在设计网站导航时可以采用的一些基本策略。

(1) 首先，至少要使用一个一层栏目的导航条，如果栏目底下也有很多内容，可以分为很多子类的话，那么可以进一步设计栏目下的导航条。

(2) 其次，如果网站的层次很深，比如三层以上(主页作为第一层)，最好使用路径导航。路径导航可以从第三层下的网页开始出现。如果网站的层次只有两层或者三层，则不是特

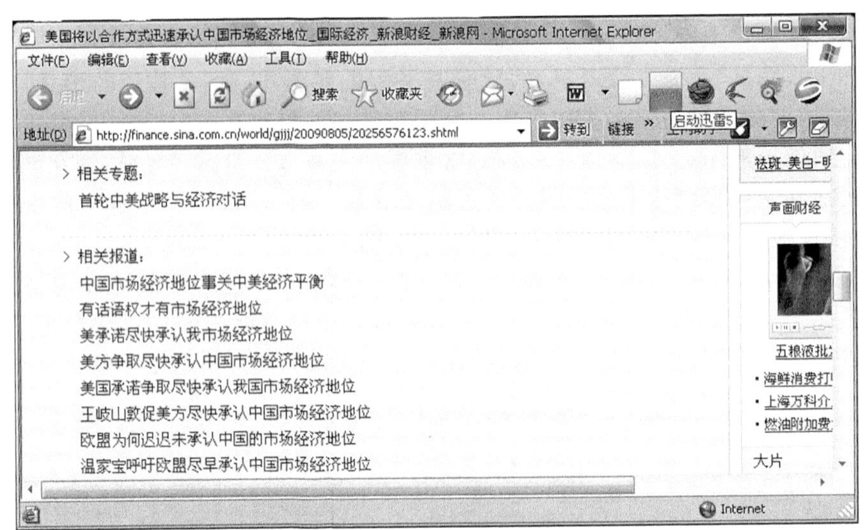

图 6-15　相关导航举例

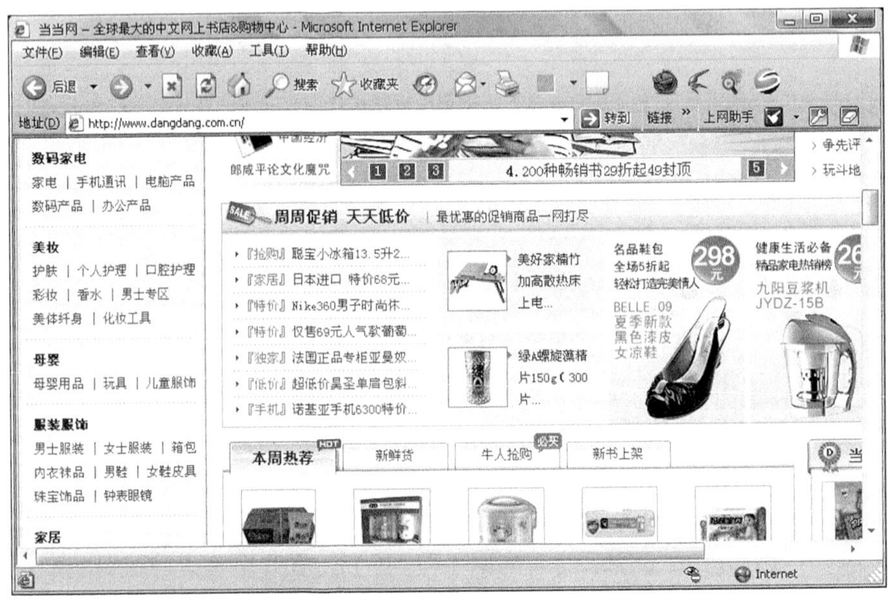

图 6-16　重点导航举例

别需要路径导航，比如本章的 6.1.3 节中的“文学鉴赏”个人网站就不必要使用路径导航。

（3）其他导航方法作为辅助的导航手段，视实际需要而定。

6.4　模板与库的应用

通常在一个网站中会有几十甚至几百个风格基本相似的页面，如果每次都重新设定网页结构以及相同栏目下的导航条、各类图标等就显得非常麻烦。以第 3 章中介绍 IT 知识为主题的网站“金龙在线”为例，通过图 6-17 可以发现，主页和“网页制作”栏目首页的头部和尾部相同，网页内容主体的左侧布局相似，而且网站各个栏目首页的布局相同。如果每制作一个网页时都要重新设定布局结构和添加内容就使得网页制作的工作量很大。本节的设计任务是借助 Dreamweaver MX 2004 的模板与库的功能来简化操作，提高工作效率。

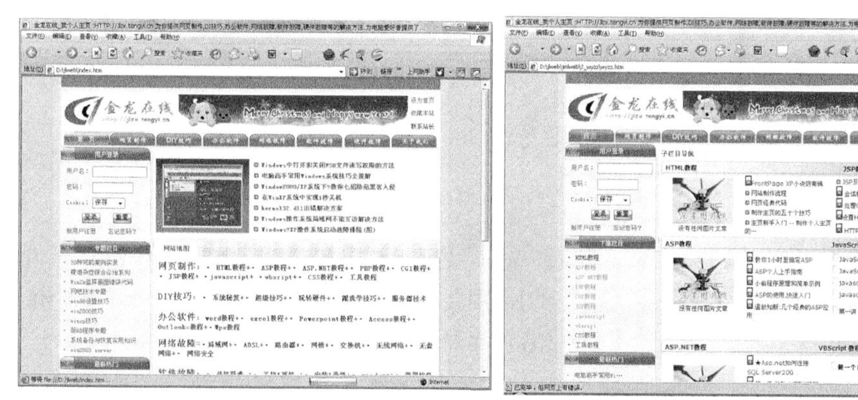

图 6-17 “金龙在线”网站

6.4.1 模板的使用

Dreamweaver 模板是一种特殊类型的文档，用于设计“锁定的”页面布局。模板创作者设计页面布局，并在模板中创建在基于模板的文档中进行编辑的区域。在模板中，设计者可以控制哪些网页元素能由用户进行编辑。

模板最强大的用途之一在于一次更新多个页面。对于那些内容和栏目不同却具有相同形式的网站比较合适使用模板技术来创建。

1. 创建模板

创建模板有两种方法，直接创建一个新模板或者将一个编辑好的网页按要求加以修改后保存为模板。

1）创建一个新模板

执行“窗口”/“资源”菜单命令，显示资源浮动面板，如图 6-18 所示。单击面板右下角的“新建模板”按钮，则一个新的无标题模板将被添加到资源浮动面板的模板列表中。在模板仍然处于选定状态下输入模板的名称，然后按 Enter 键，Dreamweaver 在资源浮动面板和站点文件夹下的“Templates”文件夹中创建一个新的空模板。

提示：创建模板必须以站点为依托，如果创建模板前没有先创建站点，则 Dreamweaver 将会弹出图 6-18 右图所示的对话框，显示错误信息。

2）将一个已经存在的网页文件保存成模板

制作模板最佳的方式是把一个编辑好的网页根据需要加以修改后存成模板，也可以从空白页开始编辑，将结果保存成模板。以“网页制作”栏目首页的结构为例，要保存成模板，可执行以下的操作。

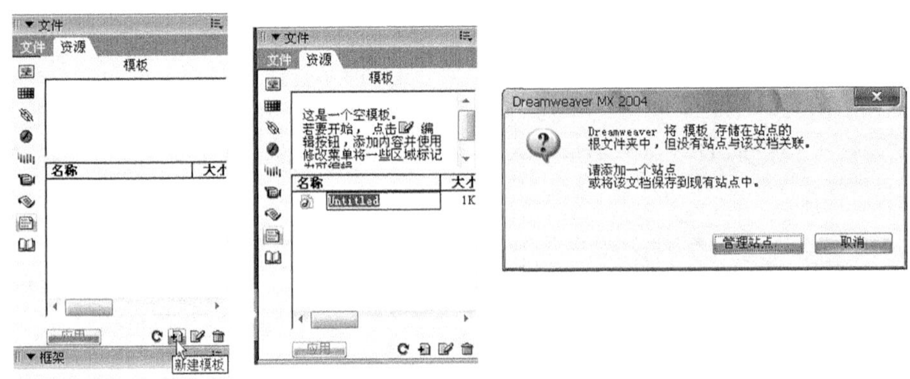

图 6-18　创建新模板

(1) 打开一个已存在的网页文件。执行“文件”/“打开”菜单命令，然后选择需要打开的网页文档\jinlweb\2_wyzz\wyzz_mban.htm，并对其进行编辑。

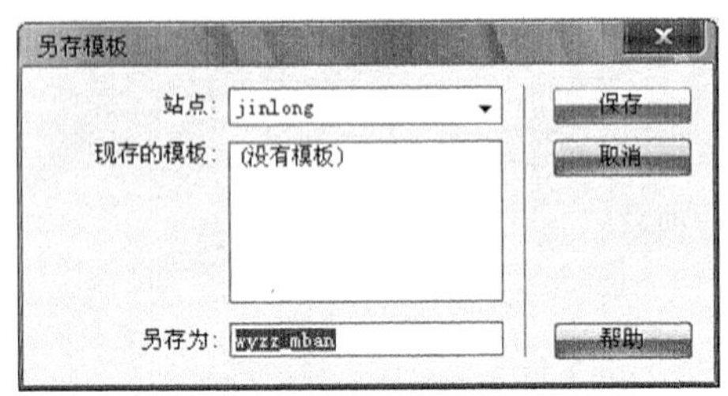

图 6-19　“另存模板”对话框

(2) 从文件浮动面板的“站点”文本框弹出菜单中选择一个用来保存模板的站点；选择“文件”/“另存为模板”或选择插入工具栏中的“常用”类别，单击“模板”按钮上的箭头，然后选择“创建模板”，打开如图 6-19 所示的“另存模板”对话框；在“另存为”文本框中为模板输入一个唯一的名称，单击“保存”按钮完成模板的创建。

2. 创建模板的可编辑区域

模板的可编辑区域控制基于模板的页面中用户可以编辑哪些区域。在创建模板之后，只有定义可编辑区域，才能使模板在应用到网站的网页中时可以根据自己的需要修改页面内容。

下面我们在“网页制作”栏目首页的模板中添加可编辑区域。在资源浮动面板中双击要编辑的模板“wyzz_mban”，在文档编辑窗口中打开模板，如图 6-20 所示。

在该页面中，需要创建的可编辑区域主要两个：网页头部的导航条和主体内容部分。首先创建导航条的可编辑区域。选择导航条所在的布局表格，执行“插入”/“模板对象”/“可编辑区域”命令，弹出如图 6-21 所示的“新建可编辑区域”对话框。在“名称”文本框中输入该区域的名称，然后单击“确定”按钮即可。可编辑区域在模板中以高亮显示的矩形边框围绕，区域左上角的选项卡显示该区域的名称。

同样，可以用这种方法创建网页主体内容等多个可编辑区域，如图 6-22 所示。最后执行“文件”/“保存”命令，保存该模板。

假如希望删除可编辑区域，可将光标置于要删除的可编辑区域内，选择“修改”/“模板”/“删除模板标记”命令，光标所在区域的可编辑区即被删除。

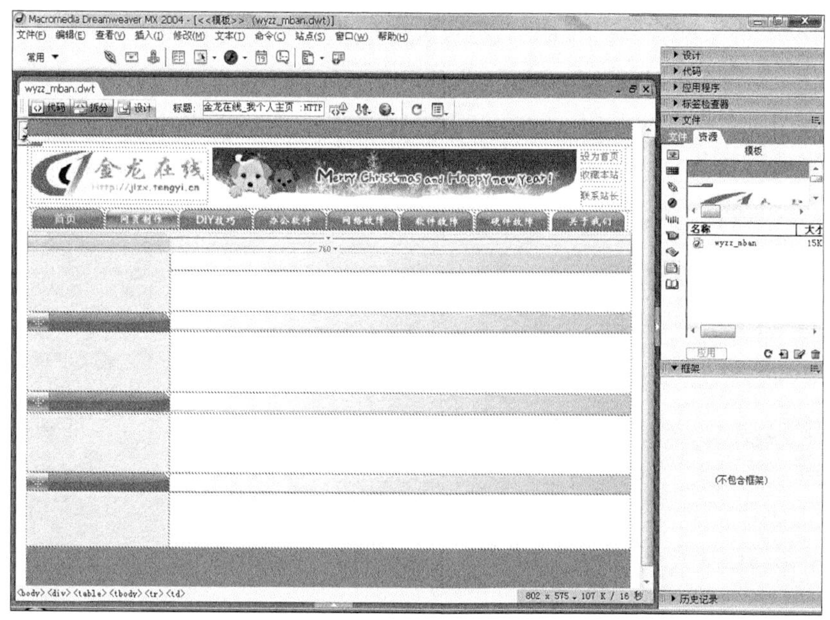

图 6-20　打开模板

图 6-21　“新建可编辑区域”对话框

图 6-22　模板的可编辑区域

3. 创建基于模板的文档

完成模板设计后，就可以应用模板了。

首先新建一个页面，然后打开资源浮动面板，选择模板资源，选中刚才建立的模板

wyzz_mban.dwt,右击选择“应用”命令,模板就被应用到了新的页面中,应用了模板的文档在其右上角会标明模板的名称。这样,就可以在模板的基础上进行页面的制作。注意,基于模板创建页面只能对可编辑区域进行编辑。图 6-23 为在模板 wyzz_mban 的基础上编辑的“DIY”栏目首页。

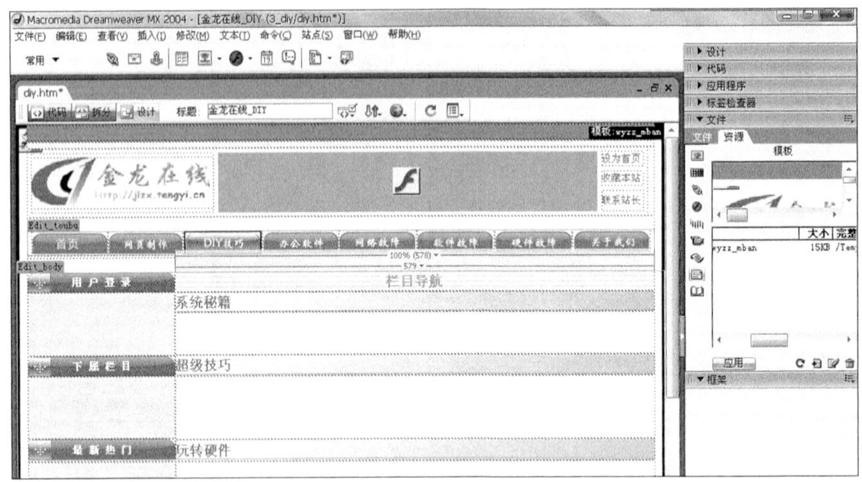

图 6-23　使用了模板的文档

4. 创建可重复区域

在模板中定义重复区域,可以让模板用户使用重复区域在模板中复制任意次数的指定区域,并保持模板中表格的设计不变。重复区域不是可编辑区域,若要使重复区域中的内容可编辑,必须在重复区域内插入可编辑区域。重复区域可以使用两种形式:重复区域和重复表格。

1) 在模板中创建重复区域

在模板中插入重复区域的步骤如下。

(1) 选择想要设置为重复区域的文本或内容,或将插入点放入文档中想要插入重复区域的地方。

(2) 执行“插入”/“模板对象”/“重复区域”菜单命令,或者在插入栏中选择“常用”类别,然后单击“模板”按钮的箭头,选择“重复区域”,打开如图 6-24 所示的“新建重复区域”对话框,输入新建重复区域的名称,然后单击“确定”按钮即可。

可编辑区域在模板中以高亮显示的矩形边框围绕,区域左上角的选项卡显示该区域的名称。

2) 插入重复表格

可以使用重复表格创建包括重复行的表格格式的可编辑区域,并可以定义表格属性并设置哪些表格单元格可编辑。插入重复表格的步骤如下。

(1) 在文档编辑窗口中,将插入点放在文档中要插入重复表格的位置。

(2) 执行“插入”/“模板对象”/“重复表格”命令,或者在插入栏中选择“常用”类别,然后单击“模板”按钮的箭头，选择“重复表格”，打开如图 6-25 所示的“插入重复表格”对话框。

图 6-24 “新建重复区域”对话框

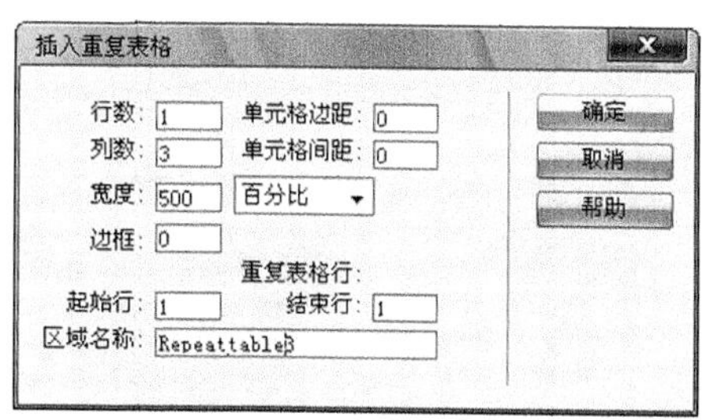

图 6-25 “插入重复表格”对话框

其中主要的项含义如下：

宽度：以像素为单位或按占浏览器窗口宽度的百分比指定表格的宽度。

边框：指定表格边框的宽度(以像素为单位)。如果没有明确指定边框的值，则大多数浏览器默认将“边框”值设置为 1px。若要确保浏览器显示的表格没有边框，可将“边框”值设置为 0。

重复表格行：指定表格中的哪些行包括在重复区域中。

起始行：将输入的行号设置为包括在重复区域中的第一行。

结束行：将输入的行号设置为包括在重复区域中的最后一行。

(3) 按照需要输入信息后，单击“确定”按钮，重复表格即出现在页面中，如图 6-26 所示。

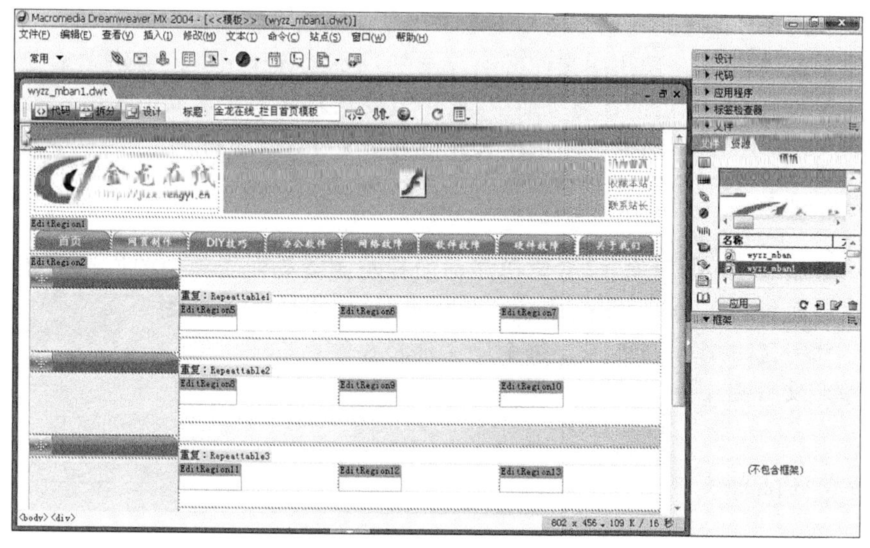

图 6-26 插入重复表格区域的模板

重复表格区域在模板中以高亮显示的矩形边框围绕，区域左上角的选项卡显示该重复表格区域的名称，并且 Dreamweaver 会自动为重复表格的每个单元格添加一个可编辑区域。图 6-27 所示为应用插入重复表格区域的模板的文档，从图中可以发现，在重复表格的名称右侧多了 4 个按钮 重复：Repeattable1 ，这四个按钮的作用分别是：单击按钮，为重复表格增加一行；单击按钮，删除重复表格中光标所在的一行；单击按钮，光标所在的行往上移动一行；单击按钮，光标所在的行往下移动一行。

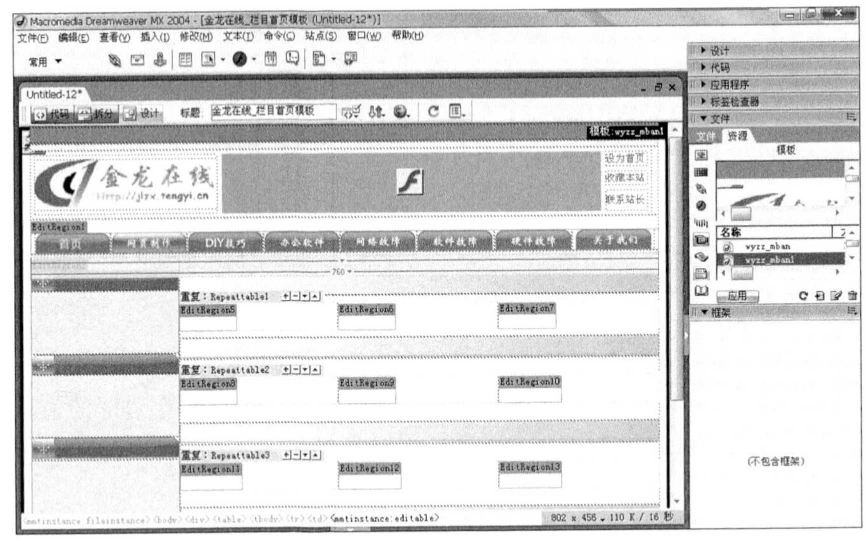

图 6-27　应用插入重复表格区域的模板的文档

6.4.2　库文件

库是一种用来存储想要在整个网站上经常重复使用或更新的相同网页对象(如图像、文本和其他对象)的方法。使用库文件必须首先在 Dreamweaver 中正确建立站点。库文件可以放置在同一个站点内的任何页面中，而不需要重新输入文本或插入图片等。每当更改某个库文件的内容时，所有使用该库文件的页面都可以被更新。

1. 库的创建

选中希望加入库中的对象，单击资源浮动面板左侧资源列表项中的库选项，然后单击资源浮动面板右下角的"新建库项目"按钮，如图 6-28 所示，在其中输入新的库项目名称。每个库文件将在站点本地根目录的"库"文件夹中保存为一个单独的文件(文件扩展名为.lbi)。

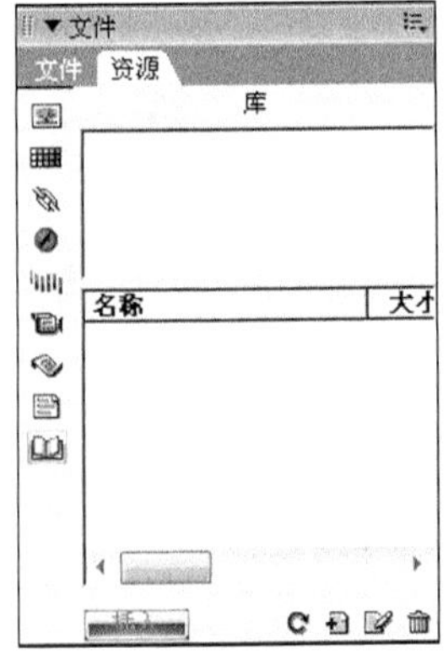

图 6-28　新建库项目

2. 库文件的插入

将光标放置在希望插入库文件的位置，从资源浮动面板中选择该库文件，然后单击右下角的"插入"按钮即可。插入后的库文件在页面中以高亮显示，以表示和普通对象的区别，如图 6-29 所示，其中网页尾部的版权信息就是插入的库文件。

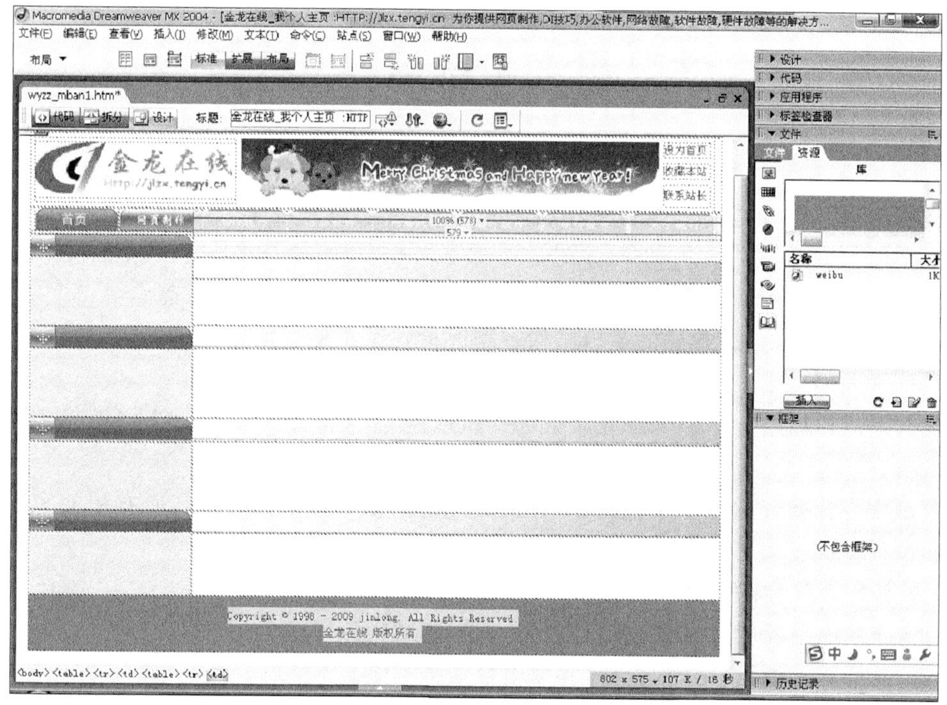

图 6-29 插入库文件

3. 库文件的更新

执行“修改”/“更新页面”命令。弹出如图 6-30 所示的窗口,可以对使用该项目的所有文档进行更新。如果选择了“显示记录”选项,Dreamweaver 将提供关于将要更新的文件的信息,以及它们是否更新成功的信息。

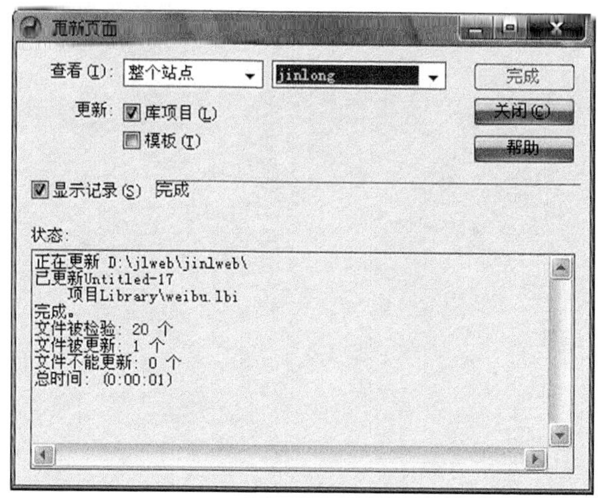

图 6-30 “更新页面”窗口

思考与练习

6.1 名词解释

栏目规划　树型结构　混合型结构　网站风格　色彩搭配　导航系统　模板　库文件

6.2 为什么要进行网站的规划？网站的规划与设计可以分为哪7个方面？

6.3 在现在的网站中，最常见的逻辑结构有哪3种？试举例说明这3种逻辑结构。

6.4 栏目规划最基本的任务是什么？简述栏目规划的基本步骤。

6.5 什么是网站风格？其包含哪几个方面？试以网易(www.163.com)为例说明其网站风格。

6.6 假设现在你要建立一个个人网站，在建站之前需要对这个网站进行所有相关的规划和设计。回答以下问题：

(1) 如何定位你的网站？

(2) 简述网站的栏目规划，并画出网站的树型结构。

(3) 简述网站的目录结构设计，并画出目录结构图。

(4) 简述网站主页的排版和布局。

(5) 简述网站导航的实现方式。

(6) 简述如何使用Dreamweaver提供的模板和库的功能来提高建站的工作效率。

第 7 章

Web 图像制作与处理

［本章学习目标］

了解 Fireworks MX 2004 的工作环境；掌握 Web 图像的制作方法；熟练掌握描边、填充和效果、文本与图像、修改路径的方法和切片等，并能运用 Fireworks 软件制作简单的交互性网页元素和动画。本章重点是基本图像处理，难点是修改路径和 Web 图像与动画的综合制作能力。

7.1 Macromedia Fireworks MX 2004 工作环境

Macromedia Fireworks MX 2004 是用来设计和制作专业化网页图形的解决方案。使用 Fireworks，用户可以在一个专业化的环境中创建和编辑网页图形，对其进行动画处理，添加高级交互功能以及优化图像。在 Fireworks 中，可以在单个应用程序中创建和编辑位图和矢量图，可以随时进行编辑。

7.1.1 Fireworks MX 2004 工作界面

Fireworks MX 2004 的工作界面如图 7-1 所示。从图中可以看出，Fireworks MX 2004 的工作界面主要由 4 个部分组成：工具箱、属性面板、浮动面板组和文档窗口。

1. 工具箱

为了方便用户使用，工具箱中包含了 6 类常用的编辑和处理图像的工具：选择、位图、矢量、Web、颜色和视图。将鼠标移动到工具箱的 选择 区域，按住鼠标左键拖动，可以改变工具箱的位置。

2. 属性面板

默认情况下，属性面板停放在工作区的底部，主要用于显示当前选区、文档或工具的属性，并允许用户在属性面板上对所选的对象或文档的属性进行修改。如图 7-2 所示为“油漆桶”工具的属性面板。根据当前所选的对象或文档元素的不同，属性面板的内容也不同。

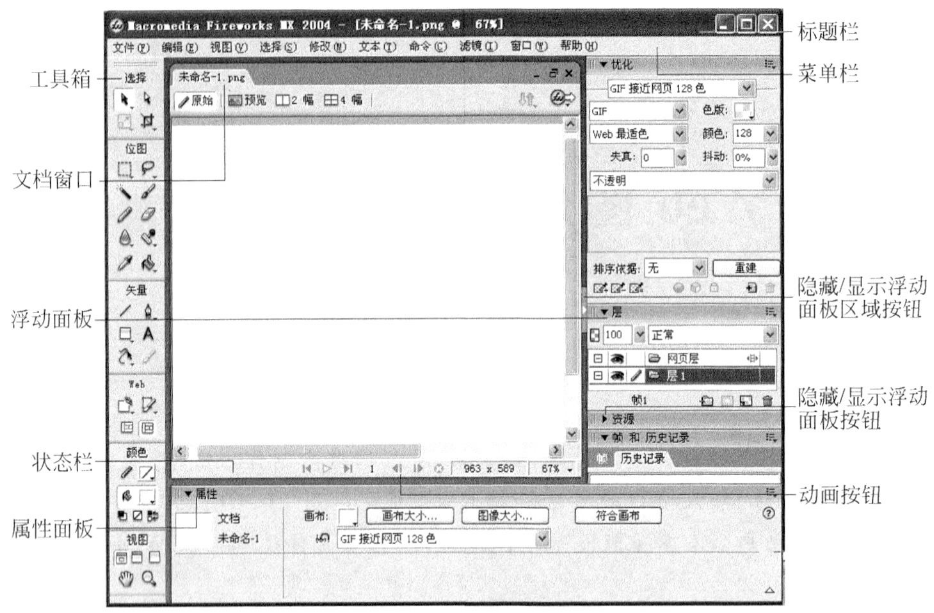

图 7-1 Fireworks MX 2004 工作界面

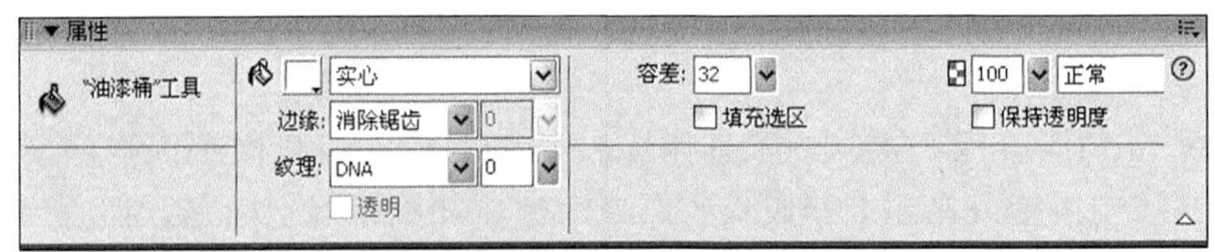

图 7-2 "油漆桶"工具属性面板

用户可以单击左上角 ▼属性 的三角标记将属性面板完全折叠或显示；还可以单击右下角的三角标记 △ 来展开或折叠扩展的属性面板。

3. 浮动面板组

浮动面板组是一个多种工具的集合，位于工作界面的右侧。它能帮助用户编辑所选的对象或文档元素，处理帧、层、元件和颜色样本等。用户可以用拖动的方法任意组合和分离选项卡，可以通过"窗口"菜单打开或者关闭。它与 Dreamweaver MX 2004 的用法一样。

4. 文档窗口

文档窗口是用户编辑图像的工作区域，反映了用户对图像的所有操作。在文档的左上角有 4 个按钮：原始、预览、2 幅、4 幅。用户可以同时进行图像的编辑和网页效果的预览，还可以对同一个文档进行多窗口预览，如图 7-3 所示。

单击"原始"按钮，进入文件的原始编辑窗口，用户可以在此对图像进行编辑和设计；单击"预览"按钮，进入图像预览的工作界面，默认是图像在浏览器中显示时的外

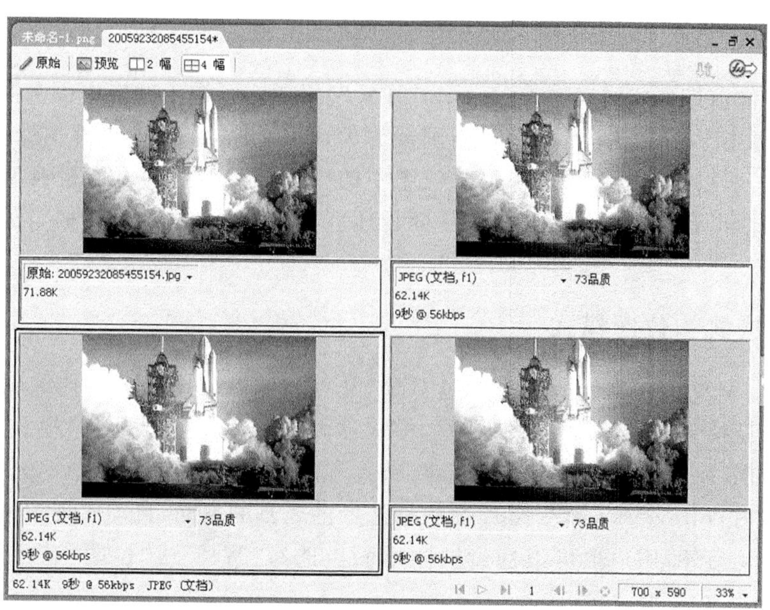

图 7-3 “4 幅”文档窗口

观。“2 幅”和“4 幅”可以用多种方式对图像进行优化，然后对各种优化结果进行比较。

文档下方的动画按钮用来控制动画图像的播放，缩放比率下拉列表框 100% 用来调整图像按预设缩放比率显示文档大小。动画按钮和缩放比率之间显示的是图像的尺寸。

7.1.2 Fireworks MX 2004 工作模式

在 Fireworks MX 2004 的工具箱中，绘制和编辑矢量图和位图的工具分别放在不同的部分，选择的工具决定了创建的对象是矢量图还是位图。例如，在工具箱中的“矢量”工具区选择“矩形”工具□，就可以通过绘制点来绘制矢量路径。

1. 矢量图像和位图图像

计算机图像主要有两种类型：一种是矢量图像，如 AutoCAD、FreeHand、CorelDraw 等软件绘制的图像；另一种是位图图像，如 psd、bmp、jpg、gif、tif 等格式的图像。但是，不管是哪种类型的图像都是由点组成的。

在矢量图像中，使用称为“矢量”的线条和曲线(包括了颜色和位置信息)来描述图像。矢量图像中记录的是图像中每个位置的坐标以及这些坐标之间的相互关系，这种关系也叫路径。矢量图像与分辨率无关。如一条直线，两个端点就是其特征点，只要两个端点的位置确定，直线内的所有点的位置也就确定了；改变端点的位置，直线内的所有点的位置发生相应变化，直线也就随之改变。但是，在直线中，点之间的关系是“直线”关系；当图像放大缩小时，点的位置发生变化而关系不变，仍能保持直线关系，所以图像不改变其外观品质。

而位图图像由排列成网格的点（又称为“像素”）组成。图像由网格中每个像素的位置和颜色决定，每个点被指定一种颜色。当图像放大或缩小时，点的位置发生变化，关系也可能发生变化，所以会降低图像的品质。位图中的直线放大产生的锯齿是典型的失真现象。但位图图像也有其优点，显示质量好，而且还可以很方便地进行如阴影、浮雕、柔化等的特效处理。

2. 矢量模式和位图模式

Fireworks MX 2004 既可以编辑矢量对象，又可以编辑位图对象。把编辑矢量对象的模式称为矢量模式，而把编辑位图对象的模式称为位图模式。处于矢量模式的图像，画布四周没有边框，而位图模式的图像画布四周会有边框，同时状态栏显示一个红色按钮 ⊗。编辑图像时，Fireworks MX 2004 会根据选择的工具的不同，自动实现位图模式和矢量模式的切换。另外，用户也可以通过层浮动面板选择“路径”或“位图”进行模式切换。如图 7-4 所示。

图 7-4　两种模式之间的切换

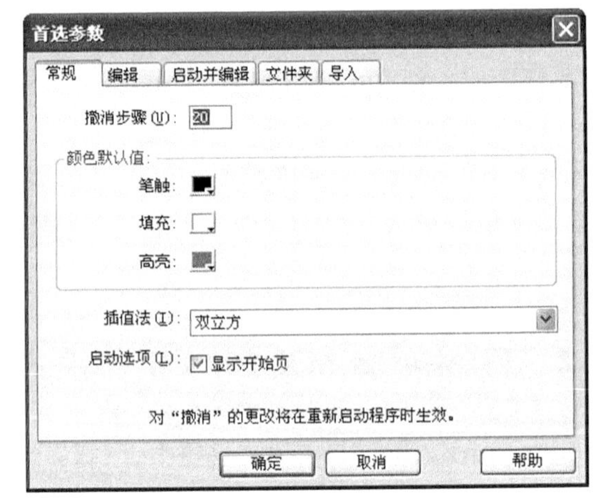

图 7-5　“首选参数”对话框

7.1.3　首选参数设置

Fireworks MX 2004 提供了友好的工作界面，用户可以通过首选参数设置功能定制个性化的操作界面和得心应手的操作方式。

选择“编辑”/“首选参数”菜单项，弹出“首选参数”对话框，如图 7-5 所示，其包含了“常规”、“编辑”、“启动并编辑”、“文件夹”和“导入”5 个选项卡。各个选项卡的作用如表 7-1所示。

在 Fireworks 中，除了首选参数的设置外，用户还可以通过“编辑”/“快捷键”菜单项，在打开的“快捷键”对话框中查看、修改和设置相关命令的快捷键。

表 7-1 "首选参数"的设置

选项卡	描　述
常规	撤销步骤：设置历史面板中能保存的最大历史步骤数，默认为 20 步； 颜色默认值：设置笔触、填充和矢量路径选定时高亮显示的默认颜色； 插入值：设置在图像缩放时插入像素的方式； 启动选项：设置启动 Fireworks MX 2004 时是否显示开始页
编辑	精确定位：设置光标在文档编辑区域以十字光标显示，可以实现光标的准确定位； 修剪时删除对象：设置在进行裁切或改变画布大小的操作时，将选择框范围以外的对象删除； 位图选项：设置是否隐藏位图的边缘； "钢笔"、"指针"工具选项：预置钢笔、指针工具的属性
启动并编辑	设置 Fireworks 源文件在"从外部应用程序编辑时"和"从外部应用程序优化时"的反馈
文件夹	设置管理外部文件夹和草稿的方式，即设置 Photoshop 插件、纹理和图案所在的路径
导入	设置导入 Photoshop 文件时如何转换该文件

7.2 Fireworks MX 2004 基本操作

7.2.1 画布设置

新建 Fireworks 文档时会弹出如图 7-6 所示的"新建文档"对话框，在该对话框中，用户可以使用像素、英寸或厘米为单位设置画布的宽度和高度的量值，以像素/厘米、像素/英寸为单位设置分辨率，还可以为画布选择白色、透明或自定义颜色。设置完毕后，单击"确定"按钮就可以创建一个新的文档。

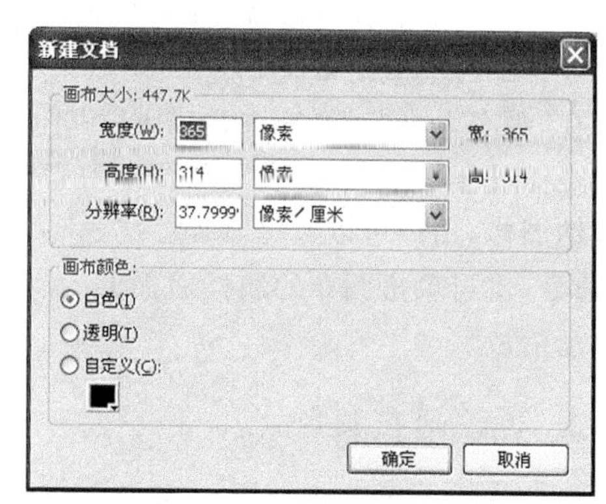

图 7-6 "新建文档"对话框

分辨率通常指每英寸多少个像素。一般来说，对于只在屏幕上出现的图像，分辨率设置为 72 像素/英寸就足够了。在画布颜色设置中，如果画布背景不透明，则当图像插入到 Web 中时，会在四周出现有色的矩形边。而如果将画布设置为透明，则不会出现有色边框，如图 7-7 所示。

7.2.2 更改画布属性

对于非新建文档，用户可以使用"修改"菜单、快捷菜单或画布的属性面板动态地修改画布的大小、颜色和旋转画布。

1. 更改画布尺寸

改变画布大小等同于改变文档的大小，但是不改变画布中图像的大小。很多时候都是在绘制了一段时间之后才发现画布的大小不合适。图像内容只在画布中的局部，造成空间浪费；或是超出了画布的有限范围，不能被完全显示。执行下列方法之一，可以在弹出的“画布大小”对话框（如图 7-8 所示）中调整画布的尺寸大小。

图 7-7 透明图像和不透明图像的浏览效果

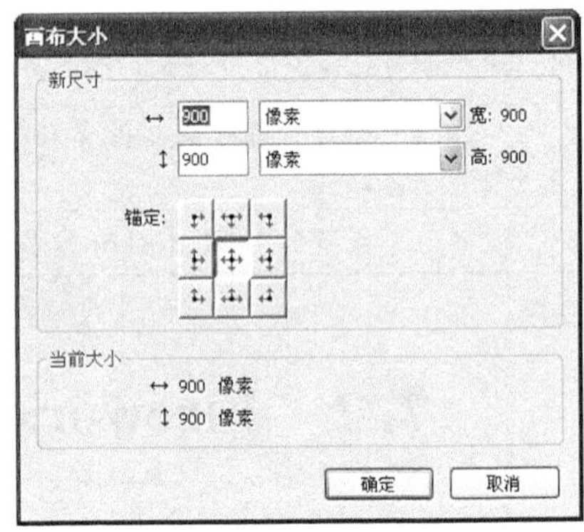

图 7-8 “画布大小”对话框

(1) 选择“修改”/“画布”/“画布大小”菜单项。

(2) 在画布中右击，在弹出的快捷菜单中选择“修改画布”/“画布大小”选项。

(3) 在画布属性面板中单击“画布大小”按钮[画布大小...]。

在“画布大小”对话框中，“锚定”用于设置画布向哪个方向扩展或收缩。默认情况下，中间按钮处于按下状态，表明从画布中心向四周扩展或收缩。为了将画布裁切得刚好可以容纳图像，用户可以选择“修改”/“画布”菜单项和快捷菜单中的“修剪画布”或“符合画布”命令，也可单击画布的属性面板上的“符合画布”按钮[符合画布]，快速实现画布大小的自动缩放。

2. 更改画布颜色

执行下列方法之一，在弹出的“画布颜色”对话框中可以调整画布的颜色。

(1) 选择“修改”/“画布”/“画布颜色”菜单项。

(2) 在画布上右击，在弹出的快捷菜单中选择“修改画布”/“画布颜色”选项。

(3) 在画布“属性”面板中单击“画布”后的调色板画布:，选择画布的新颜色。

3. 旋转画布

选择“修改”/“画布”/“旋转 180°”（或“旋转 90°顺时针”、“旋转 90°逆时针”）菜单项，可将画布倒置或侧放。旋转时文档中的所有对象都将被旋转。

7.2.3 创建文档

在进行 Fireworks 文档编辑之前，必须新建文档或打开一个已经存在的文档。

1. 新建文档

要新建一个文档，可以执行“文件”/“新建”菜单项，或单击工具栏上的“新建”按钮，打开“画布大小”对话框设置画布尺寸、分辨率和颜色属性。设置完毕后，单击“确定”按钮就可以创建一个新的文档。默认情况下，Fireworks 新建的文档为 png 格式的图像文件。

在默认的情况下 Fireworks MX 2004 的工具栏处于隐藏状态。用户可以采用选择“窗口”/“工具栏”/“主要”(或“修改”)命令，在菜单栏下面添加常用工具栏。

2. 打开和导入文档

Fireworks MX 2004 支持矢量图、位图和文本文件的打开和导入。允许打开或导入的文档类型有：. png(标准 Fireworks 文件)，. gif(静态图像文件)，. jpg、. jpe、. jpeg(压缩静态图像文件)，. psd(Adobe Photoshop 图像文件)，用于无线应用协议的. wbmp、. wbm 文件，. tag(普通的 UNIX 格式文件)，只在 Windows 操作系统中使用的. bmp、. dib、. rle 文件，只在 Macintosh 操作系统中使用的. pict 文件，以及. tex、. rtf(文本文件)。打开非 png 格式的文件时，Fireworks 将基于所打开的文件创建一个新的 png 文档。

要打开文档，可以选择“文件”/“打开”菜单项，或单击工具栏上的“打开”按钮，在弹出的“打开”对话框中选择要打开的一个或者多个文件。按住 Shift 键单击可以选择连续的多个文件，按住 Ctrl 键单击可以选择不连续的多个文件。

Fireworks MX 2004 有一个新的功能，即当文档窗口最大化时，可以通过单击文档窗口顶部的文档选项卡(如图 7-9 所示)在多个文档间切换。同时 Fireworks MX 2004 在“窗口”菜单中还提供了层叠、水平平铺和垂直平铺 3 种传统的文档窗口排列方式命令。

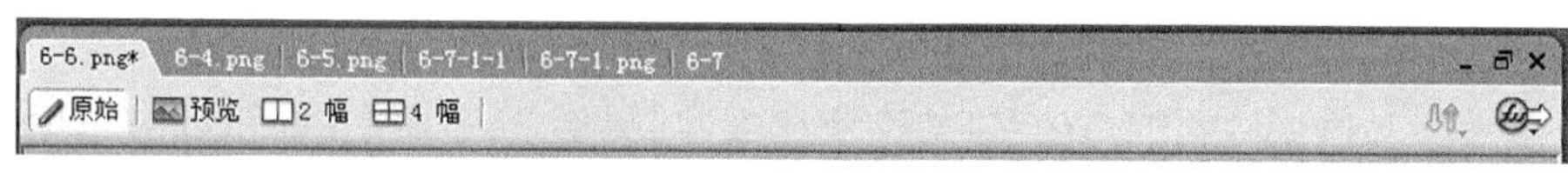

图 7-9 “画布大小”对话框

打开文件是在一个新的文档窗口中打开整个文档，而导入文件则可以将导入的内容插入到现有的文档中。图 7-7 所示的两个“味道”矢量图就是导入的。要导入文件，可以选择“文件”/“导入”菜单项，在“导入”对话框中选择要导入的文件，单击“打开”按钮确定选择。然后，将鼠标移动到文档窗口中，此时鼠标指针会变成一个折线形状，用于设置导入图像时的起始位置。如果希望以原始大小导入图像，可以在文档窗口中需要导入图像的起始位置单击鼠标。如果希望以新的大小导入图像，可以拖动鼠标绘制需要的尺寸大小，然后释放鼠标。

使用 Fireworks 打开 Photoshop 文件时，图层将被保留下来，但图层效果和 alpha 通道会被丢弃。在默认情况下，层不能跨帧共享。Fireworks 可以导入 CorelDraw 创建的未压缩的 cdr 文件,但不能打开或导入 cmx 文件或压缩的 cdr 文件。因为 CorelDraw 与 Fireworks 支持的特性设置不同,导入的 cdr 文件会发生变化。利用复制和粘贴方式,也可以在文档窗口中导入图像。

7.2.4 浏览和查看视图

用户除了可以使用文档选项卡显示多个文档,以及利用文档左上角的 4 个按钮:“原始”、“预览”、“2 幅”和“4 幅”同时进行图像的编辑和网页效果的预览外,还可以控制文档的缩放比例、视图模式和显示模式等,方便而快速地浏览和查看图片。

1. 控制 Fireworks 视图模式

用户可以使用工具箱“视图”栏中的视图模式来控制工作区的布局。

Fireworks 视图模式包括标准视图模式、带有菜单的全屏模式和全屏模式 3 种,如图 7-10所示。标准视图模式是默认的文档窗口模式;带有菜单的全屏模式与标准视图的区别在于其不显示 Fireworks 标题栏;而全屏模式是一个最大化的文档窗口视图,其背景为黑色,不显示 Fireworks 标题栏和工具栏。

2. 移动和缩放

要在文档中移动图像位置以便查看图像的不同部分,可以选择图 7-10 所示的“手形”工具,然后在画布上按住鼠标左键拖动选中的图像。

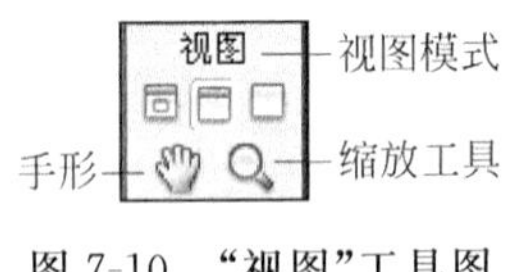

图 7-10 “视图”工具图

文档的缩放最小可到 6%,最大可到 6400%。缩放文档大小时,图像和画布会同时按比例放大或缩小。对位图图像的放大或缩小会导致图像失真,而对矢量图像则不会。文档的放大和缩小方法有以下 3 种。

(1) 选择工具箱中“视图”栏的“缩放”工具,在文档窗口内单击,可按预设的缩放比率放大。单击时同时按住 Alt 键即可缩小文档。

(2) 单击在文档窗口右下角的“设置缩放比率”列表框 100% ,在弹出的菜单中选择一个预设的缩放比率。

(3) 选择“视图”/“放大”(或“缩小”)菜单项,则将文档放大或缩小到下一个预设的缩放比率。选择“视图”/“缩放比率”菜单项,在子菜单中选择适当的缩放比率。

3. 控制文档的显示模式

在 Fireworks 中,有两种文档显示模式:完全显示模式和草稿显示模式。完全显示模式以图像上全部可用的效果显示文档的完整细节;而草稿显示模式则仅仅显示图像的矢量结构,并没有颜色填充和特效等。两种文档显示模式就相当于看到的是人还是人的骨骼,如图 7-11 所示。选择“视图”/“完整显示”菜单项可以实现两种文档显示视图的切换。

图 7-11　完整视图和草稿视图

4. 操作的撤销和恢复

误操作在所难免，Fireworks 提供了强大的操作步骤的撤销和恢复机制，使之可以恢复到出错前的状态。Fireworks 的撤销和恢复与 Dreamweaver MX 2004 的用法一样，主要通过"历史"浮动面板完成。

5. 文档的保存和导出

对文档编辑完成后，可以将文档保存为多种格式的文件。要保存为 png 文件可以选择"文件"/"保存"（或"另存为"、"保存副本"）菜单项或工具栏中的"保存"按钮。要保存为其他格式的文件，可选择"文件"/"导出"命令。"另存为"和"保存副本"虽然所生成的都是 png 文件。但是执行"另存为"操作后，文档编辑窗口中的当前文件是另存为的文件；而执行"保存副本"操作后，文档编辑窗口中仍然是原来接收编辑的文件。

将文档以 png 格式保存，可以保留文档中所有对象的可编辑特性，以后再次打开该文档时，还可以利用 Fireworks 的各种功能进一步编辑。用于网页文档的图像最常见的文件格式为 jpeg 格式和 gif 格式，可用导出操作生成。但所生成的 jpeg 文件或 gif 文件将不再具备 png 文档中的对各个对象的可编辑特性，而将该图像文件视为一个完整图像。其实际上是将原来基于矢量的对象转换为位图图像。原来的图层被合并，原来文档中的文本也将变为基于像素的图像。

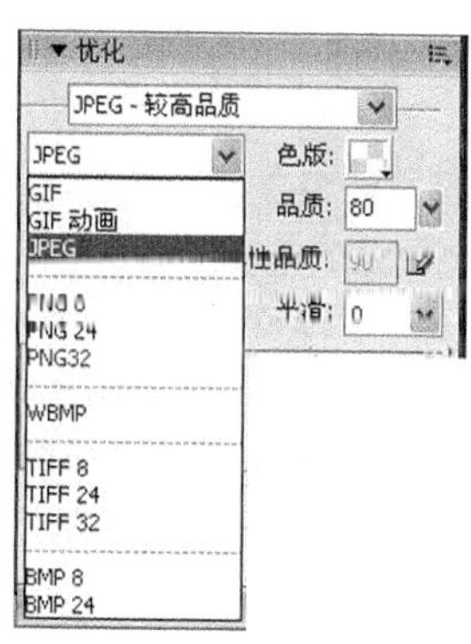

图 7-12　"优化"浮动面板

要导出文档，首先选择要导出的文档为当前文档，然后在"优化"浮动面板（如图 7-12 所示）中选择文件类型和设置文件的属性。选择的文件类型不同，"优化"浮动面板中的内容也不相同。最后选择"保存"/"导出"菜单项或单击工具栏"导出"按钮，打开"导出"对话框，选择保存类型为仅"保存图像"，再单击"保存"按钮，即可生成相应格式的文件。在默认的情况下，导出的文件为 gif 文件。

6. 文档的关闭

要关闭当前文档主要有两种方法：

（1）执行"文件"/"关闭"菜单项。

（2）使用文档窗口标题栏上的"关闭"按钮 ✖。

如果文档尚未保存，Fireworks 将在关闭文档前提示用户是否保存文档。

7.2.5 文档布局工具

Fireworks MX 2004 提供了一些辅助工具来组织文档的布局，如标尺、网格和辅助线（如图 7-13 所示）。这些辅助工具在绘制图像时确定绘制对象的大小，以及将整幅网页作为图片编辑时布局各个网页元素具有重要的意义。

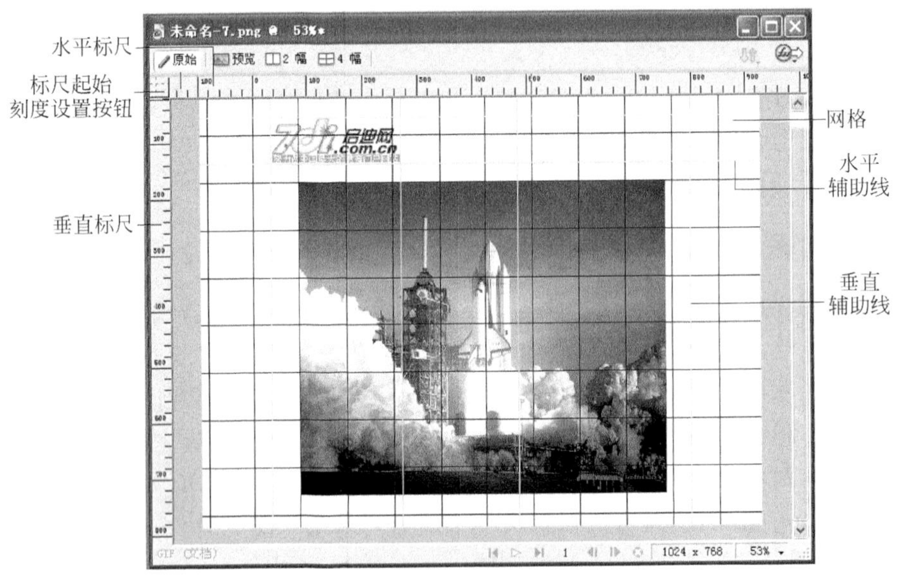

图 7-13　Fireworks 图像布局工具

1. 标尺

标尺包括水平标尺和垂直标尺，以像素为度量单位，能够帮助用户测量和组织文档中对象元素的布局。当光标在文档窗口编辑区移动时，在标尺上将会有两条线标志光标当前的坐标位置。选择"视图"/"标尺"菜单项可以显示或隐藏标尺。如果用户想改变标尺的 0 刻度位置，可以拖动水平标尺和垂直标尺交会处的虚线到相应标尺刻度即可。

2. 网格

网格在画布上显示为一个由横线和竖线构成的体系，它对于精确放置对象很有用。网格线的颜色默认为黑色。执行"视图"/"网格"/"显示网格"菜单项可以显示或隐藏网格，还可以选择"视图"/"网格"/"编辑网格"菜单项，在弹出的"编辑网格"对话框中设置网格线的颜色和网格大小。

3. 辅助线

辅助线包括水平辅助线和垂直辅助线两种。作为帮助用户放置时对齐对象的辅助绘制工具，必须由用户从标尺拖动到文档画布上。辅助线的颜色默认为青绿色。选择"视图"/"辅助线"/"显示辅助线"菜单项可以显示或隐藏辅助线,还可以选择"视图"/"辅助线"/"编辑辅助线"菜单项执行辅助线的颜色、对齐、锁定或解锁等设置。

7.3 矢量对象绘制与编辑

Fireworks MX 2004 集位图编辑与矢量绘图功能于一身。大多数的绘图工具可以在矢量模式下使用,也可以在位图模式下使用。矢量图形是使用矢量的线条和曲线(即路径,包括颜色和位置信息)来描述图像。矢量路径的形状由路径上的关键点确定。创建矢量对象的一般步骤是先选择合适的工具,然后设置所选工具相应的属性,最后在图像窗口中拖动鼠标绘制路径。

7.3.1 绘制矢量图形

利用工具箱中"矢量"工具区的"直线"工具和"矩形"工具组,可以很容易地画出直线、正方形、矩形、圆角矩形、圆形、椭圆形、三角形、多边形、星形、螺线形、箭头和连接线形等规则几何图形。利用"钢笔"工具组可以绘制不规则图形。"矢量"栏的绘图工具如图 7-14 所示。

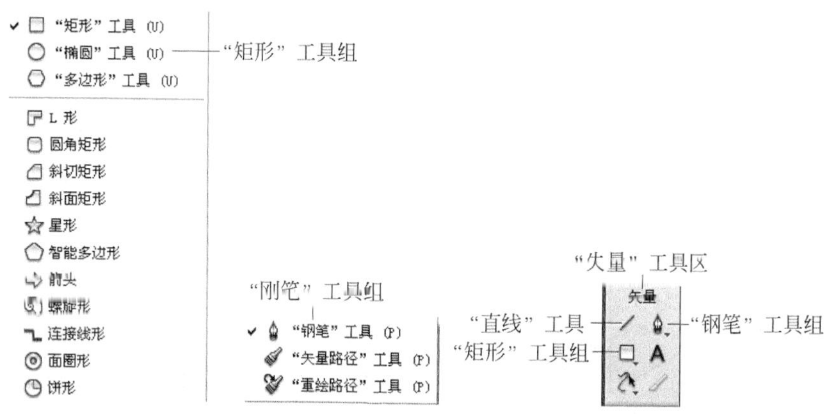

图 7-14 "矢量"栏中的绘图工具

有些工具按钮右下角带有一个黑色小箭头,表明该工具按钮实际上包含几种相同类型的工具,这些工具称为工具组。要从工具组中选择某种工具,可以在该工具按钮上按住鼠标稍停,打开工具组下拉工具列表,然后单击相应的工具项来选择需要的工具。一旦从工具组中选择了一个工具,该工具就会变为工具组的默认工具,同时其图标会显示在原先的工具组按钮上。下次要选择该工具时,只需要直接单击即可。

1. 绘制规则几何图形

1) 绘制简单的几何图形

选择"直线"工具、"矩形"工具或"椭圆"工具,在画布上的路径起点按下鼠标左键，拖动到路径终点，释放鼠标，就可绘制直线、矩形或椭圆。如果绘制的路径位置不合适，可以用“指针”工具选中路径并将其移动到合适的位置。还可以利用属性面板指定路径的起始位置坐标 X、Y 以及宽度和高度值。“直线”工具、“椭圆”工具与“矩形”工具属性面板的区别在于，“矩形”工具属性面板多了一个“矩形圆角”属性，如图 7-15 所示。

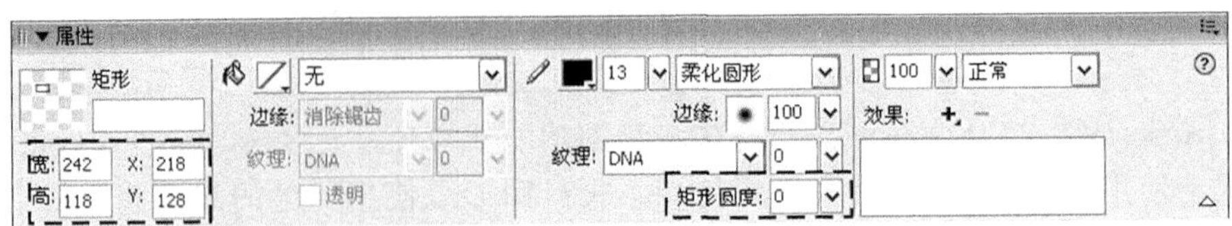

图 7-15 “矩形”工具属性面板

如果按住 Shift 键的同时拖动鼠标，可以绘制水平直线、垂直直线、45°角直线、正方形或圆。按住 Alt 键可绘制以起点为中心的图形。同时按住 Shift 和 Alt 键可绘制以起点为中心的水平直线、垂直直线、45°角直线、正方形或圆。

2）绘制圆角矩形

选择“矩形”工具组中的“圆角矩形”工具▢，可在画布上拖动完成绘制。还可以利用“矩形”工具，先绘制一个相应大小的矩形，然后在“矩形”工具属性面板的“矩形圆角”属性设置圆角的大小。两种方法的区别在于，前一种方法绘制的圆角矩形路径上有 5 个控制点，用“部分选择”工具拖动每个边角的控制点，可以同时调整所有边角的形状；而用后一种方法绘制的圆角矩形必须首先将其作取消组合操作后，才能采用前一种方法进行边角形状的调整。

3）绘制多边形

利用“多边形”工具⬡可以绘制正多边形和星形图形。它们的使用方法和绘制简单的几何图形一样。只是绘制前必须先在“多边形”工具的属性面板上设置“多边形”工具的形状、边数和角度属性，如图 7-16 所示。

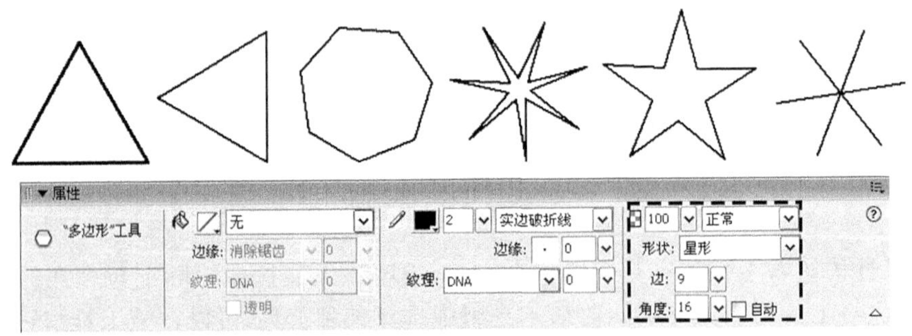

图 7-16 “多边形”工具的属性面板及绘制多边形实例

4）使用形状图库绘制矢量图形

Fireworks MX 2004 新增加了形状图库。在“资源”浮动面板中的“形状”选项卡上可以看到新增的图形，如图 7-17 所示。使用时，从“形状”选项卡选择要应用的图形拖动到画布上的合适位置即可。用户可以通过调节图形上的控制节点来改变其形状，还可以使用“选择”栏中的“指针”工具拖动组成图形的独立路径，来改变各个路径之间相对位置,如图 7-18 所示。

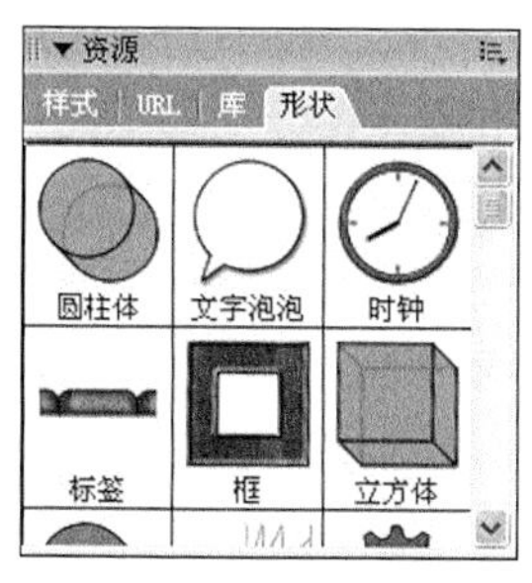

图 7-17　形状图库

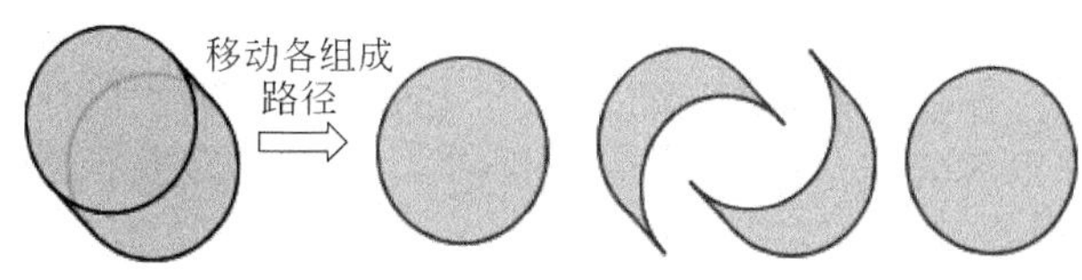

图 7-18　图形拆分

2. 绘制不规则图形

绘制不规则的曲线路径可以利用“钢笔”工具组。“钢笔”工具组包括了“钢笔”工具、“矢量路径”工具和“重绘路径”工具。而“钢笔”工具和“重绘路径”工具除了可以用于绘制新路径外,还可以对原有的路径进行整形。

1)“钢笔”工具

在 Fireworks 中,路径上的节点有曲线点和角点两种。两端都是曲线的节点就是曲线点。通过控制曲线点,可以控制曲线路径的弯曲程度。而至少一边是直线的节点称作角点。利用角点,可以控制直线和曲线以及直线和直线之间的夹角大小。

“钢笔”工具可以通过逐点绘制的方法绘制折线或平滑曲线。要绘制折线路径,只需在画布上逐点单击放置点即可。每次单击绘制一个角点,一条直线段将该角点和上一放置点连接起来构成折线。要绘制曲线路径,可以在绘制点时单击拖动鼠标,进行拉伸和旋转,直到出现所需的曲线后释放鼠标(此时,在该节点上会出现控制柄),再将光标移动到下一点。如果要进一步改变曲线的弯曲程度,必须用“部分选定”工具或再次使用“钢笔”工具,拖动相应点或控制柄。绘制的不规则图形如图 7-19 所示。

图 7-19　使用钢笔工具绘制的曲线路径段形状及曲线

如果希望绘制非闭合路径,则可在路径的终点双击鼠标左键结束。如果希望绘制闭合路径,则可将鼠标移动到起始点位置,单击或双击鼠标左键即可。

2)“矢量路径”工具

使用“矢量路径”工具可以在画布上按住鼠标拖动绘制自由变形的矢量路径,释放鼠标将结束路径。要绘制闭合路径,只需将鼠标拖动到起始点释放即可。按住 Shift 键拖动鼠标可以将路径限制为水平线、垂直线或 45°角直线,同时 Fireworks 会自动将按住 Shift 键绘制的水平线、垂直线或 45°角直线按绘制的先后顺序用直线首尾相连。

3）“重绘路径”工具

利用“重绘路径”工具，可以在保留所选路径的笔触、填充和效果等属性的情况下重新绘制或扩展所选路径段。使用前，首先选定要进行重绘或扩展的路径，然后选择“重绘路径”工具，将光标移动到路径的正上方拖动鼠标绘制，释放鼠标将结束路径。新绘制的路径段将添加到原来的路径上，形成一条新的路径。

若光标拖动的起始位置选择在选定路径的两个端点，则为扩展；若选择在选定路径上两端节点间的某一位置，则为重绘；若选择在选定路径之外，则为绘制一条新路径。

7.3.2 编辑矢量图像

对 Fireworks 中矢量图像的编辑就是对构成矢量图像的路径对象的编辑。编辑矢量图形包括路径的缩小、放大、扭曲、翻转、倾斜、笔触、填充及对象的组织等。而要进行编辑则首先必须选取对象。

1. 选取对象

Fireworks MX 2004 提供了 3 种工具用于选定路径对象，这 3 种工具分别是：“指针”工具、“选择后方对象”工具和“部分选定”工具，如图 7-20 所示。

1）“指针”工具

利用“指针”工具可以选择一个或多个路径对象，同时还可用拖动鼠标的方法来移动对象，改变对象在文档窗口中的相对位置。

从工具箱中选择“指针”工具，将光标移动到要选中的路径对象上方，这时对象的路径会被高亮显示，在默认状态下显示为红色。如果对象被填充，也可以将光标移动到对象上的任意位置。单击鼠标即可选中对象。默认状态下，被选中的对象其路径被显示为蓝色。若要选择多个对象，可以拖动鼠标框选全部要选定的对象，或按住 Shift 键逐个单击要选定的对象。

2）“选择后方对象”工具

对于路径对象来说，对象之间是相互独立的，它们可以相互重叠或遮挡。如果需要选中一个被其他对象遮挡的对象，可以使用“选择后方对象”工具。也可使用该工具选定多个对象，方法同上。

选择“选择后方对象”后，将鼠标指针移动到被遮挡对象的上层对象上，被遮挡对象的路径会以红色高亮显示。逐次单击鼠标，即可以逐层向下选中对象。如图 7-21 所示，在 C 区单击 3 次鼠标选取 A 区对象。

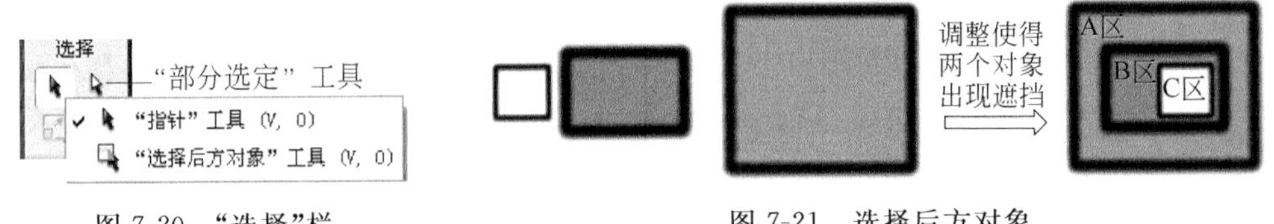

图 7-20 “选择”栏　　图 7-21 选择后方对象

3）“部分选定”工具

“部分选定”工具可以用来选取对象，用法与“指针”工具完全相同。还可以选择对象的某一部分节点进行路径调整。“指针”工具或“选择后方对象”工具选取的对象中路径的节点呈实心小方块，而“部分选定”工具选取的对象中路径的节点呈空心方形，如图 7-22 所示。

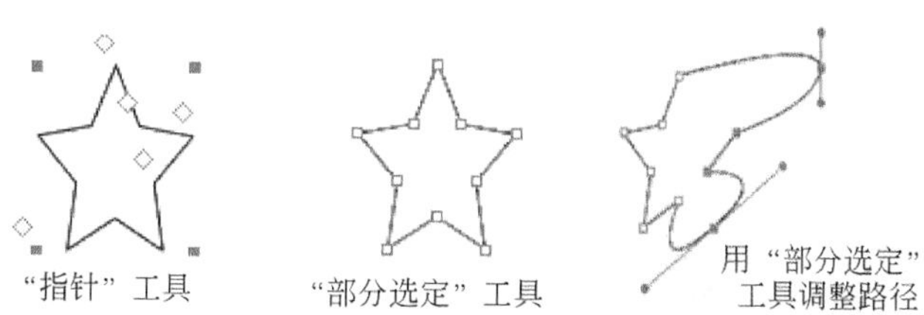

图 7-22 “部分选定”工具的使用

要选取文档中所有图层的所有对象，可执行“选择”/“全选”菜单项，或按 Ctrl＋A 组合键。要取消文档中对象的选定，可选择“选择”/“取消选择”菜单项，或按 Ctrl＋D 组合键。

2. 调整对象

1）缩放对象

利用工具箱“选择”栏中的“缩放”工具或选择“修改”/“变形”/“缩放”菜单项，可以在不改变画布大小的情况下改变对象的大小。也可以利用对象的属性面板直接设置对象的宽度、高度和起始位置、终点位置。使用时，首先选定要缩放的对象，然后选择“缩放”工具，这时对象四周会出现一个带有 8 个变换控制点及一个中心点的变换框。将鼠标移动到某个控制点上，当鼠标变为双向箭头时，拖动鼠标直到将对象缩放到合适大小为止，如图 7-23 所示。

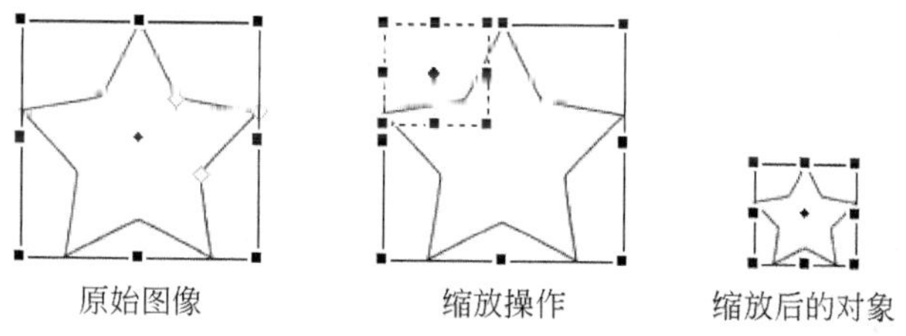

图 7-23 缩放图像的过程

要缩放对象，还可以使用“指针”工具组实现。用“指针”工具组选定某一对象后，该对象的四周会出现 4 个控制点，拖动控制点可以任意改变对象的宽和高。

2）移动、旋转及翻转对象

移动对象主要有两种方法，一种是使用“指针”工具组或“部分选定”工具拖动选定对象；另一种是使用“缩放”工具组中的任一工具。在选定的对象上，当光标变为双向十字箭头时拖动鼠标移动。

要将对象旋转任意角度，可以选择“修改”/“变形”/“缩放”（或“扭曲”、“倾斜”）菜单项，或使用“缩放”工具组中的任一工具，将鼠标移动到变换框外围附近，当鼠标指针变为一个弯曲箭头时拖动鼠标，即以选定框中心点为中心旋转对象。用户可以通过拖动中心点改变旋转的中心。拖动鼠标时按住 Shift 键，可使对象隔 15°旋转。

在“修改”/“变形”子菜单中还提供了“旋转 180°”、“旋转 90°顺时针”、“旋转 90°逆时针”等菜单项，也可通过单击“修改”工具栏中的“旋转 90°顺时针”和“旋转 90°逆时针”按钮将对象按固定角度旋转。

要翻转对象，可以使用工具栏中的“水平翻转”和“垂直翻转”按钮，或选择“修改”/“变形”子菜单中的“水平翻转”和“垂直翻转”菜单项。效果如图 7-24 所示。

原始对象

水平翻转

垂直翻转

逆时针90°

图 7-24　对象的翻转和旋转

3）倾斜、扭曲及数值变形对象

倾斜对象使用“倾斜”工具。将鼠标移动到变换框各边中间的控制点上，当鼠标指针变为一个双向箭头时，拖动变换框上方的控制点，可实现对象沿控制点所在边的方向倾斜，即将对象倾斜为外框为平行四边形的形状。若拖动变换框 4 个角上的控制点，则将对象倾斜为外框为等边梯形的形状。

扭曲操作使用“扭曲”工具。进行对象扭曲操作时，拖动变换框控制点，可以任意改变对象的形状。倾斜和扭曲效果如图 7-25 所示。

原始图像

倾斜图像

倾斜图像

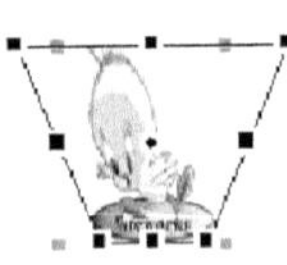
倾斜图像

扭曲图像

图 7-25　对象的倾斜和扭曲

数值变形可以精确控制对象的变形。要进行数值变形，可以选择“修改”/“变形”/“数值变形”菜单项，弹出如图 7-26 所示的“数值变形”对话框。在该对话框中可以设置变形的类型和变形的相关属性值。

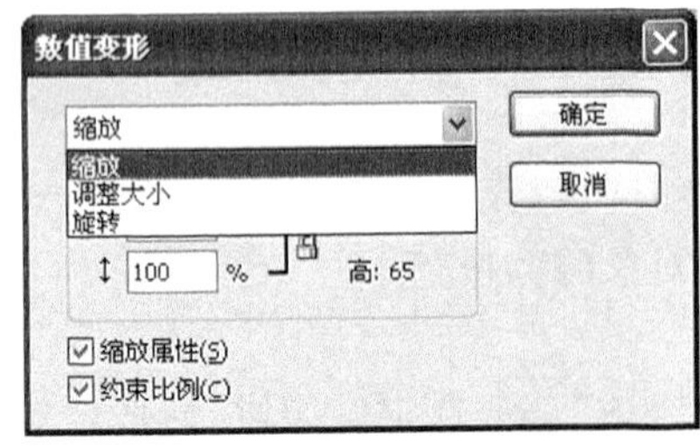

图 7-26　“数值变形”对话框

4）节点编辑

矢量对象由路径和节点组成，通过使用“部分选定”工具拖动路径上的点，可以实现路径的调整。

选择“部分选定”工具，在要编辑路径的对象上单击选定对象，再在要编辑的节点上再次单击选定节点，被选中的节点将以实心小方块显示。而按住 Shift 键逐次单击，可以选中多个节点。要移动选中的节点，可以将鼠标移动到节点上拖动。要删除选中的节点，可以直接按 Del 键。要改变选中的曲线点两端路径的弯曲形状，可以将鼠标移动到该曲线点控制柄的某端点上拖动鼠标，进行旋转或拉伸。要改变选中的角点两侧的路径为平滑曲线，则必须使用“钢笔”工具拖动角点，Fireworks 会将角点转换为曲线点，同时产生一个控制柄。若拖动时按住 Alt 键，可以改变曲线点单侧的曲线形状。效果如图 7-27 所示。

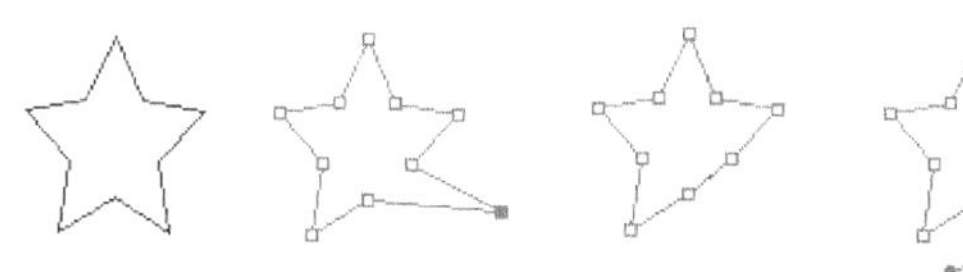

图 7-27　节点编辑效果图

5）整形路径

通过拖动节点和节点控制柄，可以很容易地修改路径，然而不便于修改两节点之间的曲线段的路径。可以用“自由形状”工具组及“刀子”工具对路径进行更加细腻的调整，效果如图 7-28 所示。

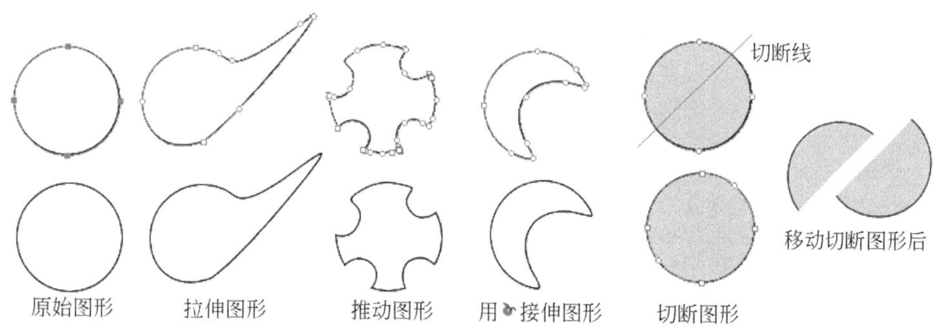

图 7-28　整形路径结果及其节点分布效果图

“自由形状”工具，用于推动或拉伸路径的任何部分而不管节点的位置，直接对矢量对象执行弯曲和变形操作。Fireworks 会根据新路径的形状自动添加或删除节点。使用时，首先选定路径对象，然后选择“自由形状”工具，则鼠标指针变为。当指针位于路径的正上方时，鼠标指针变为，拖动鼠标可以拉伸路径。当指针在路径的附近时，按住鼠标，鼠标指针变为，拖动鼠标可以推动路径。可以在属性面板上更改推动或拉伸指针的大小等属性。

“更改区域形状”工具用于拉伸变形区域指针外圆内所有选定路径的区域。使用方法与“自由形状”工具的推动路径方法相同。但当按住鼠标时，鼠标指针变为两个同心圆状。该工具通常用于产生不规则的边缘形状。使用时，在属性面板中设置较大的区域指针半径，框住或部分框住所选路径，拖动鼠标即可。

“刀子”工具用于将一个完整路径切成两个或多个独立路径。使用时，先选定路径对象，然后选择“刀子”工具，在对象上拖动鼠标产生一条蓝色的切断线。释放鼠标后，在原路径上会增加两个节点。移动各部分对象可实现原路径的分离。

6）组合路径与改变路径

利用组合路径与改变路径操作可以自如地处理路径对象之间的关系，达到调整路径的目的。选择“修改”/“组合路径”子菜单（见图 7-29(a)）中的相关菜单项，可进行组合路径操作，效果如图 7-30 所示。执行“修改”/“改变路径”子菜单（见图 7-29(b)）中的相关菜单项，可进行改变路径操作，效果如图 7-31 所示。

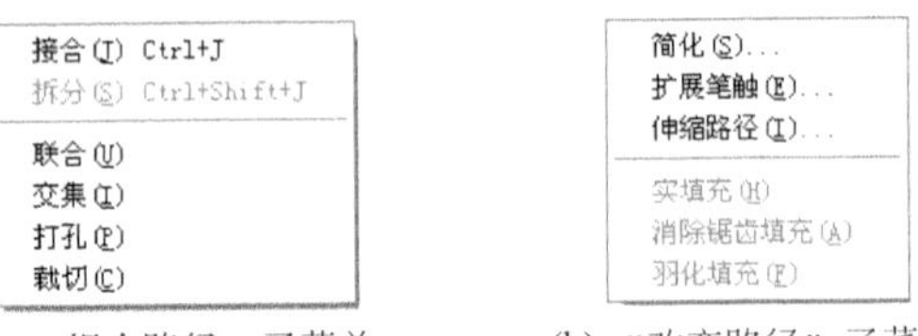

(a) “组合路径”子菜单　　(b) “改变路径”子菜单

图 7-29　“组合路径”和“改变路径”子菜单

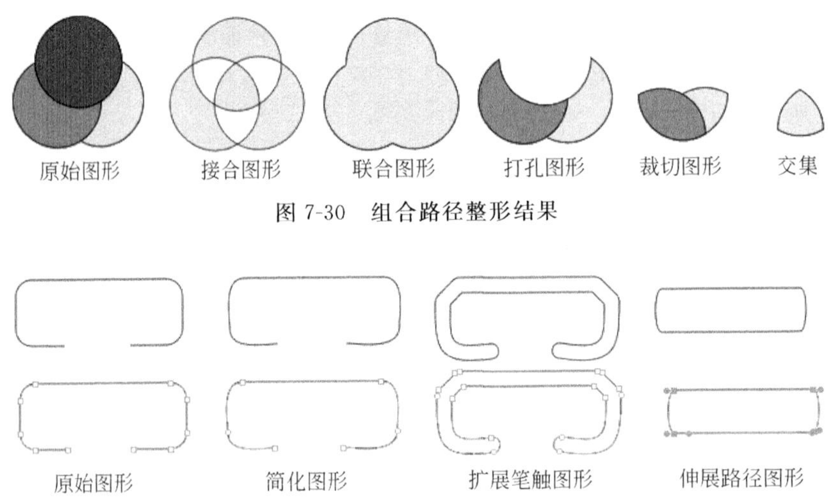

图 7-30　组合路径整形结果

图 7-31　改变路径整形结果及其节点分布效果图

接合：将两个或多个路径（可以是闭合路径或非闭合路径）连接起来，得到一条路径对象。接合路径同组合路径不同。在将对象组合后，可以通过“部分选定”工具分别调整组合对象中子对象的位置。而接合操作一旦完成，就无法调整其中子对象的位置。

联合：将多个独立的路径对象合并成单个路径对象。可连接两个断开路径的端点形成单个闭合路径，还可结合多个路径来创建一个复合路径。如果被联合的对象带有不同的属性，例如具有不同的笔触或填充效果，则联合后生成的对象将应用原先位于最下层的对象的属性。

打孔：删除所选路径对象的某些部分。所删除的部分是：以排列在最前面的路径所围区域为孔，删除其他所有对象的被其覆盖的部分。结果不改变其他对象的属性。所选对象中若存在非闭合路径，则该非闭合对象所围区域为路径端点连线与路径所围部分。

裁切：与“打孔”操作结果相反。以排列在最前面的路径所围区域为孔，选择其他所有对象的被其覆盖的部分。结果不改变其他对象的属性。

交集：从两个或多个对象的交集创建对象。若进行交集操作的多个对象不存在交集，则不生成新的对象。

简化：在保持所选对象的总体形状的前提下，删除路径中的某些点。“简化”操作将根据用户指定的节点数量删除路径上多余的点，但操作所得对象所包含的节点数并非就是用户所指定的数量。

扩展笔触：将选中的路径对象转换为一个与原对象有相似外形的闭合路径对象。该操作首先在原路径的周围生成一个新的闭合路径，然后删除原路径。

伸展路径：将所选对象的路径向内收缩或向外扩展用户指定的像素个数。

3. 组织对象

当文档中包含有多个对象时，用户需要组织对象。对象的组织包括对象的对齐、重叠、显示和隐藏、组合及对象的复制与粘贴。

1) 对齐对象

对齐对象的方法有 3 种：选择“修改”/“对齐”子菜单中相关对齐方式的命令；使用“修改”工具栏中的“对齐对象”按钮；还可使用“对齐”浮动面板。要打开“对齐”浮动面板，可以选择“窗口”/“对齐”菜单项。要执行对齐操作，首先必须选定要执行对齐的多个对象。

对象的对齐方式主要有：水平方向上的左对齐、垂直居中对齐和右对齐；垂直方向上的顶对齐、水平居中对齐和底对齐。对齐的效果如图 7-32“对齐”属性面板上的虚线框所示。水平方向上的对齐不改变各个对象在垂直方向上的相对位置；垂直方向上的对齐不改变各个对象在水平方向上的相对位置。

2) 对象的堆叠顺序

当多个对象彼此堆叠和覆盖时，往往会影响对象的显示和编辑。另外，在绘制矢量图像时，也可能要改变图层堆叠的先后顺序。

改变堆叠顺序的一般步骤是：首先选定要改变顺序的对象，然后选择“修改”/“排列”子菜单项或“修改”工具栏中的相关子项：移到最前（将选中的对象移动到最上一层）、上移一层（将所选对象向上移动一层）、下移一层（将选中的对象向下移动一层）、移到最后（将选中的对象移动到最底层），效果如图 7-33 所示。

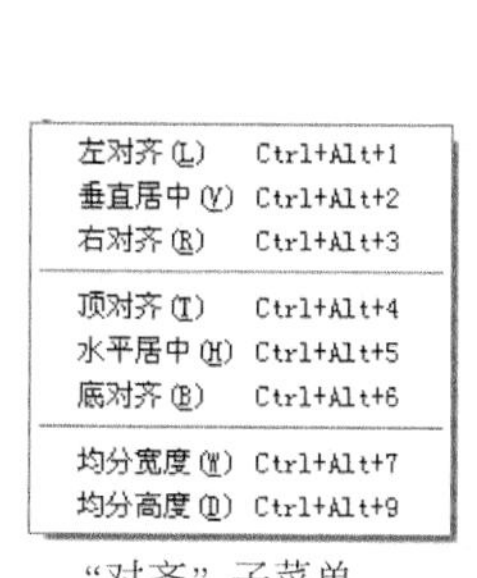

“对齐”子菜单

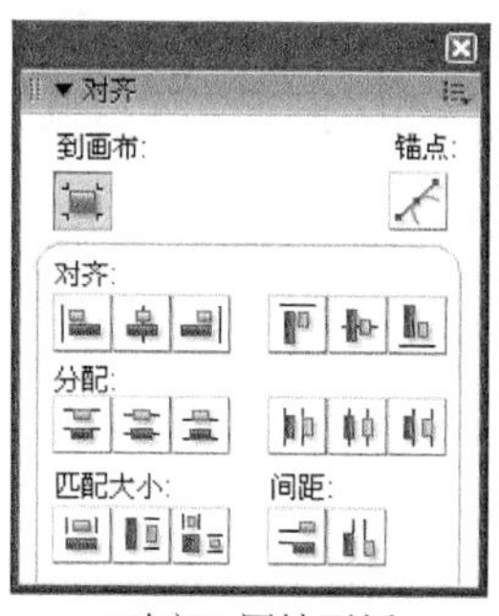

“对齐”属性面板

图 7-32 “对齐”子菜单和属性面板

移动前　移动后

图 7-33 将选定椭圆上移一层

3）显示和隐藏对象

如果某个对象暂时不需要或为了看清楚其他的对象，可以将该对象先隐藏起来，等到需要的时候再将其显示。隐藏对象可执行“视图”/“隐藏选区”菜单项。一旦对象被隐藏，在下次打开该文档时会保持隐藏状态。若要重新显示隐藏的对象，需执行“视图”/“显示全部”菜单项。

4）组合对象

当用许多简单的图形构成一个复杂的图形后，实际上每个简单的图形还是一个独立的对象，这对移动整个图形来说将变得非常困难，还可能由于操作不当而破坏刚刚构成的图形。组合可以将多个对象合成为一个对象使用，移动组合对象时，多个子对象之间的相对位置始终保持不变。在需要的时候，又可以将组合对象重新拆分为多个相互独立的子对象。

选定要组合的多个对象，然后单击鼠标右键，在弹出的下拉菜单中选择“组合”，就可以将所选对象组合成一个对象。也可以执行“修改”/“组合”菜单项或单击“修改”工具栏上的“组合”按钮。要拆分所选组合对象可以使用快捷菜单、“修改”菜单或工具栏中的“拆分”按钮。

使用“指针”工具选中组合对象时，它们被作为一个完整的对象，只能对整个组合对象进行编辑；而使用“部分选定”工具可以选中组合对象中的子对象。选中子对象后，可以对其进行编辑。

5）复制、剪切、粘贴和删除对象

如果希望对对象进行复制、剪切、粘贴和删除，可以选择“编辑”/“复制”（或“剪切”、“粘贴”、“清除”）；可以使用工具栏中相关的命令按钮；还可以使用快捷键操作，分别为Ctrl＋C、Ctrl＋X、Ctrl＋V和Del键。

粘贴对象时，Fireworks不仅会保留原对象的路径和节点，同时也会保留附着于对象上的各种属性，如笔触和填充效果等。所粘贴的对象将覆盖在原对象上，用户可以通过移动对象改变粘贴对象的位置。

7.3.3 笔触和填充

描边和填充是路径的两个基本属性。描边就是使用画笔绘制图形时生成的笔画轨迹。它附着在路径上；而填充则处于对象内部。

要设置笔触颜色和路径填充颜色，可以使用工具箱中的“颜色”栏，如图7-34所示。默认情况下，笔触颜色为黑色，无填充颜色。可在选中绘制工具或选中路径对象后设置笔

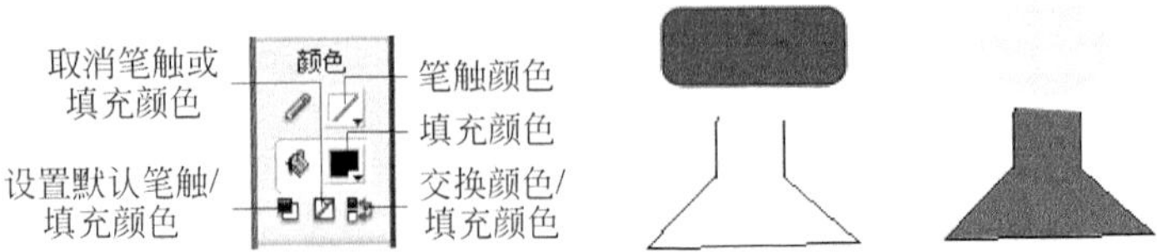

图7-34　在工具箱中设置笔触颜色/填充颜色及填充颜色效果图

触颜色和路径填充颜色。在使用填充选项时，只有闭合路径才会自动填充颜色。对于用“钢笔”工具组绘制的非闭合路径，则必须选中路径，然后单击“填充颜色”的颜色框，在打开的颜色井中指定填充颜色进行填充。单击颜色井下方的“填充选项”按钮，还可以对路径进行网页抖动填充、渐变填充和图案填充。

笔触和填充还可通过路径对象或绘制工具的属性面板进行更细腻的设置。图 7-35 所示为“矩形”工具属性面板。

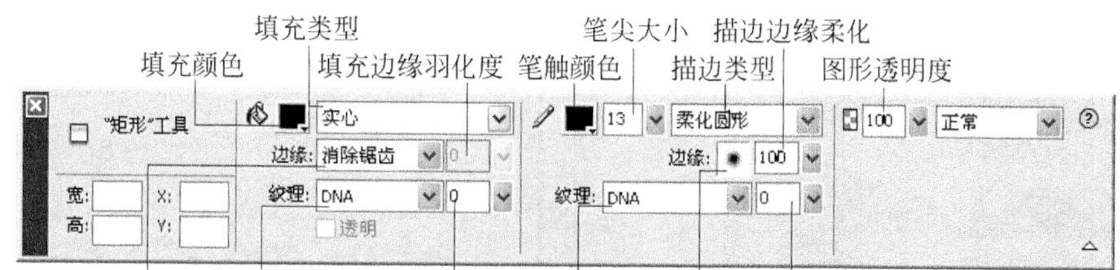

图 7-35 “矩形”工具属性面板

1. 笔触设置

笔触其实就是画笔，可以选中路径对象或绘图工具，在属性面板中设置笔触颜色、笔尖大小和形状、描边类型、用墨量、纹理和边缘效果等。

笔尖大小：用来设置绘制工具笔尖半径大小或选定路径描边宽度。

描边类型：Fireworks MX 2004 提供了丰富的描边风格，用户只需要从描边类型列表框(如图 7-36 所示)中选择所需的类型。在“描边类型”下拉列表中单击“笔触选项”，弹出“笔触选项”窗口，可设置“描边类型”下拉列表中的相关类型的属性，如图 7-37 所示。要设置笔触与路径的相对位置，有 3 种选择：路径外、居中于路径和路径内。效果如图 7-38 所示。选中“在笔触上方填充”复选框，将在笔触上填充，否则笔触会覆盖填充。单击该对话框中的“高级”按钮，打开“编辑笔触”对话框，如图 7-39 所示，可对所选描边类型进行更细微的设置。

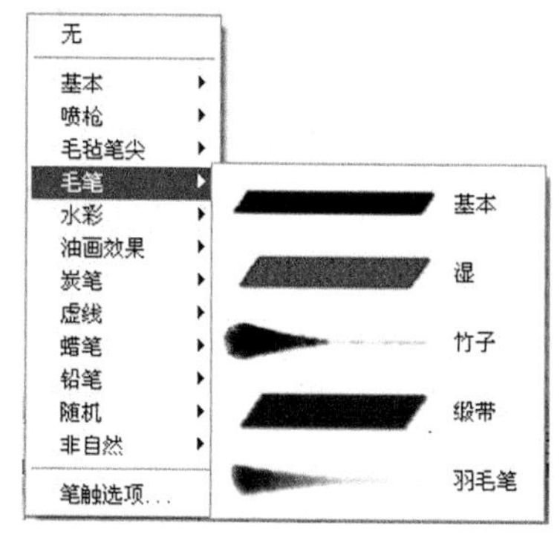

图 7-36 “描边类型”下拉列表

图 7-37 “笔触选项”对话框

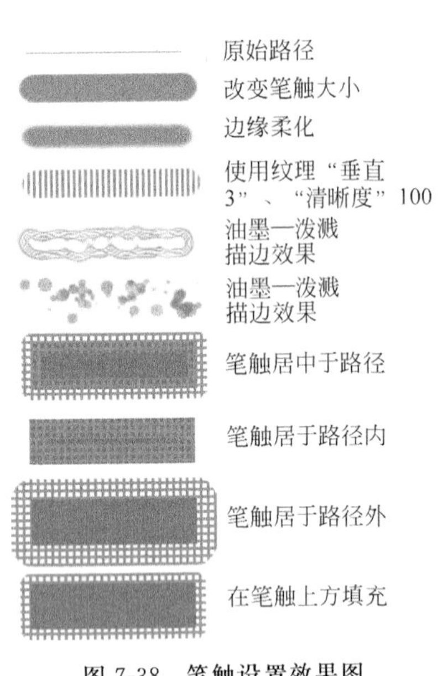

图 7-38　笔触设置效果图

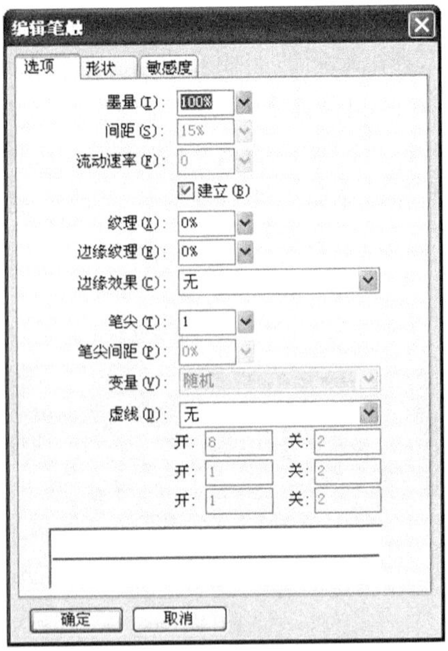

图 7-39　“编辑笔触”对话框

边缘柔化：用来设置边缘的柔化程度。值越大，描边边缘越柔和，图形边缘在视觉上也就越模糊。

纹理：用来设置对象的笔触填充方式。可从“纹理”下拉列表选择所需的纹理类型。“纹理清晰度”列表框中的值和笔触半径越大，在路径上所使用的纹理效果就越清晰。

2. 填充效果设置

填充效果位于路径对象内部。填充的路径对象可以是闭合路径，也可以是非闭合路径。填充类型（如图 7-40 所示）常用的有基本色填充、网页抖动填充、渐变填充和图案填充 4 种方式。填充操作方法主要也有 4 种。如果用户想使用图像已有的颜色作为当前被选定对象的填充色，可以使用工具箱“位图”栏的“滴管”工具在已有的颜色上单击提取该颜色，即可自动填充路径。而用工具箱中的“油漆桶”工具、“颜色”栏中的“填充颜色”工具、选定路径对象或绘制工具时对应的属性面板，也可以实现路径填充。后面 3 种方法的操作类似，下面以属性面板操作为例进行说明。

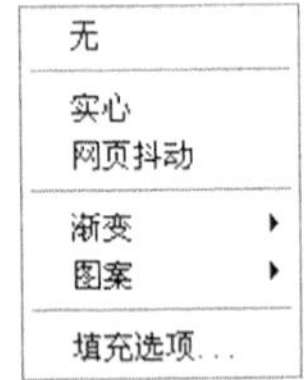

图 7-40　“填充类型”列表

1）基本色填充

选中要填充的对象，在属性面板上选择填充类别为“实心”，单击“填充颜色”颜色框，选择需要使用的填充颜色即可。

2）网页抖动填充

在 Web 中，主要使用 256 种 Web 安全色（即能被所有浏览器正常识别的颜色）。如果需要的颜色超出了这 256 种，则可以从 256 种安全色中合成所需颜色，这种合成操作称作抖动。被合成出来的颜色仍是安全色，可以被所有的浏览器正确显示。

选中要填充的对象，在属性面板上选择填充类别为“网页抖动”，单击“填充颜色”颜色框，在弹出的对话框中选择参与合成的颜色，单击图7-41所示的“第一种安全色选择区”、“第二种安全色选择区”，完成后单击对话框外的任意区域即可。

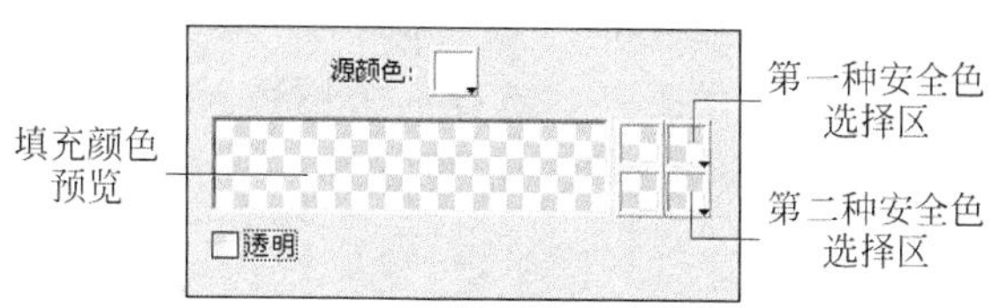

图7-41 “网页抖动”对话框

3）渐变填充

渐变填充与基本色填充和网页抖动填充的区别在于，对对象进行渐变填充时，填充到对象中的颜色不是一种，而带有相应的变化。使用时，先选中要填充的对象，在属性面板上选择填充类别为“渐变填充”，然后在弹出的下拉列表中选择合适的渐变类型即可。

4）图案填充

用法与渐变填充相同，只是选择填充类别为“图案填充”。对象中所填充的图案还可以是用户自己的图像文件。选定待填充的路径对象后，单击“图案填充”下拉列表中的“其他”子项，在弹出的“定位文件”对话框选择要作为填充图案的图像文件即可。

使用图案填充和渐变填充的路径对象，若再选择“油漆桶”工具，则会在渐变填充的对象上出现渐变方向控制柄，如图7-42所示，拖动其中心点及两控制柄可以改变渐变方式。

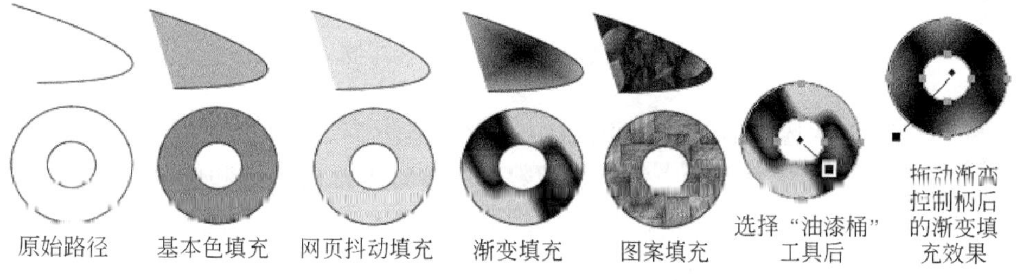

图7-42 填充效果

7.4 位图图像处理

位图的实现原理与矢量图像不同。位图图像由排列成网格的点（又称为“像素”）组成，图像由网格中每个像素的位置和颜色决定，每个点被指定一种颜色。当图像放大或缩小时，点的位置发生变化，关系也可能发生变化，因此出现失真现象。但位图在显示图像的质量上远远优于矢量图，而且还可以很方便地进行特效处理。

要创建位图图像，可以用工具箱中“位图”栏的工具绘制，还可以打开或导入位图图像，以及将矢量对象转化为位图图像。

7.4.1 选取位图区域

选择工具在图像处理中非常重要，它将编辑的范围限定在图像的选定区之内。Fireworks 提供的位图选取工具有“选取框”、“椭圆选取框”、“套索”、“多边形套索”和“魔术棒”工具。而“指针”工具、“选择后方图像”工具和“部分选择”工具在位图模式下只能选定、移动位图或移动选择框中的像素。

1. 选取规则的像素区域

在“选取框”工具组中，主要包括了“选取框”工具和“椭圆选取框”工具，可创建矩形和椭圆形规则区域。只需在选择工具后，在位图对象上拖动鼠标，然后释放即可。所选定的像素区域四周将出现闪烁的虚线框，表示框内的位图像素被选中。将鼠标移动到选取框内时，拖动鼠标，可移动选取框的位置。如果要取消选区，可以按 Esc 键或在选区外单击。拖动鼠标时按住 Shift 键，可以选中正方形或圆形像素区域；按住 Alt 键，将会以鼠标按下处为中心点建立选区。

通过在工具的属性面板中设置“选取框”工具的属性可以得到不同的选取框形状。“选取框”工具（如图 7-43 所示）与“椭圆选取框”工具的属性面板类同。

图 7-43 “选取框”工具的属性面板

宽、高，X、Y：显示选取框的宽度和高度，以及水平方向上起始位置和垂直方向上的起始位置。用户可以在各输入框中输入新的数值改变选取框的大小和位置。

样式：定义选取框的形状和宽高比例。有 3 个选项：正常（拖动形成的选取框宽高比例任意）、固定比例（选取框宽高比例固定不变，可在样式下方的文本框中设置比例）和固定大小（选取框的大小固定不变，可设置宽度、高度的像素值）。

边缘：定义选取框边缘的效果。有 3 个选项：实边（选取框边缘不进行任何平滑处理。当位图的分辨率较低时，移动选区后，选区中的位图像素边缘会出现锯齿）、消除锯齿、羽化（对选区边缘进行羽化，使选区边缘平滑过渡。移动选区后，选区中的位图像素边缘较模糊。这有利于选区与周围像素的混合，效果如图 7-44(a)所示）。

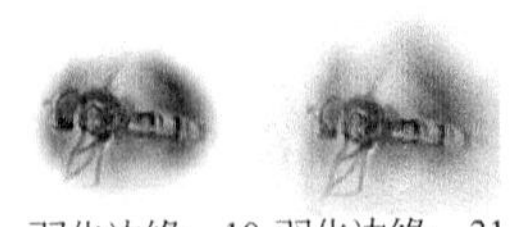

(a) 羽化边缘

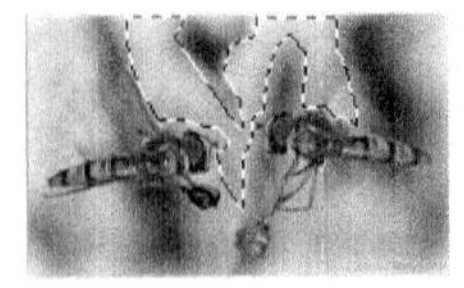

(b) 使用“多边形套索”工具

(c) 使用“魔术棒”工具

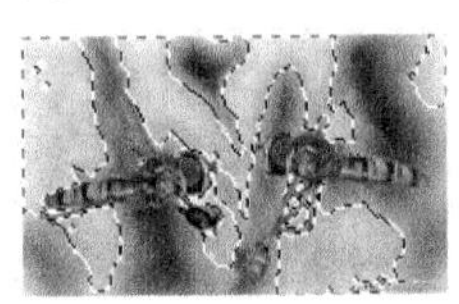

(d) 使用“选择相似”命令

图 7-44 不规则像素区域的选定及边缘“羽化”效果

2. 选取不规则的像素区域

利用“套索”工具可以在位图图像上选中任意形状的像素区域。利用“多边形套索”工具可以选中多边形的像素区域。利用“魔术棒”工具则可选中位图图像上与单击位置有相同或相近颜色的连续像素区域。“多边形套索”工具和“魔术棒”工具的效果如图 7-44(b)和(c)所示。

使用“套索”工具时,只要围绕要选择的像素区域拖动鼠标,当回到起点位置时释放鼠标,即可形成闭合的虚线框。

“多边形套索”工具与“套索”工具不同。它是通过从起点位置开始,沿着希望选取的多边形区域逐次单击鼠标设置关键点来选取像素区域的。Fireworks 会自动用直线连接这些关键点。若希望结束选定,则可在结束位置双击鼠标。则从结束位置到起点位置会自动连接一条直线,形成闭合的选取框。为了使选择的多边形像素区域更精确,可以先放大图像,再使用“多边形套索”工具选取像素区域。

如果想使选定的像素区域或选定的像素外的区域颜色较单一时,使用“魔术棒”工具会更方便。使用时,在希望选取的区域上单击鼠标,则与单击处颜色值相同或相近的连续像素区域都会自动被选定。按住 Shift 键在希望增加的像素区域上单击鼠标,则可增加选定的区域;按住 Alt 键在已选取的像素区域上单击鼠标,则可减少选定的区域。“魔术棒”工具有边缘和容错两个属性。容错表示选取位图时颜色的色调范围。若值为 0,则只选中和单击处颜色值完全相同的连续像素。容错值越大,一次单击鼠标选取的区域就越大。

如果使用任一种位图选取工具在位图上选择一个区域,然后执行“选择”/“选择相似”菜单项,则在整个文档中与选区内颜色相同或相近的区域将全部被选中(见图 7-44(d))。

3. 调整选区

在选取图像像素时,很难一次就选取得到需要的像素区域,因此需要对选区作调整,使之最终符合需要。

1) 调整选区大小

建立选区后,当按住 Alt 键创建新选区时,会在原有选区的基础上减去新创建选区和原有选区重叠的区域。按住 Shift 键,则新创建的选区被添加到原有选区上,组合形成一个区域;按住 Shift+Alt 键创建新选区,则保留新旧选区重叠的区域。

2) 反选选区

所谓反选,就是使原来选中的区域变为不选中,原来不选中的区域变为选中。要反选选区,只需在建立选区后,执行“选择”/“反选”菜单项即可。

3) 扩展和收缩选区边界

建立选区后,如果希望扩大或收小选区,可选择“选择”/“扩展选取框”(或“收缩选取框”),在弹出的对话框(如图 7-45(a)所示)中设置希望扩展或收缩的像素,然后单击“确定”按钮即可。

4) 平滑选取框

在使用“魔术棒”工具创建选区时,选区边缘往往会有很多棱角、锯齿及多余的像素。

(a) “扩展选取框”对话框

(b) 平滑选取框前后的效果

图 7-45 调整选区

如果用户希望去除选区边缘多余的像素，使边缘线条变得更加平滑，可选择“选择”/“平滑选取框”菜单项，在打开的“平滑选取框”对话框中设置取样半径值，然后单击“确定”按钮即可。平滑选取框前后的效果如图 7-45(b)所示。

7.4.2 位图的绘制、编辑与修饰

对 Fireworks 中位图图像的编辑就是在位图模式下对构成位图图像的像素的编辑，包括位图的绘制、移动、缩放、翻转、倾斜、填充、复制、剪裁及对象的组织等，编辑的对象可以是位图或选定的像素区域。位图对象的组织与编辑和矢量对象的方法一样。只是用“部分选定”工具拖动选择框中的像素时为复制选中的像素操作，且每拖动一次选择框就在鼠标释放的位置复制一次选择框中的像素，在视觉效果上与复制、粘贴一样。但与复制、粘贴不同的是，拖动所得的像素与原位图在同一个图层，与原位图合成为一个新位图对象。

1. 绘制图像

在位图编辑窗口中，可以绘制矢量图形，也可以绘制位图图像。Fireworks 会根据所选工具的不同，在位图模式和矢量模式间自动切换。

绘制位图的工具主要有“铅笔”工具和“刷子”工具两种。使用时，在画布上按住鼠标拖动即可。若拖动时按住 Shift 键，可绘制水平线、垂直线和 45°倾斜线。只是所绘制的图像是位图，不能用路径选择、编辑工具选择和编辑线条。

“铅笔”工具可以绘制像素为 1 的自由曲线，其属性面板如图 7-46 所示，各项功能如下。

图 7-46 “铅笔”工具属性面板

(1) 消除锯齿：对绘制的线条作平滑处理。

(2) 自动擦除：在笔触颜色上使用填充色。

(3) 保持透明度：使“铅笔”工具只能在位图的非透明区域绘制，对透明区域无效。

“刷子”工具也用于绘制自由曲线，但可设置刷子的笔触和描边效果。

2. 复制和擦除像素

在位图模式下，可以对选中的区域进行剪切、复制、粘贴、删除等操作，方法和功能与在对象模式中相同。另外可以使用“橡皮图章”工具来复制位图图像的部分像素。

使用时，先在工具箱中选择“橡皮图章”工具，在要复制的像素上单击鼠标，则单击位图处会留下一个十字标志，指定复制源；然后移动圆形指针到需要复制到的目标位置，拖动鼠标复制像素，直到像素区域完全被复制。所复制的像素与原像素在同一图层上。

“橡皮图章”工具的属性面板如图 7-47 所示。可设置图章的大小、边缘的柔和度和使用整个文档属性。选中“使用整个文档”复选框，能够以所有图层上的全部对象为复制源。否则，只以复制源所在的位图为复制源。

图 7-47 “橡皮图章”工具属性面板

除了使用删除选区像素的一般方法删除选定的像素外，用户还可以使用“橡皮擦”工具直接在要擦除的位图区域或预先选定的区域中拖动鼠标擦除像素。“橡皮擦”工具只能擦除某个图层上的像素，若要擦除其他图层上的像素，则必须重新选择“橡皮擦”工具进行上述擦除操作。在“橡皮擦”工具属性面板(如图 7-48 所示)中，用户可以修改橡皮擦的大小、形状和边缘属性，效果如图 7-49 所示。

图 7-48 “橡皮擦”工具属性面板

原始图像

直接擦除像素

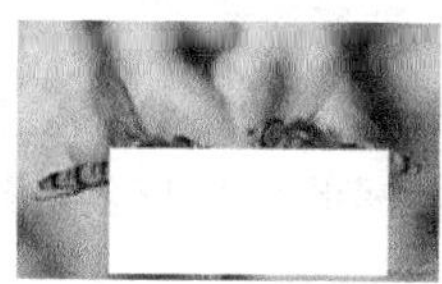

按Del键删除选区像素

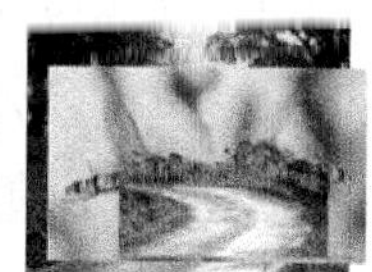

删除或擦除像素后，有图层重叠时的效果

在选区中擦除像素

图 7-49 “橡皮擦”工具的使用

3. 填充

在位图模式下，“滴管”工具只能提取编辑窗口中的图像上已有的颜色，而不能直接对选区填充颜色。“滴管”工具的使用必须与“油漆桶”工具结合使用。

“油漆桶”工具组有“油漆桶”和“渐变”工具两种，使用方法和矢量路径效果填充一样。“油漆桶”工具填充的范围有两个原则：一是选取框内填充；二是在颜色封闭区域仅填充与单击处颜色相同或相近的连续区域。如果要填充的区域不是纯色区域，可在属性面板(如图 7-50 所示)中设置容差值，或选择填充选区复选框。

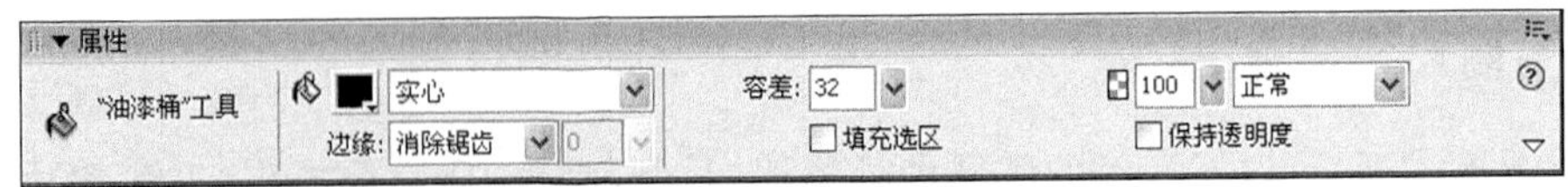

图 7-50 "油漆桶"工具属性面板

4. 将矢量对象转换为位图对象

在 Fireworks 中,如果要将部分矢量对象(包括文本对象)转换为位图对象,可以选中要转换的矢量对象,然后右击鼠标,执行下拉菜单中的"平面化所选"菜单项,则被选中的对象就被转换为一个位图对象。

5. 位图的修饰

修饰位图对象的工具主要有"模糊"工具、"锐化"工具、"减淡"工具、"烙印"工具和"涂抹"工具,效果如图 7-51 所示。

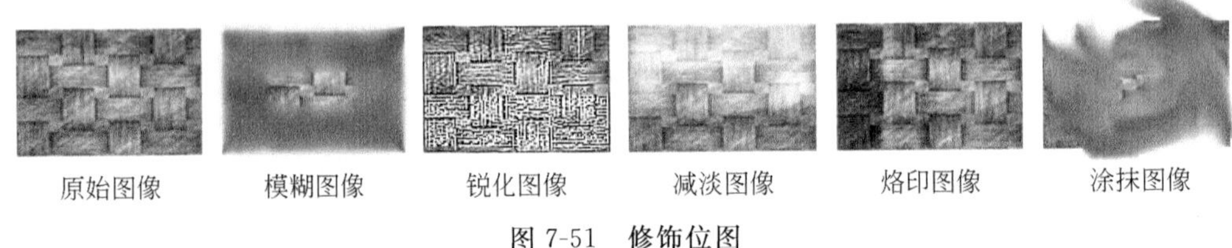

图 7-51 修饰位图

"模糊"工具:对选中的位图对象作模糊处理。

"锐化"工具:通过加深位图图像不同像素之间的色差值将图像变得更清晰。

"减淡"工具:使得选中的位图对象的颜色变得更淡。

"烙印"工具:使得选中的位图对象的颜色变得更深。

"涂抹"工具:对选中的位图对象进行涂抹。

修饰工具可以对选中的区域或位图对象进行修饰。使用时,只要在要修饰的像素区域上来回拖动鼠标即可。单击并拖动鼠标的次数越多,修饰的效果就越明显。

7.4.3 层、图像合成与蒙板

Fireworks MX 2004 的层可以帮助用户组织文档的结构。每一层相当于一张透明的胶片,可将图像的不同部分分别绘制,然后叠放起来形成一幅图像。还可以对层进行管理,通过层的灵活运用快速地编辑图像对象。例如,利用层的锁定功能,可保护文档中的对象不被错误地选择和编辑。

图像的合成技术和蒙板技术是两种与层的应用密切相关的技术。图像的合成技术是通过改变位于上层的对象的透明度,并按照特定的模式显示位于下方被遮挡的对象,以获得图像的特殊效果。蒙板技术是另一种创建独特透明效果的技术。可以理解为计算机图像创作的模板,可在限定的形状和范围内显示图像。用于图形创作的模板可以是矢量对象、位图对象或文本对象。

1. 层的使用

在层中显示了文档中所有的层和层中所包含的所有对象的缩略图，以及各层和对象的显示和编辑状态。每个层都以一个文件夹图标表示，层的名称直接附在图标后面。层左边的加号标记⊞表示该层处于折叠状态，该层中所包含的所有对象的缩略图在“层”浮动面板中均处于隐藏状态。单击该标记会变为减号标记⊟，可展开该层，则该层中所包含的所有对象的缩略图都会在“层”浮动面板显示。处于高亮显示的层和对象表示该层和对象为当前活动层和对象，要改变当前活动层和对象，可直接单击该对象的缩略图或在文档编辑窗口中直接单击该对象即可。

层的操作主要通过“层”浮动面板(如图7-52所示)完成。要显示“层”浮动面板，可以执行“窗口”菜单中的“层”菜单项。

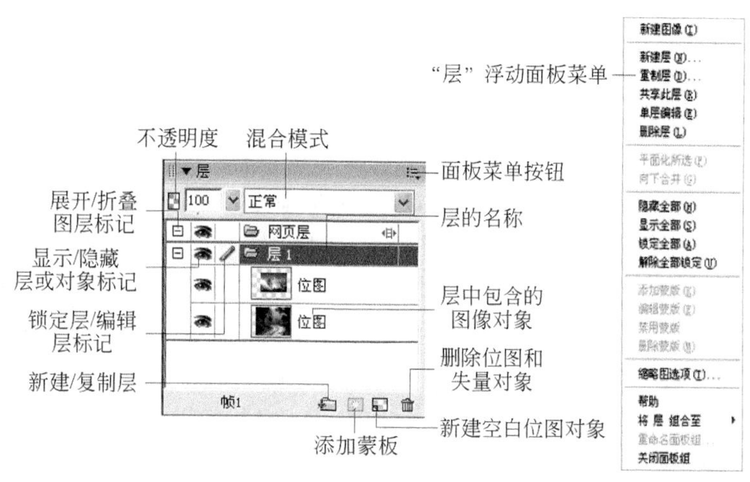

图7-52 “层”浮动面板及“层”浮动面板菜单

1) 层的创建与编辑

默认情况下，在Fireworks的文档中包含了网页层和层1两个层。网页层主要用于处理同Web操作密切相关的对象，如图像热点和切片等。层1主要用于处理普通的图像对象；除非创建新的层，否则默认状态下所有的普通对象，包括路径对象、位图对象和文本对象等都放置于该层中。

要创建新的层，可以用面板下方的“新建/复制层”按钮或执行面板菜单中的“新建层”菜单项。默认情况下，新建层名称为“层 *n*”，*n* 为层的编号值。双击层名称可重命名当前层。要删除层，可将希望删除的层直接拖动到“删除所选”按钮，也可先选定层，然后单击“删除所选”按钮。要复制层，可将要复制的层直接拖动到“新建/复制层”按钮。复制后的新层中包括了源层中所有的图像对象。新建和复制的图层将插入到当前活动图层之上。要改变层的重叠顺序，可以通过直接在“层”浮动面板中向上或向下拖动层实现。

在“层”浮动面板中对各层所包含的图像对象的操作与对层的操作方法一样。值得一提的是，对象可在层间移动。

2) 层的管理

对层的管理主要指锁定与解锁层、显示与隐藏层和对象及向下合并对象。

锁定与解锁只对层有效。被锁定层的左侧会有一个锁标记，表示该层中对象不能编辑。要编辑层，可直接单击标记位置进行解锁。若在层名称前有一个铅笔标记，则该层为当前活动层(即当前正在进行的图像处理操作全部在该层上进行)且可编辑。直接单击处于解锁状态的层名称即可改变当前层，但被锁定的层不能被激活为当前层。

隐藏与显示对层和对象均有效。在折叠与展开标记右侧若有一个眼睛标记，则该层中所包含的所有对象都会在文档编辑窗口中显示。否则，该层中所包含的所有对象在文档编辑窗口中处于隐藏状态。单击该标记可改变层或对象的显示和隐藏状态。层的隐藏状态优先级高于对象。

在 Fireworks 文档中，所有对象按“层”浮动面板中的层及层中对象的次序叠放。可将处于一个或多个层中的多个对象组合为一个图像对象，组合对象的重叠顺序保持为组合源中处于最上层的对象原来所在的层及其在层中的顺序。在 Fireworks 中，还提供了向下合并对象的功能，可将所选对象向下与所选对象中处于最下层的对象的直接下一层对象合并，结果为一个位图对象。向下合并所形成的对象的重叠顺序保持为所选对象中处于最下层的对象的直接下一层对象原来所在的层及其在层中的顺序。所选对象可以是处于一个或多个层中的一个或多个对象。要选择多个对象，可结合 Shift 键操作。但是，值得注意的是，若要进行向下合并，则所选对象中处于最下层的对象的直接下一层对象必须是位图对象。例如，图 7-53 的原始文档中，如果所选对象为层 2 中的所有对象，则向下合并操作无法实现。因为路径 12 的下一层对象为路径 11，非位图对象。

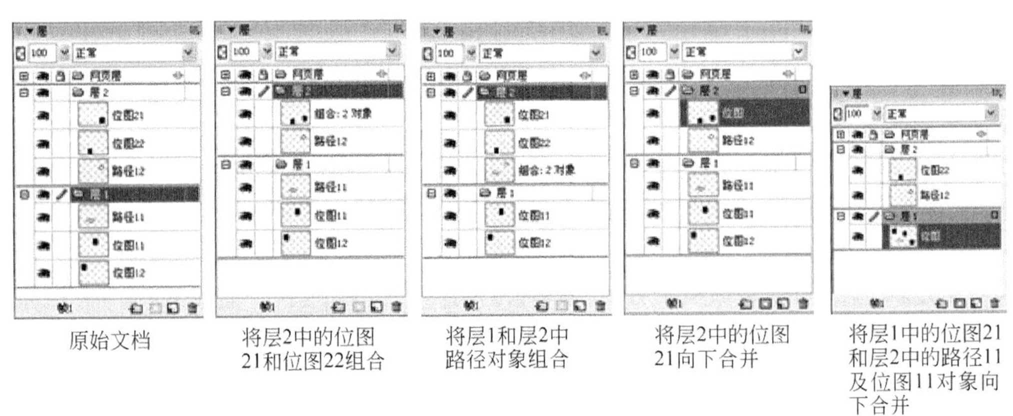

原始文档　　将层2中的位图21和位图22组合　　将层1和层2中路径对象组合　　将层2中的位图21向下合并　　将层1中的位图21和层2中的路径11及位图11对象向下合并

图 7-53　组合对象与合并对象

要向下合并，必须首先在“层”浮动面板中选择一个或多个层中的一个或多个对象，然后再执行“层”面板菜单或“修改”菜单中的“向下合并”命令。

2. 图像合成技术

在默认情况下,位于下方的图像对象被其上方的图像对象重叠的部分将被完全遮盖。利用 Fireworks 提供的合成技术,可决定上下两幅图像如何共同显示。合成技术主要包括设置不透明度和混合模式两种功能。合成操作前,所选对象可以是一个或多个层中的一个或多个对象。

1)设置不透明度

通过设置不透明度,可以使下层对象完全被显示或完全被遮盖,或按某种透明程度显示。要设置所选对象的不透明度,可以使用"层"浮动面板或所选对象的属性面板中的"不透明度"选项 100 ,拖动弹出滑块调节不透明度值或直接在文本框中输入一个 0～100 的数值。值为"0"可将对象置为完全透明,值为"100"可将对象置为完全不透明。默认值为 100。

2)设置混合模式

混合模式用来改变多个重叠对象重叠区域颜色的混合方式,它包括混合颜色、不透明度、基准颜色和结果颜色 4 个元素。混合颜色是应用混合模式的颜色。不透明度是应用混合模式的透明度。基准颜色是混合颜色下的像素颜色。结果颜色是对基准颜色应用混合模式的效果所产生的结果。

要设置对象或层的混合模式,首先必须选定对象或图层,然后在"层"浮动面板或属性面板中的"混合模式"选项 正常 中设置,其下拉列表如图 7-54 所示。

图 7-54 "混合模式"列表

在下拉列表中有以下的混合模式。各混合模式的效果如图 7-55 示。

图 7-55 混合模式效果

正常:保持图像正常的重叠状态,不应用任何混合模式。

色彩增殖：将混合颜色乘以基准颜色，从而产生较暗的颜色。这种操作会导致重叠区域的颜色加深。但如果基准颜色是白色，则不会产生任何影响。

屏幕：用基准颜色乘以混合颜色的反色，最后生成的结果颜色通常较亮。可以得到图像的漂白效果。

变暗：选择混合颜色和基准颜色中较暗的颜色作为结果颜色。结果颜色将只替换比混合颜色亮的像素。

变亮：同"变暗"混合模式相反。选择混合颜色和基准颜色中较亮的那个作为结果颜色。这将只替换比混合颜色暗的像素。

差异：对基准颜色和混合颜色进行比较，从亮度较高的颜色中去除亮度较低的颜色。

色相：将混合颜色的色相值与基准颜色的亮度和饱和度合并以生成结果颜色。

饱和度：将混合颜色的饱和度与基准颜色的亮度和色相合并以生成结果颜色。

颜色：将混合颜色的色相和饱和度与基准颜色的亮度合并以生成结果颜色，同时保留给单色图像上色和给彩色图像着色的灰度级。

发光度：将混合颜色的亮度与基准颜色的色相和饱和度合并。

反转：反转基准颜色。

色调：向基准颜色中添加灰色。

擦除：删除所有基准颜色像素，包括背景图像中的像素，仅保留画布颜色。

对于不同画布颜色的相同对象，同一混合模式的效果会不相同；对于相同对象和画布颜色、不同的对象间相对位置，同一混合模式的效果也不相同。图像合成效果灵活多变，用户可根据自己的需要和经验来设置合适的混合模式。

3. 蒙板技术

根据创建蒙板对象的不同，可将蒙板的类型分为位图蒙板和矢量蒙板。另外，还可以由多个位图或矢量对象组合创建混合类型的蒙板，其实质是位图蒙板和矢量蒙板的结合。

矢量蒙板包括了路径对象蒙板和文本对象蒙板两种，是利用蒙板对象的形状，在被蒙板对象上刻画出具有蒙板对象形状的图像。创建矢量蒙板后，在"层"浮动面板的蒙板缩略图上会出现一个钢笔标记，如图 7-56 所示。选择矢量蒙板对象，属性面板会显示蒙板应用方式的信息。同时，用户还可在属性面板中编辑蒙板对象的笔触和填充效果等。

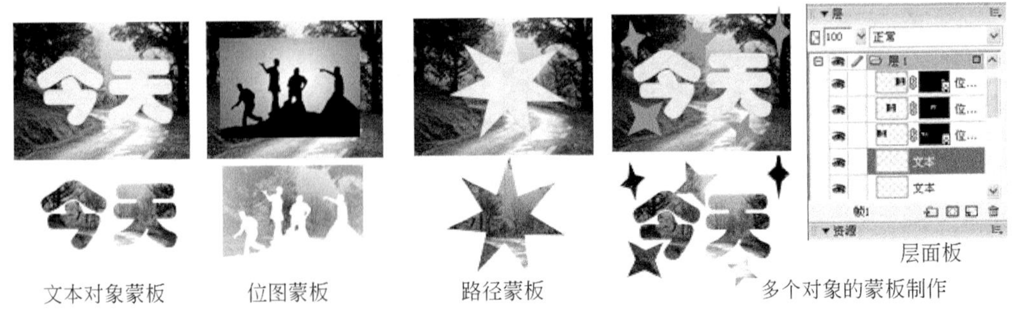

图 7-56　文本对象蒙板、位图蒙板和蒙板效果图

位图蒙板则是利用蒙板对象所包含的像素的灰度值，使被蒙板对象以一定的透明度显示，效果如图 7-56 所示。

1）创建蒙板

首先选定蒙板对象和被蒙板对象，然后执行“修改”/“蒙板”/“组合为蒙板”菜单项，即可生成蒙板。如果希望多个独立对象作为蒙板对象，则可在创建蒙板前先将它们组合在一起。

2）编辑蒙板

选择蒙板和被蒙板对象：在层浮动面板中带有链条的对象即为蒙板对象。单击链条左侧的缩略图可选择被蒙板对象；单击链条右侧的缩略图，可选择蒙板对象。在相应的属性面板上可对蒙板或被蒙板对象进行笔触和填充等的编辑。用户也可使用“部分选定”工具在画布上选择个别的蒙板和被蒙板对象。

移动蒙板和被蒙板对象：用户可在“层”浮动面板中单击蒙板上的链条图标，断开蒙板与被蒙板对象的链接，然后选择要移动的对象的缩略图，使用“指针”工具分别移动它们。移动完成后，在链接图标位置单击，重新链接蒙板和被蒙板对象。如果要同时移动蒙板对象和被蒙板对象，可使用“指针”工具在画布上选择蒙板，拖动蒙板到合适的位置。但不能拖动移动手柄，否则会将被蒙板对象从蒙板中单独移出。

向被蒙板选区中添加对象：可将要添加的所选对象作剪切操作，然后在“层”浮动面板中选择被蒙板对象，再执行“编辑”/“粘贴到内部”菜单项，对象即可被添加到被蒙板对象中。值得注意的是，在现有蒙板上使用“粘贴于内部”菜单项，不会显示蒙板对象的笔触和填充，除非原始蒙板是使用其笔触和填充应用的。

替换蒙板：用新的蒙板对象替换或添加到现有蒙板。若要替换蒙板，可先剪切要用作蒙板的所选对象，然后在“层”浮动面板中选择被蒙板对象的缩略图，再执行“编辑”/“粘贴为蒙板”菜单项，在弹出的对话框中选择将蒙板替换还是添加到现有蒙板。

禁用和启用蒙板：禁用蒙板会将蒙板暂时隐藏，则要编辑被蒙板对象就无须对蒙板作移动。要禁用所选蒙板，可执行“层”浮动面板菜单中的“禁用蒙板”菜单项。处于禁用状态的蒙板，在“层”浮动面板的蒙板缩略图上会出现一个红色的大叉；单击“×”可启用蒙板，将蒙板重新显示。

删除蒙板：要将所选蒙板永久删除，可通过执行“修改”/“蒙板”/“删除蒙板”菜单项，或将蒙板缩略图拖到“层”浮动面板下方的“删除所选”上实现。

7.5 文本设计

如果文本以图像形式存在，则无论浏览该图像文本的用户终端是否安装文本中所使用的字体，文本都能被正确显示。在 Fireworks 中，文本也是一种对象，除了可以对文本使用描边、填充、蒙板等效果外，还可以用选取工具、变形工具及专门的文本编辑工具编辑文本。

7.5.1 文本基础

在 Fireworks 中，创建文档可以采用工具箱中的矢量栏的"文本"工具 A 或导入文本文件的方法实现。

1. 直接输入文本

选择工具箱中的"文本"工具，在文档中希望开始显示文本的地方单击鼠标，产生一个文本输入框(右上角会有一个空心圆，表示自动调整大小)，输入文本即可。文本框的宽度会随着字数的增加自动沿着水平方向两端扩展，不换行。也可以在希望开始显示文本的地方拖动鼠标，形成宽度固定、高度可随输入文本的变化而变化的文本框(右上角会有一个空心正方形，表示固定宽度)，自动换行，效果如图 7-57 所示。

图 7-57 输入文本

2. 导入文本

除了直接输入文本外，用户还可以通过导入文本文件创建文本对象。创建方法和在文档中导入图像一样，只是必须在"导入"对话框中设置"文档类型"为"ASCII 文本(*.txt)"

3. 复制、剪切和粘贴文本

在文档窗口中粘贴被复制或剪切的文本时，Fireworks 会自动为文本建立一个文本框。

4. 编辑文本对象

文本对象的移动和大小的设置与路径对象的编辑方法一样。

要编辑文本时，可先选择文本对象，然后使用属性面板(如图 7-58 所示)，或双击"文本"工具 A，打开文本编辑器或执行"文本"菜单中的命令设置文本的相关属性。

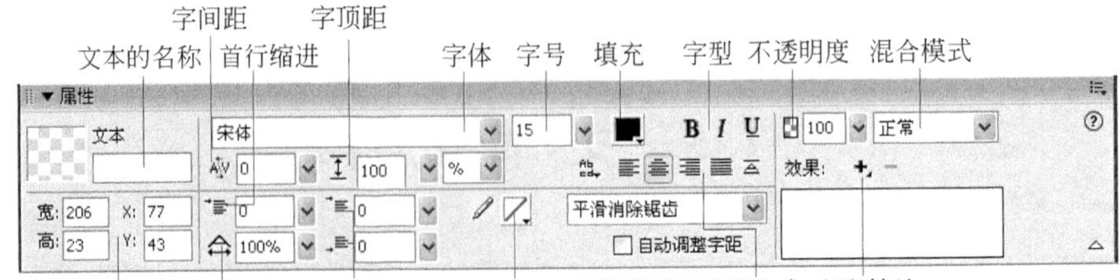

图 7-58 文本对象属性面板

"设置文字方向"按钮：默认情况下，文本对象中的文字从左到右排列，但用户可以改变文字的排列方向。可选项有水平方向从左到右、水平方向从右到左、垂直方向从左到右、垂直方向从右到左。

"伸展对齐"按钮：设置文字的对齐方式，可根据文本框的尺寸自动改变文字的宽度值，使文字完全占满整个文本框。

"消除锯齿级别"设置框 平滑消除锯齿 ：用于对输入的文字作平滑处理。

"笔触颜色框"按钮：用于文字的描边效果和填充颜色；而"填充"按钮用于设置文字的填充效果。用法与路径对象的描边和填充一样，效果如图 7-59 所示。

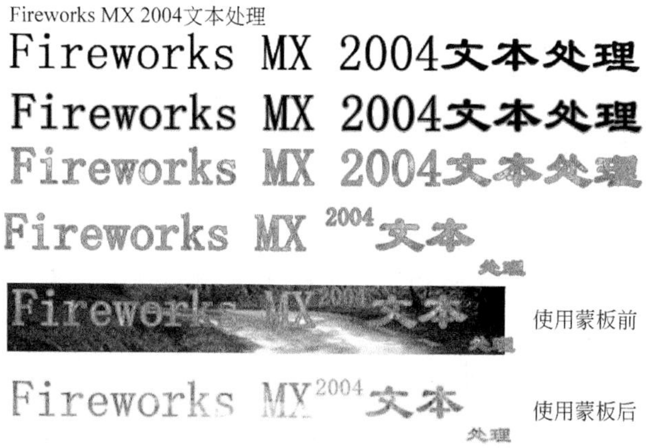

Fireworks MX 2004文本处理

Fireworks MX 2004文本处理

Fireworks MX 2004文本处理

Fireworks MX 2004文本处理

Fireworks MX 2004文本处理

使用蒙板前

Fireworks MX 2004文本处理

使用蒙板后

图 7-59　文本格式化、笔触、填充和基线调整应用效果

在文本编辑器中，有一个其特有的属性——"基线调整" 26 ，用于决定文字在垂直方向上的起始位置。该属性主要用于设置上标文字或下标文字，效果如图 7-59 所示。

"字顶距"设置框 0 ：设置文本的行间距。

7.5.2　文本附加到路径

默认情况下，文本总是位于一个矩形的文本框中，如果要不受矩形文本框的限制，可以将文本附加到路径上，使文字更加生动。

使用时，先在文档编辑窗口同时选定文本框和用路径绘制工具绘制的路径，再执行"文本"/"附加到路径"菜单项即可，效果如图 7-60 所示。如果文本的长度超过了路径的长度，则剩下的文本会自动换行重复路径的形状。

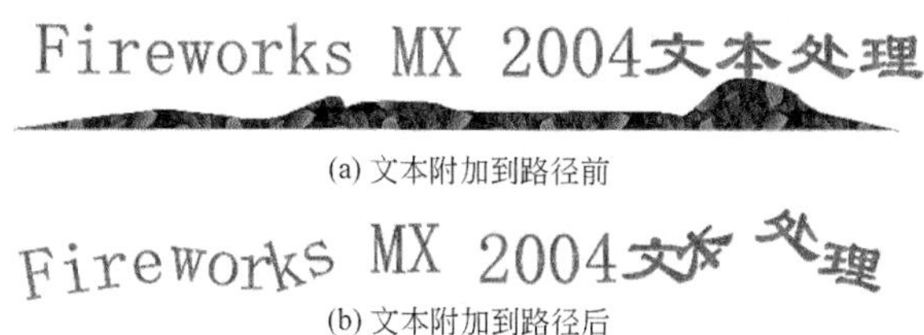

(a) 文本附加到路径前

(b) 文本附加到路径后

图 7-60　文本附加到路径前后比较

将文本附加到路径后，将保留文本的可编辑性和其他属性，但路径的笔触、填充及其他效果属性将会暂时消失，而且无法再直接改变路径的形状。随后应用的任何笔触、填充和效果属性都将应用到文本，而不是路径。

文本附加到路径后，可执行右键下拉菜单或“文本”菜单中的菜单项，对选定的文本对象或其部分文本进一步进行编辑，如文本的格式化、笔触和填充、复制、剪切和粘贴、文本对象的排列顺序、缩放、变形、文本对象的方向设置及倒向等。执行“文本”/“从路径上分离”菜单项，可将文本从路径上剥离下来，形成文本和路径两个独立对象。此时，路径上的属性又会被恢复。

文本附加到路径后，文本对象的属性面板多了一个“文本偏移”文本偏移: 0 属性，可用来调整文本相对于路径的起始位置。默认情况下，文本的起点为路径的起始位置。

7.5.3 文本转化为路径

如果用户需要对文本更进一步进行编辑和处理，可先将文本转化为路径，然后借助于 Fireworks MX 2004 提供的路径编辑功能来实现，以达到更加生动的文字效果。

要将文本转化为路径，可在文档编辑区选中文本对象，然后执行“文本”/“转化为路径”菜单项即可，效果如图 7-61 所示。

Fireworks MX 2004文本处理

执行转化为路径前选中文本对象

Fireworks MX 2004文本处理

执行转化为路径后，用“指针”工具选中文本对象

Fireworks MX 2004文本处理

执行转化为路径后，用“部分选定”工具选中“2004文本处理”

图 7-61　执行“转化为路径”命令前后比较

7.6 使用滤镜和特效

滤镜和特效是 Fireworks MX 2004 对图像对象进行美化和修饰的主要方法之一。它与描边和填充、对象变形、图像合成技术和蒙板技术相比，制作效果更加美观、生动。

Fireworks MX 2004 的滤镜和特效可应用于矢量对象、位图对象和文本对象，甚至可用于某个选定的区域或组合对象。这些效果主要包括了勾边、斜角和浮雕、新增杂点、模糊和锐化、颜色调整、投影和光晕。用户可以通过属性面板的效果面板将效果应用于所选对象，也可以从“滤镜”菜单中选择内置的视觉效果。

7.6.1 滤镜的使用

滤镜可以理解为透过某种特殊玻璃来观察图像，使得图像在视觉上产生奇幻的效果。利用 Fireworks 所包含的滤镜，可以调整图像的亮度、对比度、色阶、色相和颜色饱和度，还可以将图像模糊化、锐化、勾边或反转颜色等。

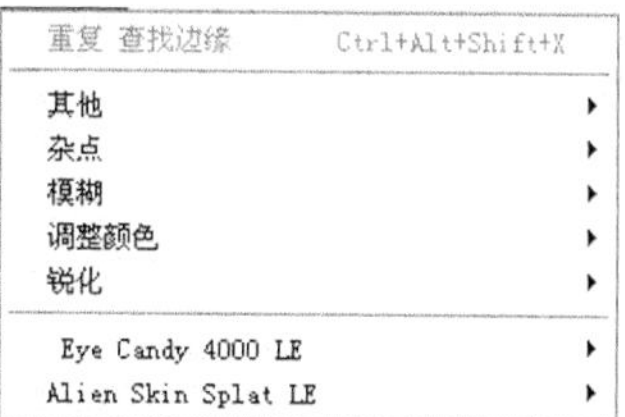

图 7-62 “滤镜”菜单

使用时，先选中要应用滤镜的对象，然后在“滤镜”菜单(如图 7-62 所示)中选择相应的命令。其命令的功能与效果菜单中的相应命令的功能相同，但使用“滤镜”菜单中的命令时，都要首先将对象转化为位图对象，使路径对象将不再有路径的可编辑性，以后只能使用位图工具编辑。而且，“滤镜”菜单中的滤镜是有破坏作用的，它以永久性的方式改变像素，只能在编辑过程中撤销操作步骤，而无法对已使用的滤镜效果进行再次编辑。但是在对组合对象应用特效时，滤镜的优点显得尤为明显。一个对象可使用多种滤镜效果，而一种滤镜效果可以是多种参数的组合。

1. 调整颜色

“调整颜色”主要用于对位图图像的颜色细节进行改善和强化。共包括了亮度/对比度、反转、曲线、自动色阶、色相/饱和度和色阶 6 个子项。

亮度/对比度：修改图像中像素的亮度和对比度。将影响图像的高亮、阴影和中间色调。可用于校正太暗或太亮的图像。

反转：将图像的每种颜色更改为它在色轮中的反相色。效果相当于将图片转化为照片底片效果。

曲线：在不影响其他颜色的情况下，在色调范围内调整任何颜色。可用于校正光线条件下引起的色偏。

色相/饱和度：调整图像中颜色的冷暖色调、颜色阴影、强度、颜色深度以及亮度。

色阶：指图像中各种颜色的灰度值分布情况。用于校正像素高度集中在高亮、中间色调或阴影部分的位图。可用“色阶”或“自动色阶”进行调整，使过亮或过暗部分的灰度减弱。

用户可在手动调整的过程中预览实际显示效果。效果如图 7-63 所示。

2. 勾边与转化为 Alpha

勾边可识别图像中有重大变化的区域，可清晰地勾画和凸现图像的轮廓，创建素描效果。转化为 Alpha 可基于图像的透明度将图像转化为透明。可执行“滤镜”菜单的“其他”子菜单中的相关命令，效果如图 7-63 所示。

3. 新增杂点

杂点是指图像中随机出现的不同颜色的像素。新增杂点可向图像中添加杂点，创建特殊的纹理效果或弥补图像中有缺陷的区域，将周围的像素混为一体。

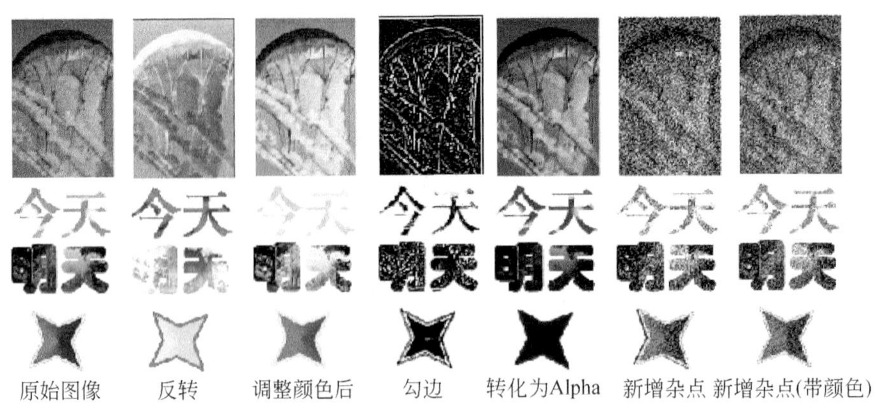

图 7-63　滤镜的使用效果图

在执行“新增杂点”时，会弹出“新增杂点”对话框，如图 7-64 所示，用户可设置杂点的数目及彩色杂点，效果如图 7-63 所示。

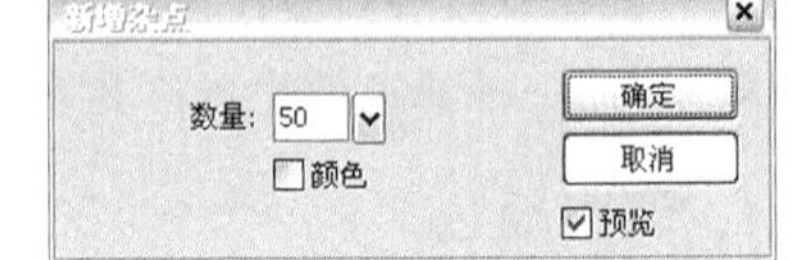

图 7-64　“新增杂点”对话框

4. 模糊

模糊滤镜主要制作图像的模糊效果。通过对图像中相邻像素平均化，可柔化位图图像，产生平滑过渡的外观效果。Fireworks 提供了 6 种模糊选项，效果如图 7-65 所示。

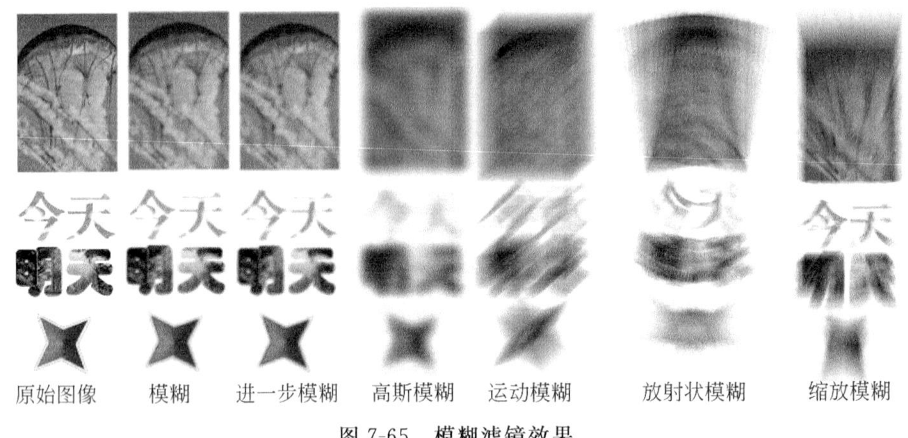

图 7-65　模糊滤镜效果

模糊：柔化所选像素的焦点，主要用于消除图像中颜色变化明显的杂色，柔化图像中对比度过于强烈的区域。

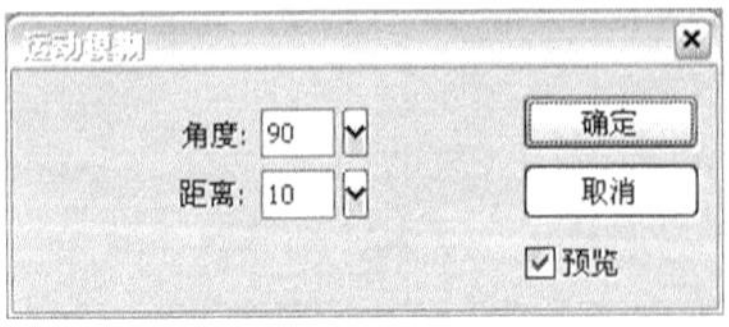

进一步模糊：模糊处理效果大约是“模糊”的 3 倍。

运动模糊：产生图像正在运动的视觉效果。可在“运动模糊”对话框（如图 7-66 所示）中设置“角度”

图 7-66　“运动模糊”对话框

和“距离”参数。角度用于控制对象的模糊效果方向，距离用于控制对象模糊的程度。

高斯模糊：对每个像素应用加权平均模糊处理以产生朦胧效果。高斯模糊的程度最强，而且还可以在“高斯模糊”对话框（如图 7-67 所示）中拖动滑块或直接在文本框中输入 0.1～250 之间的数值，随意地调节模糊程度。

图 7-67　“高斯模糊”对话框

图 7-68　“放射性模糊”对话框

放射状模糊：产生图像正在旋转的视觉效果。可在“放射状模糊”对话框（如图 7-68 所示）中设置“数量”和“品质”参数。数量值越大，模糊的程度就越高；品质值越大，模糊的速度就越慢，品质就越好。

缩放模糊：产生图像正在朝向或远离浏览者的视觉效果。可在“缩放模糊”对话框中设置 “数量”和“品质”参数。

5. 锐化

锐化功能正好与模糊相反，可以用于校正模糊的图像，使图像的细节更加清晰。Fireworks 提供了 3 种锐化选项，效果如图 7-69 所示。

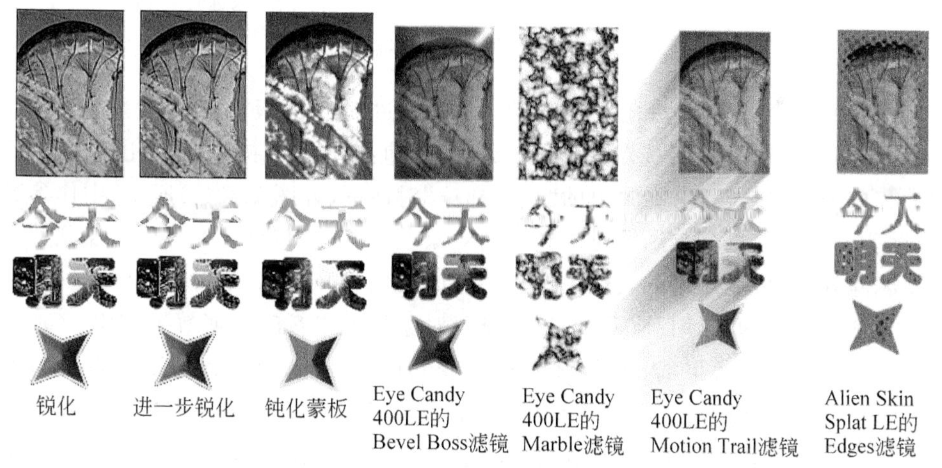

图 7-69　锐化及 Eye Candy 400LE 和 Alien Skin Splat LE 滤镜特效

锐化：通过查找边缘并增大邻近像素的对比度，对模糊图像的焦点进行轻微锐化。

进一步锐化：将邻近像素的对比度增大到大约是锐化效果的 3 倍。

钝化蒙板：通过调整像素边缘的对比度来锐化图像，是锐化图像时的最佳选择。可在“钝化蒙板”对话框中拖动滑块或在相应的文本框中输入数值设置“锐化量”、“像素半径”和“阈值”3 个参数。锐化量用于选择锐化效果的强度，取值范围为 1%～500%。像素半径用于指定锐化应用的范围，取值范围为 0.1～250，取值越大，锐化的效果越不明显。

阈值用于确定灰度标准，只有灰度值大于阈值的像素才应用锐化效果，取值范围为 0～255，最常用的值在 2 ～25 之间。增大阈值将只锐化图像中具有较高对比度的像素。如果减小阈值，则具有较低对比度的像素也在锐化范围内。如果阈值为 0，则将锐化图像中的所有像素。

Fireworks MX 2004 还提供了 Eye Candy 400LE 和 Alien Skin Splat LE 两种滤镜特效，效果如图 7-69 所示。

7.6.2 效果的使用

使用“滤镜”菜单与使用属性面板中的效果菜单(如图 7-70(a)所示)中的相应命令的功能相同。但使用“效果”菜单中的命令时，效果的使用对图像没有破坏作用，无须先将对象转化为位图对象，使对象可保留其可编辑性。用户在编辑过程中，可随时编辑和删除已使用的效果，待最后确定所需的方案。

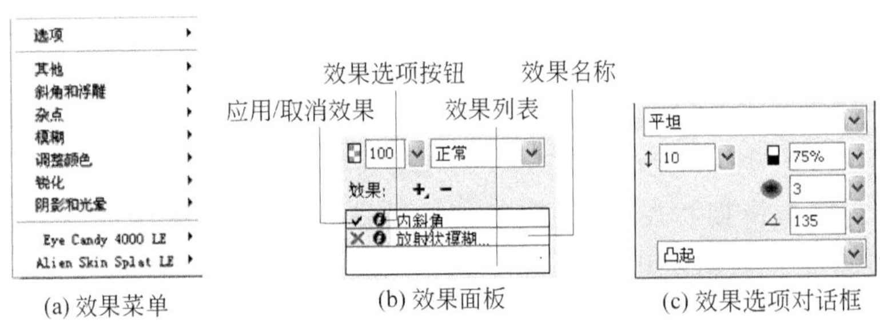

(a) 效果菜单　　(b) 效果面板　　(c) 效果选项对话框

图 7-70　效果操作环境

要对选中的一个或多个对象应用效果，可以通过属性面板右侧的效果面板完成，如图 7-70(b)所示。若要在所选对象上添加效果，可直接单击 + 按钮，在弹出的“效果”菜单中选择相应的效果名称，再在弹出的“效果选项”对话框(如图 7-70(c)所示)中作参数设置，完成后所添加的效果会自动的应用到所选对象上。同时，会将效果名称添加到效果列表中。要删除效果，可在效果列表框中选择相应的效果名称，然后单击 − 即可。

在效果列表左侧的“应用/取消”标记可设置对象显示或暂时取消效果应用。✓ 表示到当前对象已应用了该效果，否则为 ✕。要改变其应用状态，可在该标记上直接单击鼠标。如果希望修改某些效果，可单击效果列表中该效果名称前的 ，重新打开效果选项对话框进行设置。当用户对应用了效果的对象进行重新编辑后，对象会自动重新应用效果。

在对一个对象应用多个效果时，效果应用的顺序按它们在效果列表中出现的先后顺序，不同的应用顺序可能使对象的显示效果也不相同。若想改变效果的顺序，可直接在效果列表中向上或向下拖动效果名称。

在效果弹出菜单中，除了所有的滤镜特效外，还有斜角和浮雕、投影和光晕两种特效。

1. 斜角和浮雕

斜角和浮雕效果包括了内斜角、外斜角、凸起浮雕和凹入浮雕 4 种。单击“滤镜”/“斜角和浮雕”子菜单的相关菜单项，可弹出选项对话框，如图 7-71 所示，可进行效果参数设置。斜角和浮雕可以增加对象的三维立体效果，效果如图 7-72 所示。

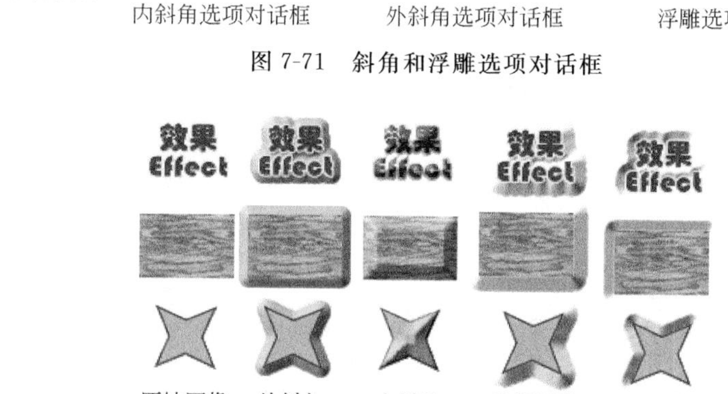

图 7-71　斜角和浮雕选项对话框

图 7-72　斜角与浮雕效果

斜角边缘和形状：斜角斜边的形状有 7 种：平坦、平滑、斜坡、第 1 帧、第 2 帧、环状和皱纹。不同的斜角类型在斜面数量、形状或倾斜程度上也不相同。默认情况下为“平坦”。效果如图 7-73 所示。

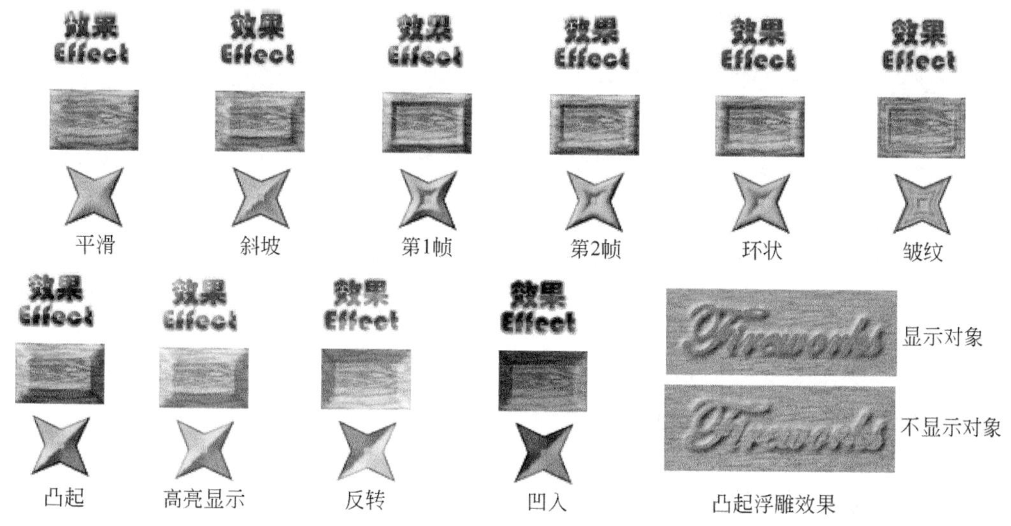

图 7-73　不同斜角形状和按钮预设的内斜面效果

斜角宽度：斜面宽度。取值范围为0～35。值越大，斜面越宽，凸起越高。

对比度：斜面上阳面(亮面)和阴面(暗面)的相对亮度。值为100%表示对比最强，值为0%表示两者无差别。

柔和度：斜面的模糊程度。值为0～10。值为0表示斜面最锐利，10表示最柔和。

角度：光线照射到斜面上的方向。通过调节，可改变阳面和阴面的位置或生成凸起和凹陷的效果。

按钮预设：用于制作各种形状的按钮。有凸起、高亮显示、反转和凹入4种。

斜面颜色：斜面的颜色。只有外斜角效果才有此项。

显示对象复选框：只有浮雕效果才有此项。可以在背景上产生对象的浮雕效果，但不显示产生浮雕效果的对象，如图7-73所示。

2. 阴影和光晕

阴影效果包括了投影和内侧阴影两种，可以实现光线照射对象时形成阴影的效果，主要用于在对象一侧产生深色阴影。光晕效果包括了发光和内侧发光两种，是对象内部发光产生的效果。内侧发光效果是将光晕显示在对象内部，而发光效果则把光晕显示在对象外部，效果如图7-74所示。

图7-74　阴影与光晕效果

阴影和光晕的选项对话框如图7-75所示。

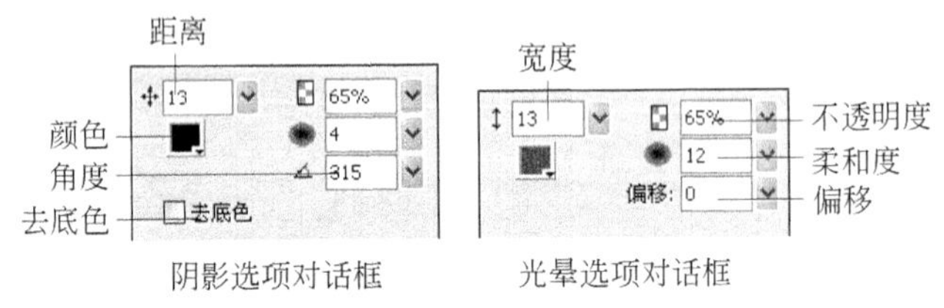

图7-75　阴影与光晕选项对话框

距离：用于控制阴影的长度。

“去底色”复选框：若选定，则取消显示产生阴影的对象。

偏移：可用于设置光晕与所选对象之间的位置。偏移量越大，光晕与对象之间的间隙就越大。

7.6.3 “创意”特效的使用

Fireworks MX 2004还提供了另外一类特效，通过执行“命令”/“创意”菜单中相关命令可以方便的为对象添加一些简单的效果，如图7-76所示。

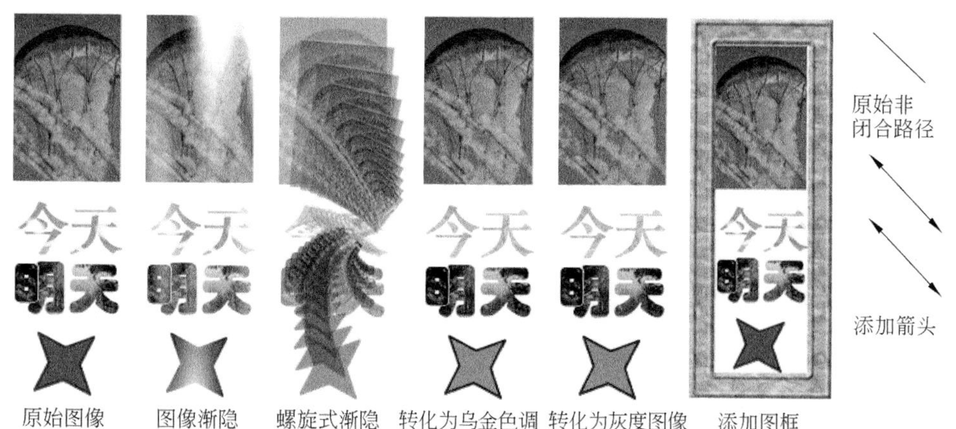

图 7-76 “创意”特效的使用

“转化为乌金色调”和“转化为灰度图像”操作实质是在对象上使用“色相/饱和度”效果。可在效果面板中打开“色相/饱和度”选项卡对话框，重新编辑效果。“添加箭头”是针对非闭合路径对象，在其端点添加各种箭头效果。“螺旋式渐隐”操作后可再次选定构成螺旋状的各个对象并进行重新编辑；而“图像渐隐”一旦完成操作，就无法再对其渐隐效果进行调整。“添加图框”操作可沿画布边界添加各种各样的边框。

7.6.4 “样式”浮动面板的使用

Fireworks MX 2004 可将填充、笔触和效果等常用的处理步骤保存下来成为样式，然后应用到具有相同或相似的处理要求的对象上，从而减少重复操作。所谓样式，就是一些特定属性的集合，这些属性包括描边、填充、效果以及文字属性等。

样式的使用可以通过“资源”浮动面板中的“样式”选项卡(如图 7-77(a)所示)实现。

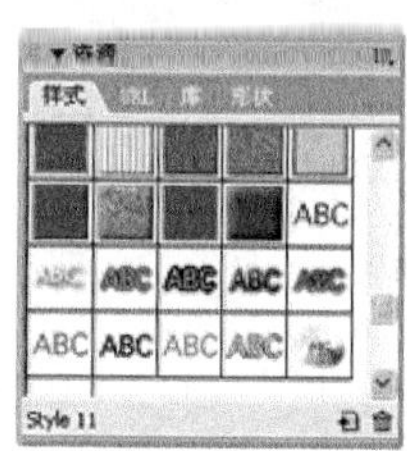

(a) “样式” 选项卡

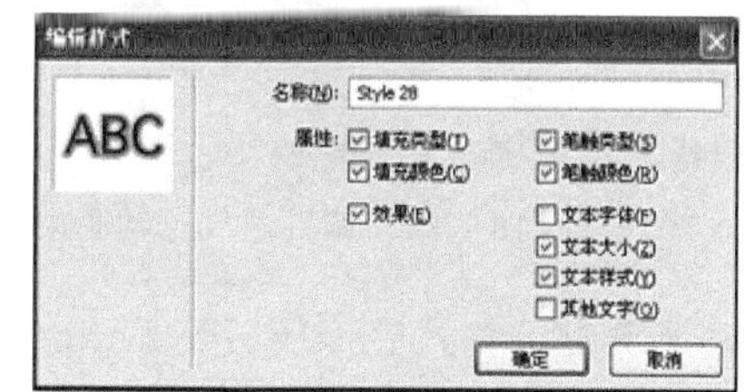

(b) “编辑样式” 对话框

图 7-77 “样式”选项卡和“编辑样式”对话框

单击样式选项卡中的某个样式，可以快速地将样式效果应用到所选对象上。用户可在属性面板上对使用样式的对象的填充、笔触或效果等进行重新编辑，或在此基础上添加效果等。双击样式列表框中要编辑的样式图标，则打开“编辑样式”对话框(如图 7-77(b)所示)修改样式属性。要删除选定的样式，可直接单击“资源”面板右下角的“删除样式”按钮🗑。

除了使用 Fireworks 的默认样式外，用户还可以自己创建样式。先在画布上选中已完成笔触、填充、效果和文本等属性设置的矢量对象或文本；然后单击“样式”选项卡右下角的“新建样式”按钮，在打开的“新建样式”对话框中设置样式属性（新建样式属性与编辑样式一样）；最后单击“确定”按钮，所创建的样式就会添加到“样式”选项卡中。用户自定义样式的使用方法与 Fireworks 的默认样式一样。

7.7 动画制作与图像的交互性设计

在 Web 中，图像的应用可以分为两种：一是作为网页中的背景和插图，二是作为与用户实现交互的图像。作为网页中的背景和插图，除了静态图像还有动画图像。动画图像可以为网站增加生动活泼、复杂多变的外观。在 Macromedia Fireworks MX 2004 中，用户可以创建包含活动的横幅广告、徽标和卡通形象的动画图形等。交互性图像可以实现用户与服务器之间的交互性操作，例如图像切片和热点、导航条、按钮和菜单等。制作交互性图像的同时还可以生成相应的 HTML 代码，直接插入 HTML 文件中使用。

7.7.1 动画制作

动画由多幅静态图像构成，在浏览器浏览的时候，每隔一个很短的时间显示一幅图像，从而在视觉上形成动态的效果。构成动画的图像可以是手工绘制，也可以自动生成。每一幅图像称为一帧，每一个帧相当于一幅电影胶片。两幅图像显示的时间间隔称为延迟时间。图 7-78 所示为旋转热气球的动画所包含的所有的帧，共 6 帧。

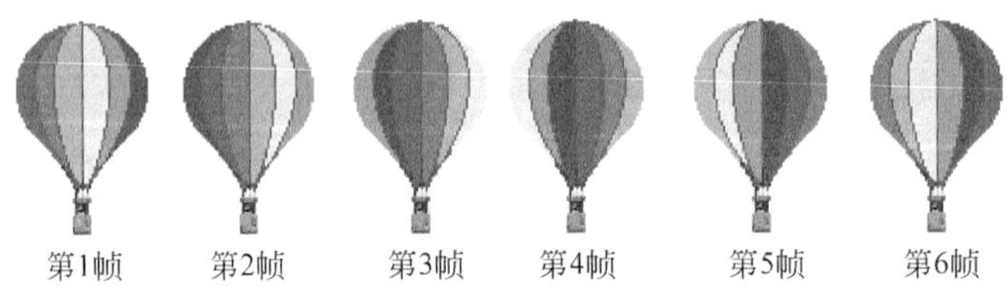

图 7-78 旋转热气球动画中的各帧

网页中使用的动画常见的格式有 GIF、JavaScript、动态 HTML 和 Flash 动画。而操作最简单、兼容性最好的是 GIF 动画。GIF 动画又称为逐帧动画，是通过逐帧绘制和处理 GIF 图像创建的。GIF 动画虽然没有背景音乐和交互性效果，但是文件占用的空间较小，绝大部分浏览器都支持，而且容易实现对象的移动、变形及各种动态效果。

1. 动画制作工具

动画制作主要在帧浮动面板中进行，当然也离不开“层”浮动面板和文档编辑窗口预览控件，如图 7-79 所示。“帧”浮动面板可以完成动画帧的创建及其他各种操作，并控制帧的播放次数和延迟时间等。“层”浮动面板用于管理动画的层，可以将层内容放到不同的帧中以实现动画。利用预览控件可以预览动画效果。

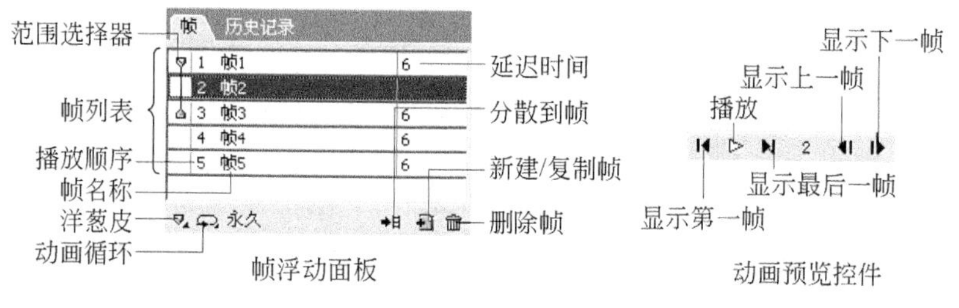

图 7-79 动画制作工具

2. 帧的基本操作

通过帧浮动面板除了可以查看和选择帧外，还可进行帧的创建和删除、编辑和组织。

创建和删除帧：默认情况下，帧浮动面板只有一个帧，如果没有新建帧，则在文档中绘制的所有对象都将放置在该帧中。而只有一个帧不能构成动画。如果要在指定位置添加帧，可以单击帧面板菜单中的“添加帧”命令，在弹出的对话框中设置要添加的帧数和位置，如图 7-80 所示。也可以直接单击面板右下角的“新建/复制帧”按钮，在帧列表后添加一个新帧。要删除所选帧，可以直接单击帧面板右下角的“删除帧”按钮，或执行帧面板菜单中的“删除帧”命令。

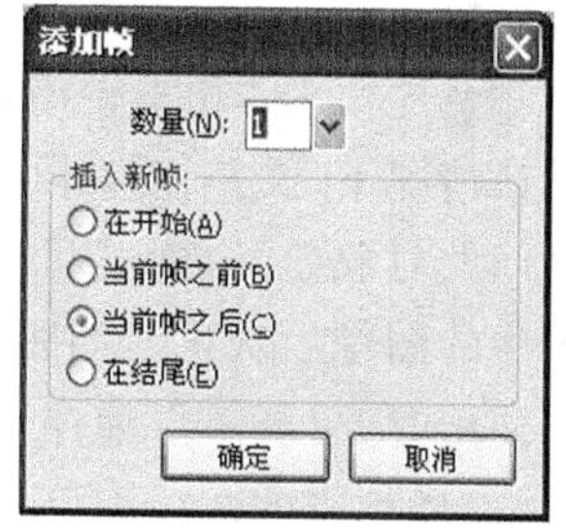

图 7-80 “添加帧”对话框

帧的重命名：在默认情况下，帧的名称为“帧 n”，n 为动态的帧编号数值。如果要对帧重新命名，可以直接在帧的名称上双击修改。

复制帧：可以复制帧及其中的所有对象。单击帧面板菜单中的“复制帧”命令，在弹出的对话框中设置要复制的帧数和目标位置，则会在目标位置添加所设个数的帧。而如果希望复制帧插入到所选帧之后，可以直接将所选帧拖动到面板右下角的“新建/复制帧”按钮。

修改帧的播放顺序：动画的播放是按帧在帧列表中的顺序从上到下播放的。要改变帧的播放顺序，可直接将其向上或向下拖动到合适的位置。

多帧共享层：如果所有帧都包含有一组相同的对象，如动画的背景，则可在任何一个帧中利用层浮动面板新创建一个层。在该图层中绘制和编辑所有帧中都有的图像，然后执行“层”浮动面板菜单中的“共享此层”命令，或双击需要共享的层名称，在弹出的对话框中选中“共享交叠层”复选框，如图 7-81 所示。这样该图层中的内容就会出现在所有的帧中。如果要修改这些对象，只需要在任何一个帧中修改它们，就可以将修改的内容反映到所有的帧中。这就避免了采用复制方法将相同对象复制到所有帧中，修改时必须在每一帧中进行，或在一个帧中修改后再重新复制对象到各帧所带来的麻烦。

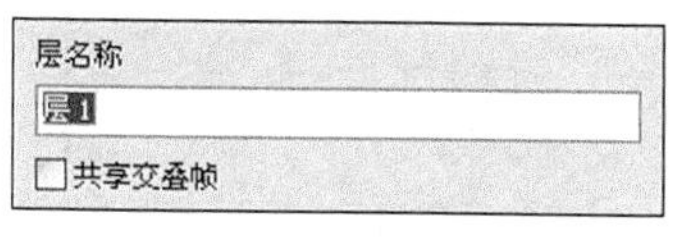

图 7-81 “共享层”对话框

图 7-82 “复制到帧”对话框

复制对象：如果几个帧中有相同的对象，则可在一个帧中编辑好这些对象，然后将它们复制到别的帧中。方法是在文档窗口中选中要复制的一个或多个对象，然后打开帧面板菜单，选择“复制到帧”命令，在打开的对话框中(如图 7-82 所示)选择复制到的目标位置，设置完毕后单击“确定”按钮完成。

分散对象：如果在一个帧中绘制了多个对象，可以利用分散功能将它们放置到帧及其后的帧中。使用时，先在一个帧中绘制和编辑多个对象。编辑完成后，选择“指针”工具，按住 Alt 键，将各个对象沿着对象的运动轨迹放置。然后选中要分发到不同帧中的多个对象，在帧浮动面板上单击右下角的“分散到帧”按钮➡目，或打开帧面板菜单，执行“分散到帧”命令即可。如果当前文档中现有帧数少于所选对象的数目，则 Fireworks 会自动创建新的帧，并接收相应的对象。在动画制作时，可以在文档的第一帧中构建多个对象，绘制出动画内容的运动轨迹，然后将它们分散到各个帧中，就可实现一幅动画。

洋葱皮技术：相当于用很薄的、半透明的纸在文档中同时查看动画中多个帧的内容。在默认情况下，文档窗口中只能查看当前所选定的一个帧中的内容。如果希望看清不同帧之间的对象差异，则可利用洋葱皮技术在文档窗口中同时看到多个帧的图像，只是非当前帧中的图像呈灰色。如图 7-83 所示，其中高亮显示的是当前帧中的五角星。

使用时，只要单击帧浮动面板左下角的“洋葱皮”按钮，在弹出的菜单(如图 7-84 所示)中选择相应的选项即可。

无洋葱皮：不使用洋葱皮技术，只显示当前帧的内容。

显示下一帧：显示当前帧和下一帧中的内容。

之前和之后：显示当前帧、上一帧和下一帧的内容。

显示所有帧：显示当前帧及所有其他帧中的内容。

自定义：打开一个对话框，自定义显示方式。可设置可见帧的数目并控制“洋葱皮”的透明度，如图 7-85 所示。在该对话框中，有一个“多帧编辑”复选框。选中时，可激活多帧编辑特性，在文档窗口中同时编辑使用洋葱皮技术显示出来的所有帧的内容。若不选该项，则只能选择和编辑当前帧中的内容。

图 7-83 “添加帧”对话框

无洋葱皮
显示下一帧
之前和之后
显示所有帧
✔ 自定义...
✔ 多帧编辑

图 7-84 “添加帧”对话框

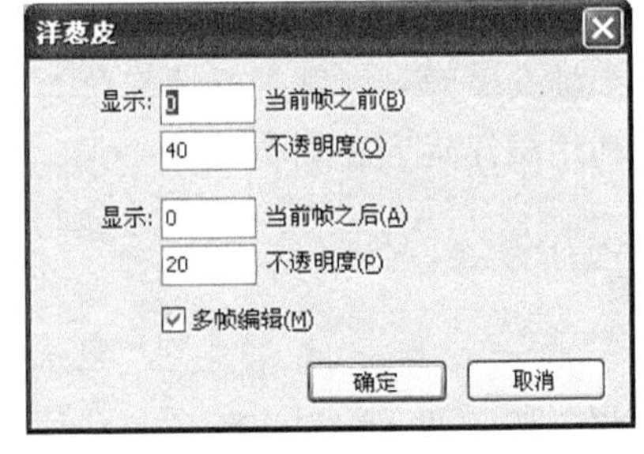

图 7-85 “洋葱皮”对话框

在帧浮动面板上，使用各个帧列表项目左侧的范围选择器，可以很方便地指定在文档中同时显示的帧数。在帧列表中，选中当前帧。如果希望显示当前帧前面的帧，可以在起始帧左方范围选择器所在的列位置单击，这时范围选择器会向上延长。如果希望显示当前帧后面的帧，可以在结束帧左方范围选择器所在的列位置单击，这时范围选择器被向下延长。如果改变当前帧，则可见帧的位置也相应改变。如果希望恢复单帧显示，可以直接单击当前帧左边范围选择器所在的列位置。

3. GIF 动画的制作方法

Fireworks MX 2004 的 GIF 动画制作方法有 4 种：打开或导入现有的 GIF 动画进行编辑制作新动画，手工绘制和编辑各帧的动画内容创建逐帧动画，基于多个图像文件创建动画，以及基于动画元件创建动画。下面以基于多个图像文件创建动画和基于动画元件创建动画两种方法介绍动画的制作过程。

1）基于多个图像文件创建动画

打开多个现有图像并将它们放在同一文档的不同帧中，就可以创建一个动画。

首先选择“文件”/“打开”菜单项或直接单击工具栏中的“打开”按钮，在“打开”对话框中，结合 Shift 键或 Ctrl 键在文件列表中选择多个连续的或不连续的图像文件，并选中下方的“以动画打开”复选框□以动画打开(A)，按 Enter 键，则 Fireworks 会将一系列的图片按顺序排列生成不同的帧。

单击动画预览控件上的“播放”按钮▷，就可以预览动画效果。

要保存动画，可在“优化”浮动面板中选择导出文件类型为“GIF 动画”，并设置动画的调色板、抖动和失真等属性。然后选择“文件”/“导出”菜单项或直接单击工具栏中的“导出”按钮，在打开的“导出”对话框中输入动画文件名，单击“确定”按钮。用户也可以选择“文件”/“导出预览”菜单项查看和设置动画的质量，“导出预览”对话框如图 7-86 所示。

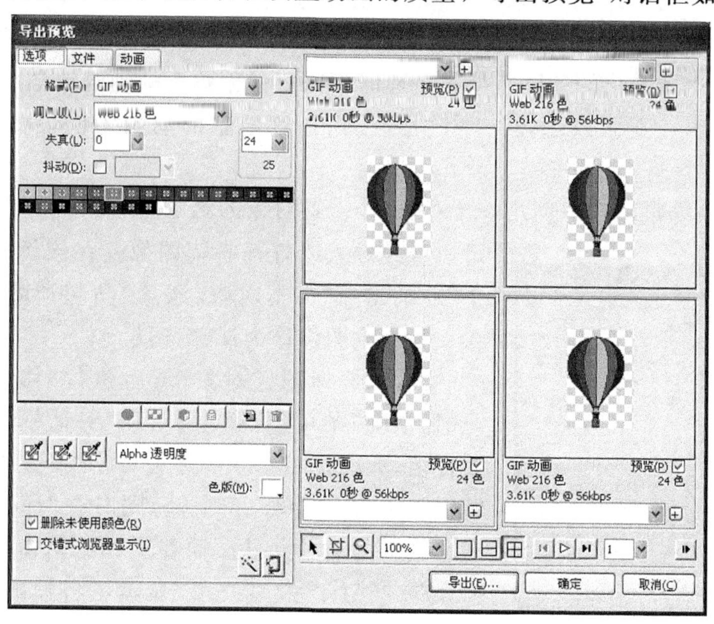

图 7-86 “导出预览”对话框

2）基于动画元件创建动画

元件是存放在库中具有独立身份的图像元素。在文档中多次引用该元件，就构成了元件的实例。当对元件（原始对象）进行编辑时，则从元件所派生出来的实例（副本）都会相应变化，从而实现对文档中对象的重复使用和自动更新。

Fireworks 提供 3 种类型的元件：图形、动画和按钮。每种类型的元件都具有适合于其特定用途的独特特性。使用“资源”浮动面板中的“库”选项卡（如图 7-87 所示）和“修改”/“元件”子菜单（如图 7-88 所示），除了可以创建、编辑、复制和删除元件外，还可以导入、导出或将实例脱离元件等。要使用动画元件创建实例，必须首先创建动画元件。

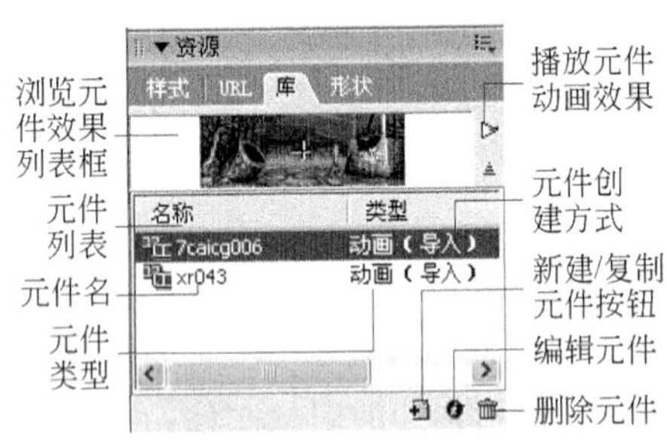

图 7-87 “库”选项卡

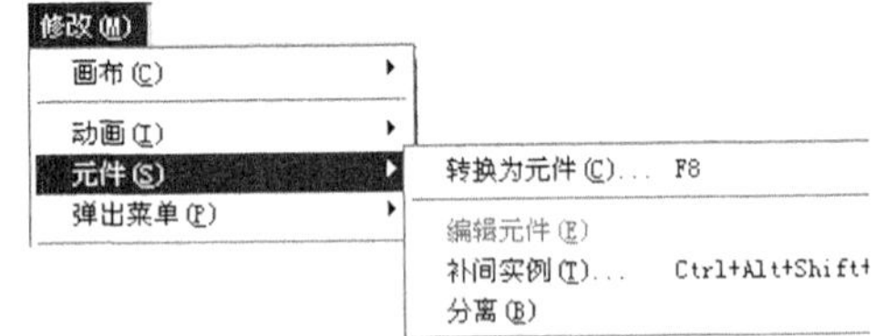

图 7-88 “元件”子菜单

（1）创建动画元件

创建动画元件主要有 3 种方法：一是在文档窗口中导入现有的 GIF 动画创建元件；二是利用已有的一幅图像对象创建动画元件；三是在元件编辑器中创建动画元件。

① 在文档窗口中导入现有的 GIF 动画自动创建元件。导入 GIF 动画时，Fireworks 会将它转化为一个动画元件在“库”选项卡中显示，并放在当前帧中。如果导入的动画的帧数比当前文档的帧多，则 Fireworks 会自动添加帧。

② 利用已有的一幅图像对象创建动画元件。该方法可创建各帧图像相似，但形状或位置等属性发生逐帧变化的动画效果。创建时不需要像创建逐帧动画那样绘制构成动画的每一帧图像内容。下面以创建一个图像旋转、渐远渐隐的动画为例说明元件的创建过程。

首先，在文档编辑窗口中创建一个对象，并设置对象的笔触、填充、滤镜和效果等。也可以直接导入或打开一幅图像。在该例子中，绘制一个“动画元件”文本对象，添加“凸起浮雕”效果，并导入一幅木纹图像作为浮雕背景。

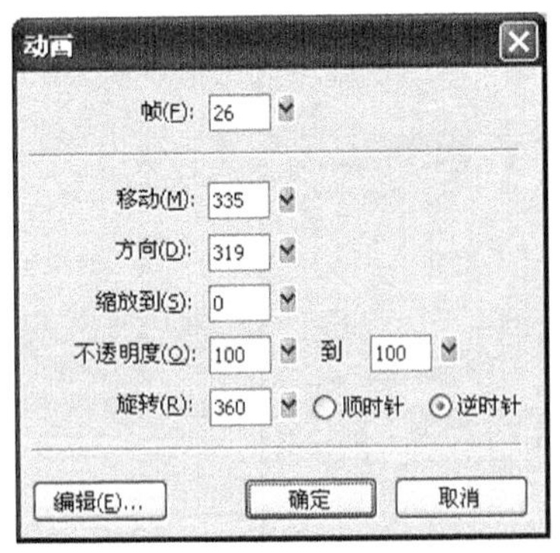

图 7-89 “动画”对话框

其次，选择图像对象，然后执行“修改”/“动画”/“选择动画”菜单项，弹出“动画”对话框，设置相应的属性值，如图 7-89 所示，然后单击“确定”按钮。则在帧面板中将会出现 26 个帧，同时在“库”选项卡中出现所编辑的动画元件。而在文档编辑窗口中，会出现一条带 26 个点的直线段，显示了各帧的分布情况和对象移动的距离，如图 7-90所示。第 1 帧以绿色的点显示，最后一帧以红色的点显示。拖动红色或绿色的点，可以改变路径的长度和位置。要改变动画帧数、旋转角度和缩放等属性，可选中动画对象并在动画对象的属性面板中进行修改。使用洋葱皮技术查看动画，其轨迹如图 7-91 所示。

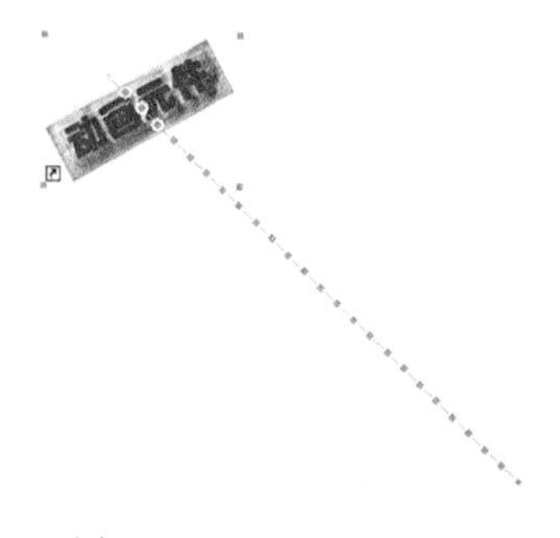

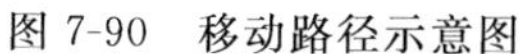

图 7-90　移动路径示意图

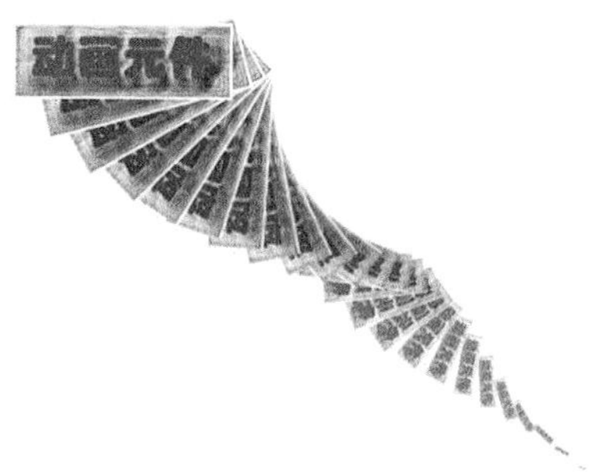

图 7-91　渐远渐隐的旋转动画效果

“动画”对话框中各选项的作用如下。

帧：指定在动画中包含的帧数。可在文本框中输入任何数字，其默认值为 5。

移动：指定对象移动的距离(以像素为单位)。可在文本框中输入任何数字，默认值为 72。与 Macromedia Flash 不同的是，对象的移动是线性的。

方向：指定对象移动的方向(以度为单位)。值的范围为 0～360 度。

缩放到：指定从开始到结束对象大小变化的百分比。默认值为 100%。用户可在文本框中输入任何数字，用于实现对象渐隐和渐显的效果。

不透明度：指定开始到结束对象的透明度变化情况。默认值为 100%。

旋转：从开始到结束元件旋转的角度。值的范围为 0～360 度。若希望元件旋转不止一圈，可以在文本框中输入更高的值。默认值为 0，无旋转效果。

“顺时针”和“逆时针”：表示对象的旋转方向。

单击“播放”按钮可预览动画的效果。如果用户想进一步编辑所选动画元件，可直接在动画的属性面板中和通过单击“库”选项卡下方的“元件属性”按钮进行修改。

③ 在元件编辑器中创建动画元件。该方法是在动画元件编辑器中创建动画元件。选择“编辑”/“插入”/“新建元件”菜单项或直接单击“库”选项卡下方的“新建/复制元件”按钮，打开如图 7-92 所示的对话框。输入新元件名称并选择元件类型，可选择的类型有图形、动画和按钮 3 种。单击“确定”按钮打开元件编辑器(如图 7-93 所示)，在该编辑器窗口中，可导入已有的动画文件进行创建或逐帧绘制动画图像。完成动画绘制与编辑后，单击元件编辑器左上部的“完成”按钮，即可在“库”选项卡中添加该元件。

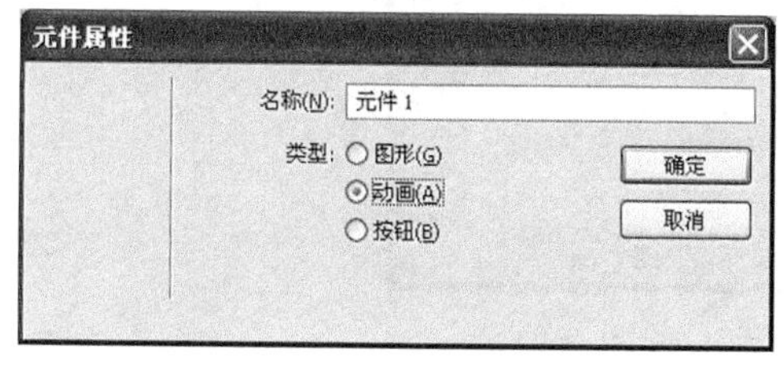

图 7-92　“元件属性”对话框

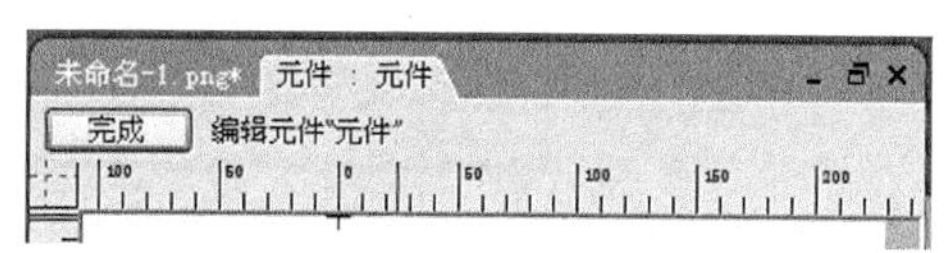

图 7-93　元件编辑器

(2) 使用动画元件创建动画

可利用拖动的方法从“库”选项卡中拖动元件到文档编辑窗口，创建动画元件的实例。图 7-94 所示的效果为导入雨夜和原地走动的人的两个 GIF 动画，并创建 3 个原地走动的人的动画实例。如果用户在“库”选项卡选择动画元件重新编辑，则从元件所派生出来的所有实例都会相应变化。如果对某个元件的实例进行编辑，所作修改只会影响当前实例。

图 7-94　使用动画元件创建动画

(3) 创建补间实例

补间是一个传统的动画术语，它描述了这样的过程：主要的动画制作者只绘制关键帧(包含重大变化的帧)，而助手则绘制关键帧之间的帧。

在 Fireworks 中，补间混合了同一元件的两个或更多的实例，使用插值属性创建中间的实例。下面以生成一排人沿某方向走动的动画效果来说明补间实例的使用方法。

首先，导入一幅原地走动的人的动画。如果是静态对象或手动绘制的动画，则必须在文档编辑窗口中选中对象，执行“修改”/“元件”/“转化为元件”菜单项，将对象转化为图像元件。而在该例子中的对象为导入的动画，Fireworks 自动创建元件无须转化。

其次，在编辑区中创建元件的另外一个实例，生成补间帧的两个实例，并在属性面板中调整动画移动的方向、帧数等属性，如图 7-95 所示。

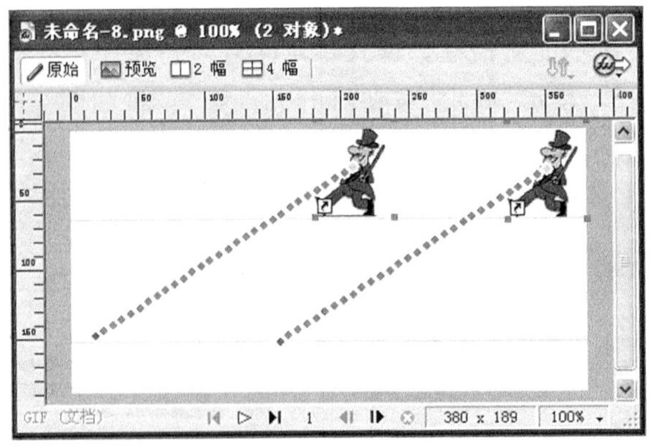

图 7-95　补间帧的两个实例动画轨迹图

最后，执行“修改”/“元件”/“补间实例”菜单项，在打开的“补间实例”对话框中设置补间帧的帧数和分散到帧的属性，单击“确定”按钮，则在两个补间帧实例间会添加所设数目的补间帧，如图 7-96 所示。单击“播放”按钮预览效果。

在创建动画时，用户可以使用复制、粘贴的方法创建动画实例。但是在不同的帧粘贴动画，粘贴后对象中各帧的内容所在的帧号也不相同。

4. 动画的播放控制

在“帧”选项卡中除了能够对帧及其所包含的对象进行管理和操作外，还可以对动画播放进行控制，使动画的载入更容易，播放更流畅。

1）动画循环播放控制

在默认的情况下，单击动画预览控件的“播放”按钮后会循环播放动画。要修改动画的播放方式，可以单击“帧”选项卡下方的“动画循环”按钮，在弹出的下拉菜单中（如图 7-97 所示）选择无循环、指定循环次数或永久循环播放动画。

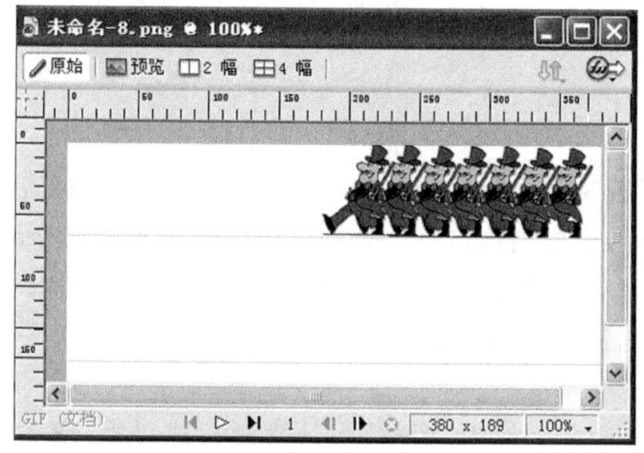

图 7-96　补间帧效果

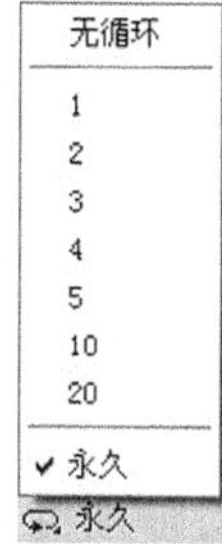

图 7-97　播放次数设置

2）帧延迟控制

帧延迟即为每帧播放的时间。帧延迟越小，播放的速度就越快，动画效果就越连续。播放的速度过慢，则可能出现停顿和闪烁的效果；过快则可能看不清各帧内容。在默认的情况下，每一帧延迟均为 7，即为 0.07 秒，而人的视觉反应时间大约为 0.1 秒。

要改变帧延迟，可以在帧列表中双击所选帧最右边的延迟列，弹出如图 7-98 所示的对话框，输入新的帧延迟值，然后按 Enter 键或单击对话框外的任意位置即可。

图 7-98　帧延迟设置

3）动画帧的显示和隐藏控制

在默认的情况下，所有的帧在播放动画时都会显示并导出。在使用“洋葱皮”技术时，如果为了更好地查看不连续帧中内容的区别，或生成的最终动画文件不需要包括某些帧时，可以将一部分帧隐藏起来。只要在帧列表中双击所选帧最右边的延迟列，在弹出的对话框（如图 7-98 所示）中取消选定“导出时包括”复选框；被隐藏的帧的帧延迟列将显示一个红色标记，在文档窗口和播放动画时将不再显示该帧。要重新显示被隐藏的帧，只要再次选中“导出时包括”复选框。导出动画时，被隐藏的帧将不会被导出，重新打开该动画文件，原被隐藏的帧将丢失。

7.7.2 切片、变换图像和热点

切片是 Macromedia Fireworks MX 2004 中用于创建交互性的网页对象。它们不是以图像的形式存在，而是最终以 HTML 代码形式出现。可以通过“层”浮动面板中的网页层查看、选择和重命名切片对象。

使用拖放变换图像方法将交互性附加到切片，可以在工作区中快速创建变换图像和交换图像效果。可以在“行为”面板中查看指定的行为并使用此面板创建更复杂的交互。

还可以使用热点将交互性结合到网页中。热点用于创建图像映射，即在 HTML 文档中定义热区的 HTML 代码。这些区域不一定链接到某个地方，它们可能只是触发一个行为或定义替代文本。热点还可以接收鼠标事件，使得 JavaScript 行为在切片中起作用。

1. 切片

如果页面中的图像较大，浏览器下载时就会耗费较长的时间。为了避免这种情况，可以将较大的图像分割为多幅较小的图像，这样浏览器就会分别下载图像的各个部分，以提高下载速度。这些从大图像上被分割出的图像称为切片。导出切片时，Fireworks 还创建一个包含表格代码的 HTML 文件，以便在浏览器中重新装配图像。

1) 创建切片

用户可以使用以下方法来创建切片对象：使用“切片”工具绘制切片对象，或者基于所选对象插入切片。

若要创建基于所选对象的矩形切片，可执行“编辑”/“插入”/“切片”菜单项。Fireworks 会沿着所选对象边缘创建一个矩形切片。如果选择了多个对象，在执行切片命令后，会弹出一个提示框(如图 7-99 所示)要求选择应用切片的方式。如果单击“单一”按钮，可创建覆盖全部所选对象的单个切片对象；单击“多重”按钮，则可为每个所选对象创建一个切片对象。

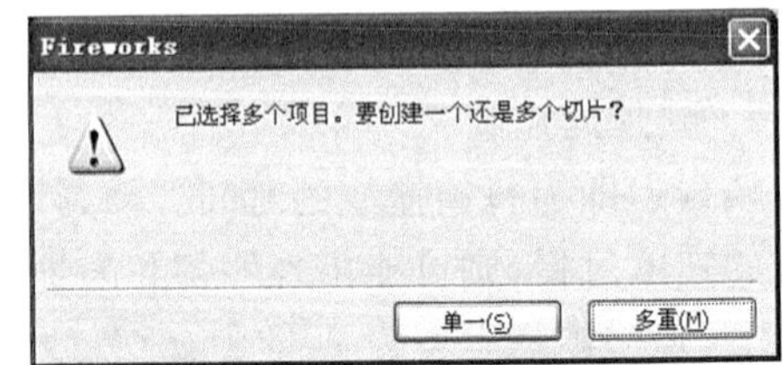

图 7-99 切片提示信息框

每个切片由两个部分构成，绿色的半透明区域为切片对象，而由切片操作产生的红色分割线为切片辅助线。切片辅助线保持水平或垂直，如图 7-100 所示。每个切片都是“层”浮动面板网页层中的一个图形对象，如图 7-101 所示。

使用“切片”工具，可以绘制矩形和多边形切片对象，从而更加精确地划分切片或不按对象的边缘来创建切片对象。选择工具箱“Web”栏中的“矩形切片”工具，在文档编辑区拖动鼠标绘制矩形切片对象。若矩形切片不能使切片和对象的形状或外形相吻合，还

图 7-100　创建多重切片

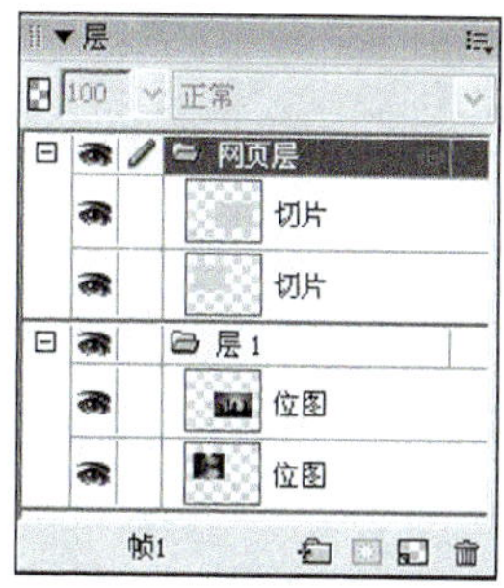

图 7-101　切片后网页层

可以使用多边形切片。选择“多边形切片”工具，在文档编辑区每单击一次将会出现一个矢量点，沿着希望创建切片的区域边缘依次单击以绘制多边形的切片对象，如图 7-102 所示。

图 7-102　使用切片工具绘制切片对象

2）编辑切片

对切片的编辑主要包括了控制切片的显示、编辑切片的外观、对对象的命名方法和为切片添加链接等。

为了使切片不至于影响图像对象的编辑，需要控制切片和辅助线的显示。要隐藏所有切片和辅助线，可以单击工具箱中“隐藏切片和热点”按钮，再次单击可以重新显示。而通过“层”浮动面板可以隐藏和显示某些切片，操作方法与隐藏和显示层一样。如果只希望显示或隐藏辅助线，可以执行“视图”/“切片辅助线”菜单项。还可执行“视图”/“辅助线”/“编辑辅助线”菜单项，在弹出的对话框中取消或选中“显示切片辅助线”复选框。

选择“指针”工具拖动切片对象，可使切片对象在文档中移动。这时移动的只是切片对象，底下的图像并不移动。移动切片可以使切片覆盖到不同的对象或区域上。

选中切片对象后，用“指针”工具或“部分选择”工具拖动切片对象边框上的控制点，可调整切片对象的形状。对于矩形切片对象来说，拖动边框上的控制点调整切片对象形状只是大小被改变。如果拖动的是多边形切片对象边框上的控制点，则可以任意改变切片对象形状。而利用工具箱中的变形工具还可对切片对象进行缩放、扭曲、斜切、旋转、翻转等变形操作。

在切片对象的属性面板（如图 7-103 所示）中，用户可设置指定切片对象的名称、大小、起始位置、链接、替代文字及目标文件的显示方式，设置方法和 Dreamweaver 一样。

要删除所选切片，可直接按 Del 键或执行“修改”/“清除”菜单项。

3）创建 HTML 切片

HTML 切片指定浏览器中出现普通 HTML 文本的区域。其导出的是由切片定义的

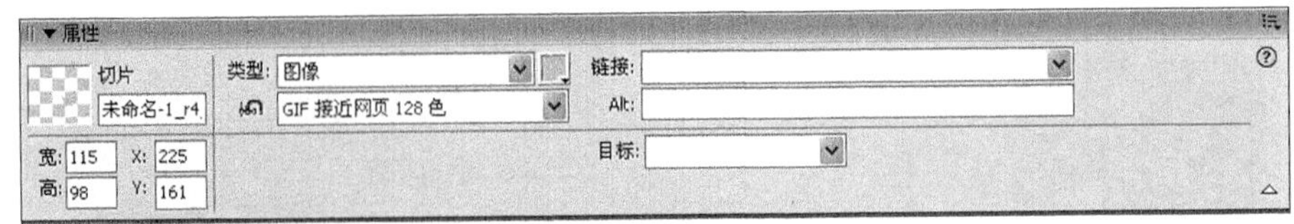

图 7-103　切片对象属性面板

HTML 文本而非图像。如果要快速更新出现在站点中的文本而无须创建新图形，则 HTML 切片显得很有用，如通知、公告等。

若要创建 HTML 切片，可选定切片对象或绘制切片对象并将其保留为选定状态。然后在属性面板(如图 7-104 所示)中从"类型"弹出菜单中选择 HTML，单击"编辑"按钮，在弹出的"编辑 HTML 切片"窗口中输入文本。单击"确定"按钮，则文本会添加到所选切片对象上。如果需要，可通过添加 HTML 文本格式设置标记来设置文本的格式，例如<font color=blue size=7><b>创建 HTML 切片</b></font>。

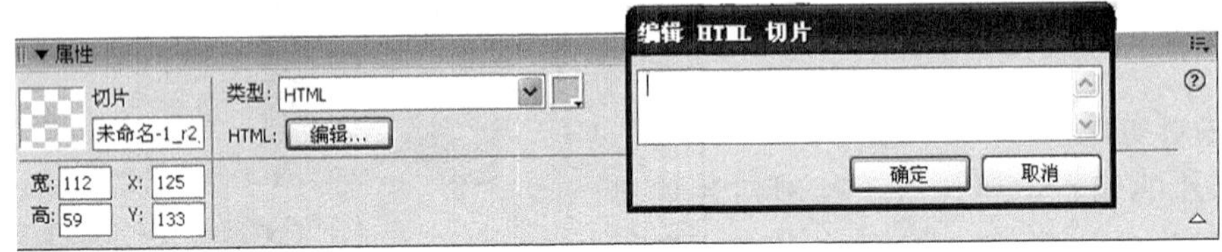

图 7-104　类型为"HTML"的属性面板和编辑 HTML 切片对话框

在不同的浏览器以及不同的操作系统中查看 HTML 文本切片时，它们的外观可能会有所变化，这是因为浏览器中可以设置字体、字型、字号等。

4) 切片的简单交互效果

Fireworks 提供了两种使切片交互的方式：拖放变换图像方法和通过"行为"面板创建更复杂的交互效果。Fireworks 中的行为与 Macromedia Dreamweaver 行为兼容。在将 Fireworks 变换图像导出到 Dreamweaver 时，可以使用 Dreamweaver 的"行为"面板编辑 Fireworks 行为。

(1) 创建简单变换图像

变换图像的工作方式都是一样的。当指针滑过一个切片对象或图像对象时，该对象将触发另一个图像的显示。触发器可以是一个网页对象、切片、热点或按钮。

最简单的变换图像是将第 1 帧中的一个图像与紧挨在它下面的第 2 帧中的图像交换，相当于 Dreamweaver 中鼠标经过图像的效果。

简单变换图像只涉及一个切片。首先，在触发器对象上方创建切片。其次，单击"新建/复制帧"按钮在"帧"选项卡中创建一个新帧，创建、粘贴或导入用作新帧上的交换图像的图像，使其位于切片的下方。接着，回到第 1 帧，选择切片并将指针放在行为手柄上方单击，在弹出菜单中选择"添加简单变换图像行为"选项。最后按 F12 键在浏览器中预览它。如图 7-105 所示为在"首页"、"水浒传"、"红楼梦"和"金瓶梅"上分别创建切片对象作为触发器对象，制作简单交换图像，效果如图 7-106 所示，当鼠标滑过"红楼梦"区域时，将显示不同的背景图像。

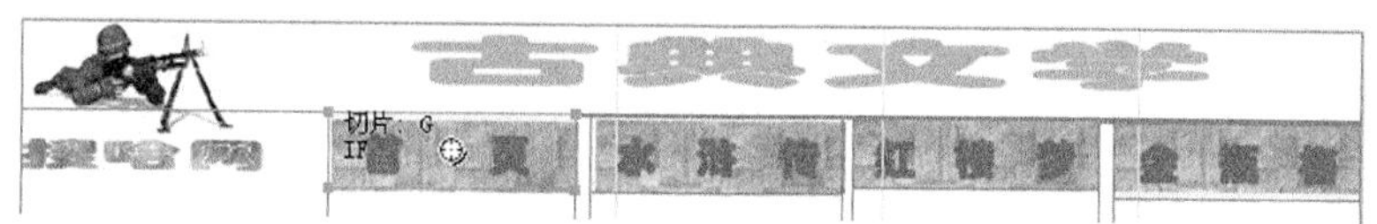

图 7-105　创建变换图像的第 1 帧和第 2 帧内容

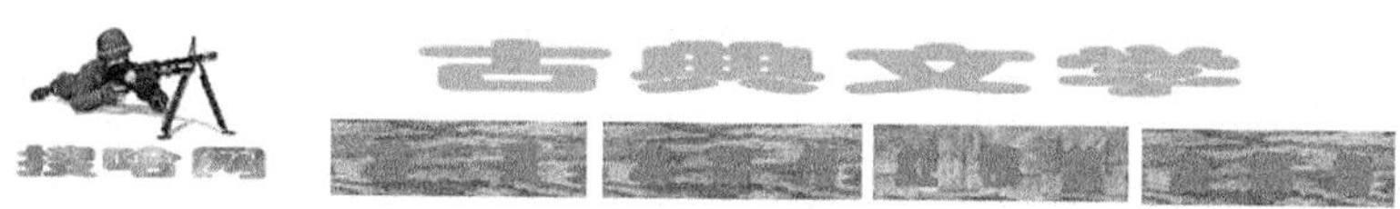

图 7-106　变换图像预览效果

(2) 创建不相交变换图像

所谓的不相交变换图像，是指当指针滑过或单击一个触发器图像时，会在网页的另一个位置中显示一个图像。鼠标滑过的图像被视为触发器，发生更改的图像被视为目标。

与仅使用一个切片的简单变换图像一样，首先必须对触发器、目标切片和交换图像所驻留的帧进行设置，然后使用一条行为线将触发器链接到目标切片。

不相交变换图像至少涉及两个切片。首先，在触发器对象上方创建切片。其次，单击"新建/复制帧"按钮创建一个新的帧，创建、粘贴或导入用作新帧上的交换图像的图像，并在目标图像上方创建目标切片。接着，在新帧上选择覆盖触发器区域的切片，拖动切片上的行为手柄到目标切片，出现一条从触发器中心延伸到目标切片上角的行为线，如图 7-107所示；并将指针放在触发器切片的行为手柄上方单击，在弹出菜单中选择"添加变换图像行为"选项。最后，按 F12 键在浏览器中预览效果。

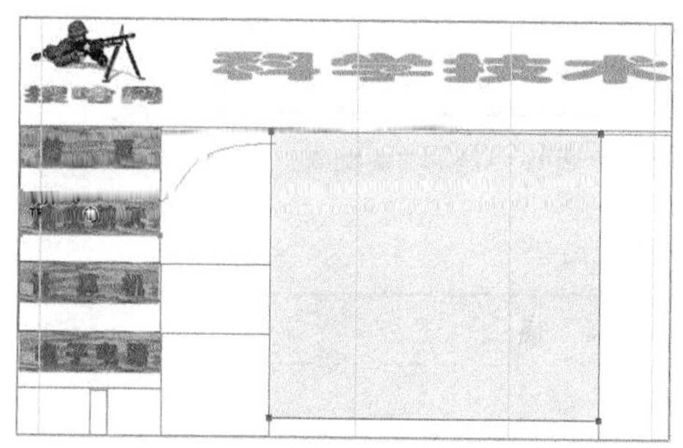

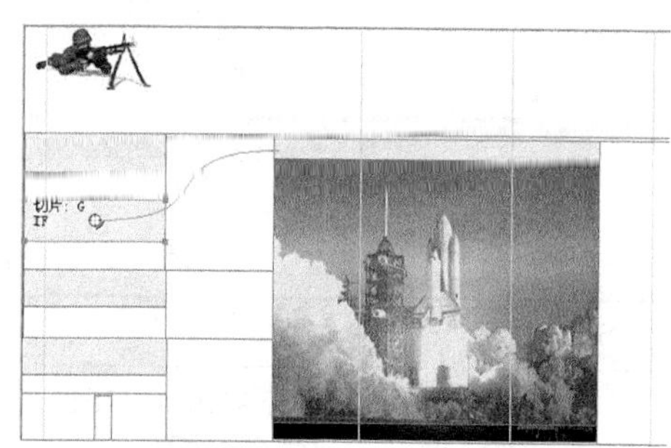

图 7-107　不相交变换图像第 1 帧和第 2 帧图像效果

不相交变换图像的触发器不一定必须是切片。热点和按钮也具有可用于创建不相交变换图像的行为手柄。用户还可以从单个切片中拖动多个行为手柄来创建多个变换行为。例如，可以从同一切片中触发一个变换图像和一个不相交变换图像。如果删除交换图像行为，将指针放在触发器切片的行为手柄上方单击，在弹出菜单中选择"删除所有行为"选项或单击要删除的蓝色行为线。

5) 切片的命名和导出

切片将整个图像分割为多个小区域，在完成了切片的绘制后，必须将切片导出，才能在 Web 页面中使用。导出切片时，首先要对切片对象命名。

(1) 命名切片

在导出图像时，Fireworks 会为每个切片创建一个文件。虽然 Fireworks 可以自动地为切片对象命名，但是使用有意义的命名规则有利于网页的编辑和维护。

要命名切片对象，可以在所选切片的属性面板的名称文本框中输入新的文件名。但在属性面板中只能对切片对象进行命名，文档中的非切片对象是无法命名的；而在导出文档后，不仅切片对象会生成图像文件，其他的非切片区域同样会生成切片文件。

采用自动命名可以在很大程度上减小网页创作者的工作量。自动命名将根据默认的命名惯例自动为每个切片文件指定一个唯一的名称。用户可以执行"文件"/"HTML 设置"菜单项，在打开的"HTML 设置"对话框的"文档特定信息"选项卡(如图 7-108 所示)中更改切片的命名惯例。可用的命名惯例最多可包含 8 个元素。每个元素可包含下列任一自动命名选项，见表 7-2。

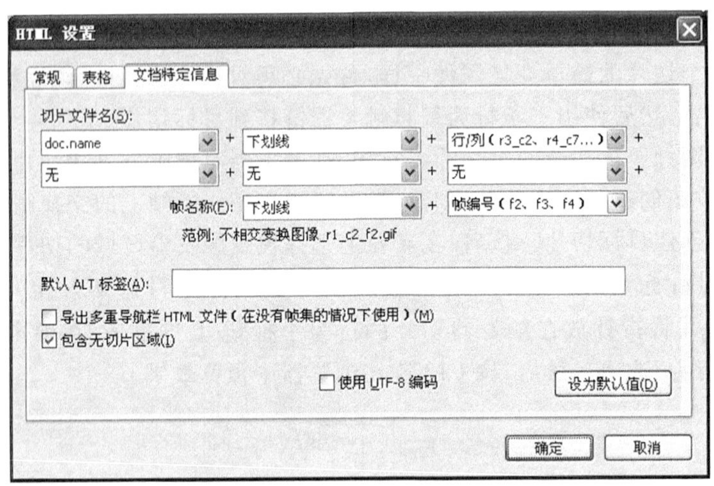

图 7-108 "HTML 设置"对话框的"文档特定信息"选项卡

表 7-2 自动命名选项

选　　项	描　　述
无	不向元素应用任何名称
doc. name	元素采用文档的名称
ìslice	可以向命名惯例中插入"slice"一词
切片编号(1、2、3、…) 切片编号(01、02、03、…) 切片编号(A、B、C、…) 切片编号(a、b、c、…)	根据用户所选择的样式，按数字顺序或字母顺序对元素进行标记
行/列(r3_c2、r4_c7、…)	用行 (r# #) 和列 (c# #) 指定浏览器用来重建切片图像的表的行和列。可以在命名惯例中使用此信息
下划线、句点、空格、连字符	元素通常使用这些字符作为与其他元素的分隔符

例如，如果文档名为 mydoc，则命名惯例 doc. name ＋“slice”＋切片编号（A、B、C、…）所产生的切片名称就是 mydocsliceA。实际上，永远不需要使用包含全部 8 个元素的命名惯例。

如果一个切片包含多个帧，则默认情况下 Fireworks 将为每个帧的文件添加一个数字。例如，如果为一个包含 3 种状态的按钮输入自定义切片文件名 home，则 Fireworks 会将“弹起”状态图形命名为 home. gif，将“滑过”状态图形命名为 home_f2. gif，将“按下”状态图形命名为 home_f3. gif。

（2）导出切片对象

全部设置完毕后，可执行“文件”/“导出”菜单项，打开“导出”对话框，设置相应的选项，最后单击“保存”按钮导出文档或文档中的部分所选切片对象。

由于要将图像导出为可用于网页的格式，因此保持“保持类型”和“HTML”下拉列表框的默认设置不变。在“切片”下拉列表中可根据需要选择“无”、“导出切片”或“沿辅助线切片”选项。选中“无”，表示不为每个切片生成单独的切片文件，而将整个文件导出为一个文件。选中“导出切片”，可以设置导出所选切片，以及是否导出无切片区域等。选中“沿辅助线切片”，可以按照文档中的切片辅助线导出切片，但使用该选项生成的文件无法保留在切片对象中设置的行为。

2. 热点

热点是用于在 HTML 文档中定义热点的 HTML 代码。它不一定要链接到某个地方，可能只是触发一个行为或定义替代文本，还可以接收鼠标事件，使 JavaScript 行为在切片中起作用。

热点和 Dreamweaver 中的图像映射通常要比切片图形要求的资源少。对于 Web 浏览器来说，切片要求的资源会更多，因为它们必须下载附加的 HTML 代码，并且需要重新装配切片图形所需的处理能力。

1）创建热点

若要创建矩形或圆形热点，可从工具箱的“Web”栏（如图 7-109 所示）选择“矩形热点”工具或“圆形热点”工具，拖动鼠标在图形的某个区域上绘制热点。拖动时，按住 Alt 键可从中心点开始绘制热点。按住空格键，可以在拖动已绘制热点的同时调整热点的位置，释放空格键可继续绘制热点。若要创建非常规形状热点，可选择“多边形热点”工具，单击放置矢量点。不管路径是断开的还是封闭的，填充都将定义热点区域。

图 7-109　热点工具

若要用一个或多个选定对象来创建热点，可直接执行“编辑”/“插入”/“热点”菜单项。如果已选择多个对象，则会显示一条消息，询问用户是要创建覆盖所有对象的单个矩形热点，还是要创建多个热点，其中每个对象对应一个热点。单击“单一”或“多重”，“网页层”将显示新的热点。

2）编辑热点

热点是网页对象，同其他许多对象一样，可使用“指针”工具、“部分选定”工具和“变形”工具等对其进行编辑。用户还可在属性面板(如图 7-110 所示)中设置热点的位置、大小、颜色和链接等属性,编辑方法与 Dreamweaver 中的图像映射一样,而热点的显示和隐藏操作方法与切片一样。

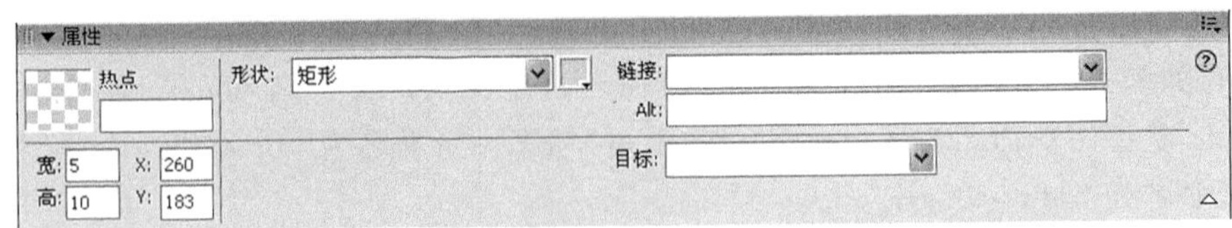

图 7-110 热点属性面板

7.7.3 制作按钮、导航栏和菜单

风格迥异的按钮、导航栏和弹出菜单的使用,可以丰富网页的色彩和内容,使网页变得更加生动活泼,同时还可实现某项操作或交互功能,并在不同的页面间跳转。

Fireworks MX 2004 具有强大的按钮和弹出菜单制作功能,使用户即使对 JavaScript 一无所知,也可以在 Fireworks 中创建多种 JavaScript 按钮和弹出菜单。

1. 制作按钮

按钮实质是由一幅或多幅图像构成的、具有导航功能的网页元素。它与普通链接的区别在于它可以有多种状态,每一种状态可以用不同的图片来表示,使网页变得更加生动。

按钮最多有 4 种不同的状态,每种状态都表示该按钮在响应鼠标事件时的外观。

(1) 弹起状态:是按钮的默认外观或静止时的外观。

(2) 滑过状态:是当指针滑过按钮时该按钮的外观。此状态提醒用户单击鼠标时很可能会引发一个动作。

(3) 按下状态:表示单击后的按钮。按钮的凹下图像通常用于表示按钮已按下。此按钮状态通常在多按钮导航栏上表示当前网页。

(4) 按下时滑过状态:是在用户将指针滑过处于按下状态时按钮的外观。此按钮状态通常表明指针正位于多按钮导航栏中当前网页的按钮上方。

在这 4 种状态中最常用的是释放状态和按下状态。

1) 新建按钮

创建按钮主要在按钮编辑器中进行,如图 7-111 所示。通过创建不同状态下的按钮图像,得到一个便于使用的按钮元件。按钮元件的创建方法与动画元件的创建方法一样。只是在“元件属性”对话框中选择元件类型为按钮,即可打开按钮编辑器。

要打开按钮编辑器,还可执行“编辑”/“插入”/“新建按钮”菜单项,或在画布上右击鼠标,在弹出菜单中选择“插入新按钮”菜单项。

在按钮编辑器中有 5 个选项卡。“释放”、“滑过”、“按下”和“按下时滑过”这 4 个选项卡分别用来制作按钮的 4 种状态下的图像。编辑按钮状态图像的方法与在文档编辑窗口

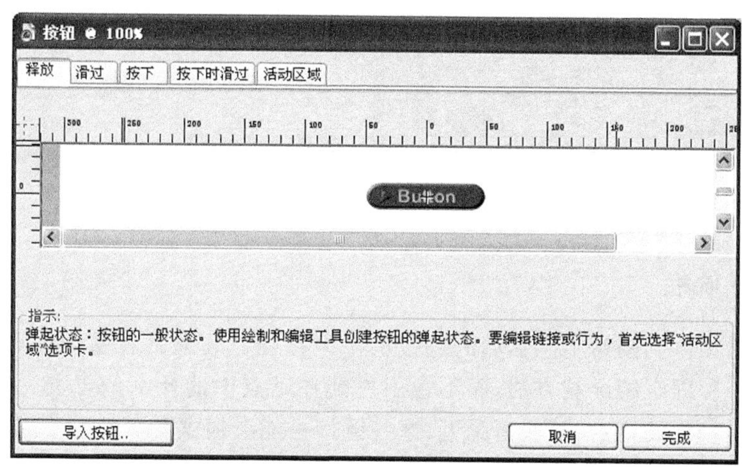

图 7-111　按钮编辑器

中编辑图像的方法一样。"活动区域"选项卡用来创建按钮的反应区域。如果要修改活动区域，可以取消选择"自动设置活动区域"复选框，使用"切片"工具重新创建和编辑反应区域。在按钮编辑器的下方有一个"导入按钮"[导入按钮..]，可用于导入 Fireworks 预置的按钮样式。导入时，系统会将按钮的各个状态图分别插入相应的选项卡中。创建完成后单击"完成"按钮，系统会将新创建的按钮元件在文档窗口和"资源"面板的"库"选项卡中显示。图 7-112 显示了按钮元件编辑完成后在文档窗口的显示内容。

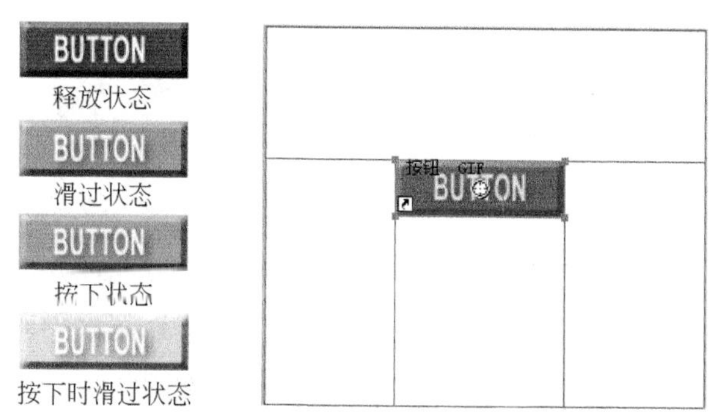

图 7-112　按钮的 4 种状态和按钮在文档窗口的显示方式

2）编辑按钮

Fireworks 按钮元件是一种特殊的元件。它们具有两种属性：当用户编辑元件的实例时，某些属性将在所有实例中发生更改，而其他属性则只影响当前实例。

双击文档编辑窗口任一个按钮实例，打开按钮编辑器编辑按钮元件，则所作修改将反映到所有的按钮实例中，例如改变按钮图像上使用的特效、文本的字体和字号等。在"库"选项卡中双击按钮元件预览或按钮元件名称左侧的元件图标也可打开按钮编辑器。若在按钮实例的属性面板中修改按钮属性，则只影响当前按钮实例，而不会影响该按钮元件的关联元件或任何其他实例。在属性面板(如图 7-113 所示)中可设置按钮实例的文本、透明度、效果、超级链接和单击超级链接时目标文件显示的位置等。

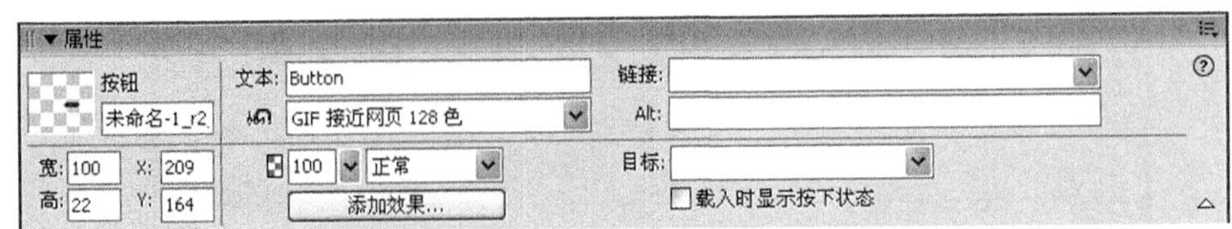

图 7-113　按钮实例属性面板

2. 制作导航栏

导航栏是指提供到网站不同区域的链接的一组按钮。它通常在整个站点保持一致，从而可以提供一种固定的导航方法，而不管用户处在站点中的什么位置上。所有网页的导航栏外观都是一样的，但在某些情况下，这些链接可能会根据各页面的不同功能而采用特定的形式。

用户可以在 Fireworks 中制作导航栏，方法是：首先在按钮编辑器中创建一个按钮元件，然后将该元件的多个实例放到文档编辑区中。再使用“对齐”浮动面板或执行“修改”/“对齐”子菜单中的相关命令对齐各个实例。

在实例的属性面板上可指定各个实例唯一的文本、超级链接和其他属性。用户还可以为导航栏的各个实例创建简单交换图像或不相交变换图像等。图 7-114 所示的 5 个按钮构成一组导航栏，每个按钮有 4 种状态。其中“计算机”按钮处于按下状态，“首页”按钮处于滑过状态。

图 7-114　导航栏的制作

3. 制作弹出菜单

当网页具有较多的功能时，如果每种功能都通过按钮或导航栏实现，将会使页面看起来凌乱不堪。要想既保证这些功能的实现，同时又保持页面的整洁，最好的方法就是使用弹出菜单。当用户将指针移到触发网页对象(如切片、热点或按钮)上或单击这些对象时，浏览器中才显示弹出菜单。

1) 创建弹出菜单

Fireworks MX 2004 提供了弹出菜单编辑器，如图 7-115 所示，以便用户快速地创建各种效果的菜单。要打开弹出菜单编辑器，可选中切片、热点或按钮等触发网页对象，执行“编辑”/“弹出菜单”/“添加弹出菜单”菜单项，或在切片、热点或按钮的行为手柄 ⊕ 上单击鼠标，在弹出菜单中选择“添加弹出菜单”命令。

弹出菜单编辑器是一个带有选项卡的对话框，包括以下 4 个选项卡。

“内容”选项卡：包含用于确定基本菜单结构以及每个菜单项的文本、URL 链接和目标的选项。

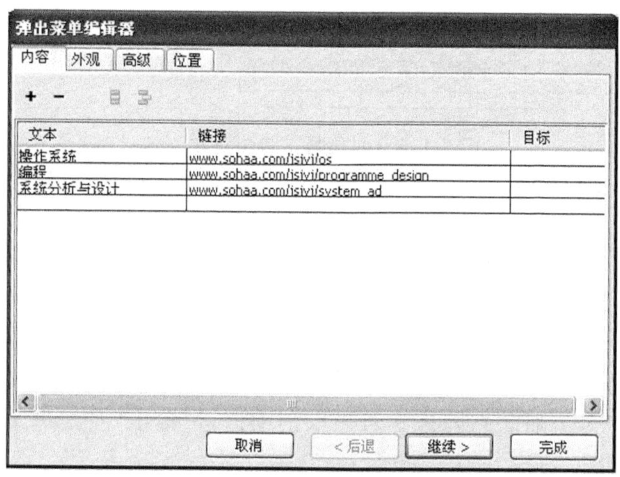

图 7-115　弹出菜单编辑器

“外观”选项卡：包含可确定每个菜单单元格的弹起状态和滑过状态的外观，以及菜单的垂直和水平方向的选项。

“高级”选项卡：包含可确定单元格尺寸、边距、间距、单元格边框宽度和颜色、菜单延迟以及文字缩进的选项。

“位置”选项卡：包含可确定菜单和子菜单位置的选项。

在弹出菜单编辑器的“内容”选项卡上，可以确定弹出菜单的基本结构和内容。其他选项卡上的选项的当前或默认设置会在创建菜单时应用于该菜单。

(1) 创建基本弹出菜单

① 打开弹出菜单编辑器，选择“内容”选项卡。单击“添加菜单项”按钮 + 或“删除菜单项”按钮 —，可随时添加或删除菜单项。

② 双击每个单元格并输入或选择适当的信息。在窗口中的最后一行输入内容后，会在该行的下面自动增加一个空行。重复该步骤操作，直到添加了所有菜单项。

“文本”：指定该菜单项的文本。

“链接”：确定该菜单项的 URL。用户可以输入自定义链接，也可以从“链接”弹出菜单中选择一个链接(如果存在链接)。如果用户已经为文档中的其他网页对象输入了 URL，则这些 URL 将在“链接”弹出菜单中列出。

“目标”：指定超级链接目标文件的显示位置。可以输入自定义目标，也可以从“目标”弹出菜单中选择一个预设目标。

③ 单击“继续”按钮移动到“外观”选项卡，或直接选择其他选项卡进行设置。

④ 单击“完成”按钮，关闭弹出菜单编辑器，完成弹出菜单的创建操作。在文档窗口中，生成弹出菜单的触发网页对象上会出现一条蓝色行为线。该行为线附加在弹出菜单的顶级菜单轮廓上，如图 7-116 所示。按 F12 键可在浏览器中预览弹出菜单的效果。

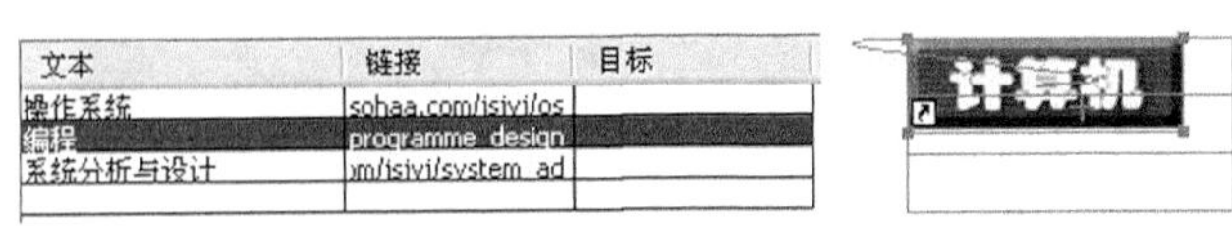

图 7-116　创建基本弹出菜单

(2) 添加子菜单

在弹出菜单编辑器中，使用“内容”选项卡上的“缩进菜单”和“左缩进菜单”按钮可以创建子菜单，即当用户将指针滑过或单击另一个弹出菜单项时显示的弹出菜单。

要添加子菜单，只要在“内容”选项卡中选择父菜单项所在的行，单击“添加菜单项”，在其下方添加一个空行作为子菜单项，输入新的菜单项的相关信息。然后，单击“缩进菜单”，使子菜单项的文本列向右缩进。若想取消缩进，可单击“左缩进菜单”，使所选菜单向左缩进。效果如图 7-117 所示。

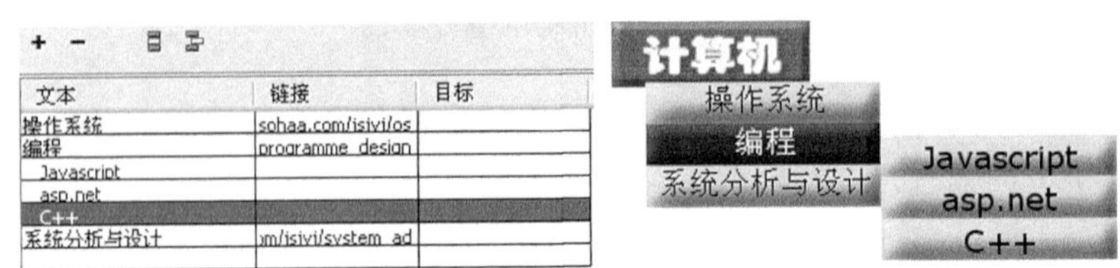

图 7-117　添加子菜单

2) 编辑弹出菜单

要编辑弹出菜单，可以选择弹出菜单所附加到的切片等网页对象上，然后双击菜单的蓝色轮廓，打开弹出菜单编辑器。可以编辑或更新弹出菜单的内容，重新排列菜单项，或者更改 4 个选项卡中任一选项卡上的其他属性。

如果要删除弹出菜单，选中弹出菜单的蓝色轮廓后，按 Del 键即可。

在导出按钮、导航条或弹出菜单时，Fireworks 会自动生成在 Web 浏览器中显示所必需的 JavaScript。在 Macromedia Dreamweaver 中，可以轻松地将 Fireworks 中的 JavaScript 和 HTML 代码插入到网页中，也可以将这些代码剪切后粘贴到任何 HTML 文件中。

思考与练习

7.1　名词解释

画布　辅助线　矢量图像　位图图像　组合路径　对象堆叠　组合对象　网页抖动填充　笔触　蒙板　滤镜特效　文本附加到路径　GIF 动画　帧　HTML 切片　变换图像

7.2　什么是矢量图像和位图图像？

7.3　打开和导入图像有何区别？怎样打开或导入图像和 HTML 文档？

7.4　路径的整形和变形包括哪些操作？各使用什么工具或命令？

7.5　层和蒙板的作用是什么？Fireworks MX 2004 提供了哪几种混合模式？

7.6　从“滤镜”菜单中添加滤镜特效和从效果面板中添加有何区别？

7.7　Fireworks MX 2004 提供的滤镜特效分为哪几类？每一类的主要功能是什么？

7.8　什么是动画？在 Fireworks MX 2004 中有哪些常用的动画制作方法？

7.9　什么是“洋葱皮”技术？其作用是什么？

7.10　什么是动画元件？什么是实例？使用动画元件和实例有何优点？

7.11　什么是补间？使用动画元件和补间创建动画的一般步骤是什么？

7.12　什么是切片？它与图像映像有何区别？

7.13　在图像上使用切片有何优点？在 Fireworks MX 2004 中怎样创建切片对象？

7.14　按钮的状态有哪几种？它们分别表示鼠标的什么动作？

7.15　如何将按钮、切片、翻转图像和弹出菜单等网页元素导出为 HTML 代码？如何在 Dreamweaver MX 2004 中插入 Fireworks HTML 对象？

7.16　试用矢量图像绘制工具和相关命令绘制如图 7-118 所示的各个矢量图像。

图 7-118　矢量图像

7.17　试用矢量绘制工具、渐变填充和效果菜单命令等制作如图 7-119 所示的哑铃状的 MSN 浏览器按钮和心形图案。

图 7-119　浏览器按钮

7.18　试用文本工具、效果菜单命令和文本菜单命令等制作如图 7-120 所示的文字效果。

图 7-120　浏览器按钮

7.19　试用 Fireworks MX 2004 制作一幅图像，并将其所导出的 Fireworks HTML 文件

插入到 Dreamweaver MX 2004 中制作成一个网页。在该 Fireworks 制作的图像中包括有切片、热点、按钮和弹出菜单等网页交互元素。效果如图 7-121 所示。

图 7-121　网页的整体效果

第8章

制作网页动画

［本章学习目标］

通过 Flash 基本功能的介绍，熟悉 Flash 的使用。学会制作一些简单的动画，并对 ActionScript 脚本编写有初步的认识。

8.1 初识 Flash MX Professional 2004

8.1.1 Flash MX Professional 2004 简介

Flash 提供了创建和发布丰富的 Web 内容和强大的应用程序所需的所有功能。不管是设计动画还是构建数据驱动的应用程序，Flash 都为用户提供了创作出色的作品和为使用不同平台和设备的用户提供最佳体验的工具。从简单的动画到复杂的交互式 Web 应用程序，它可以使用户创建任何作品。通过添加图片、声音和视频，可以使 Flash 应用程序媒体丰富多彩。Flash 包含了许多种功能，如拖放用户界面组件、将动作脚本添加到文档的内置行为，以及可以添加到对象的特殊效果。这些功能使 Flash 不仅功能强大，而且易于使用。

在 Flash 中进行创作时，是在 Flash 文档（即保存时文件扩展名为. fla 的文件）中工作。在准备部署 Flash 内容时发布它，同时会创建一个扩展名为. swf 的文件。

Flash 提供两种版本，Flash MX 2004 和 Flash MX Professional 2004。

8.1.2 Flash MX Professional 2004 操作界面

首先，来认识一下 Flash MX Professional 2004 的界面。

1. 起始页

这是 Flash MX Professional 2004 新增的一项功能，每次启动 Flash MX Professional 2004 时，都将会显示这个页面，如图 8-1 所示。用户可以选择打开最近使用的项目、创建新项目或从模板创建新文件。若希望下次进入时不再显示该页面，也可以选中窗口底部的"不再显示此对话框"复选项。

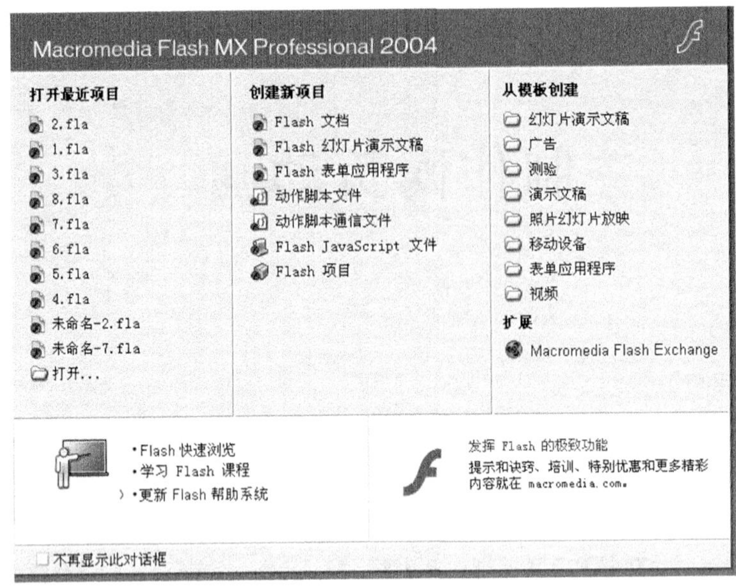

图 8-1　起始页

2. 编辑页面

选择创建新 Flash 文档后,就会进入到编辑页面,如图 8-2 所示。

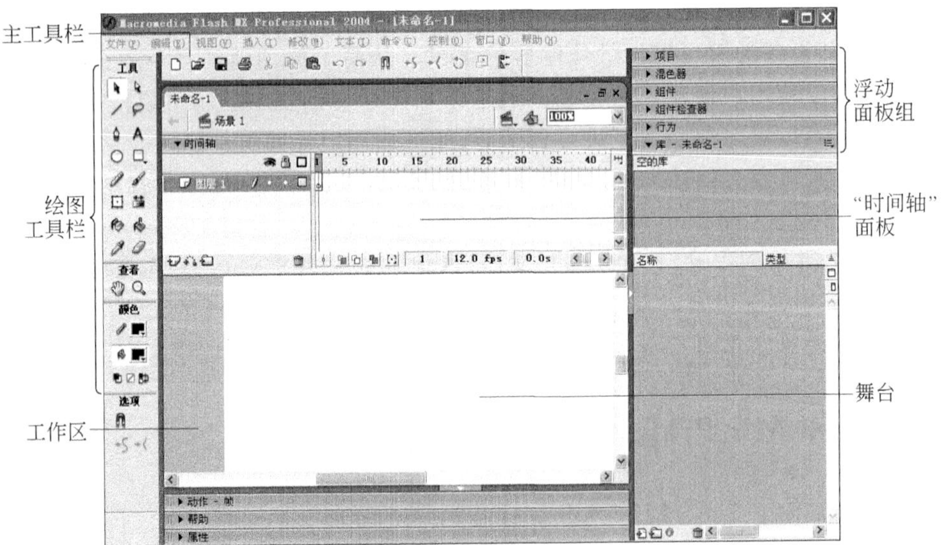

图 8-2　编辑页面

Flash MX Professional 2004 的编辑页面由下面几个部分组成。

(1) 菜单栏：包含 Flash 所有的功能与指令,选择对应的菜单项后,可以弹出对应的功能菜单。

(2) 工具栏

① 主工具栏：和许多应用软件一样，Flash 的主工具栏中也包含“新建”、“打开”、“保存”、“打印”、“剪切”、“复制”、“粘贴”和其他几个常用的命令按钮。

② 绘图工具栏：该栏包含了所有与绘图相关的工具，可以将这些工具分为“工具”、“查看”、“颜色”和“选项”4 个部分。“工具”区域包含绘画、涂色和选择工具。“视图”区域包含在应用程序窗口内进行缩放和移动的工具。“颜色”区域包含用于笔触颜色和填充颜色的功能键。“选项”区域显示选定工具的组合键，这些组合键会影响工具的涂色或编辑操作。

③ 控制器工具栏：选择控制器工具栏上的按钮可以播放、停止、回放和快进动画。

在 Flash MX Professional 2004 中，这些工具栏都是浮动的，可以停放在屏幕边缘或者漂浮在屏幕上。在工具栏的标题栏上按住鼠标左键拖动，可以将工具栏拖曳至任何位置。双击工具栏浮动面板上的蓝色区域，还可以将工具栏还原至原来的位置。

(3) “时间轴”面板：是安排动画播放的时间顺序、播放的效果以及场景切换的窗口。

(4) “舞台”：编辑页面中间的矩形区域称为舞台，在舞台上可以绘制或放置动画的元素，编辑、调整和显示动画。它的颜色默认为白色，可以作为动画的背景颜色，若要更改舞台颜色，操作步骤如下。

① 选择菜单栏中“修改”/“文档”，打开“文档属性”对话框。

② 单击“背景颜色”框，在出现的调色板中选择所需的颜色。

③ 单击“确定”按钮后即可更改舞台的颜色。

(5) 工作区：舞台周围灰色的区域，该区域上的内容在动画播放时是不会被显示出来的。

(6) 浮动面板组：编辑页面的右侧是面板群组，Flash MX Professional 2004 的面板可以分为以下 3 类。

① 设计面板：包括对齐、混色器、颜色样本、信息、场景、变形等面板。

② 开发面板：包括动作、行为、组件、组件检查器、调试器、输出等面板。

③ 其他面板：包括辅助功能、历史记录、影片浏览器、字符串、公用库等面板。

用户可以根据需要随时打开和关闭某个面板和调整面板的大小，也可以选择面板群组左侧的按钮隐藏面板群组，还可以组合面板并保存自定义的面板设置，从而能更容易地管理工作区。

(7) “属性”检查器：使用“属性”检查器可以很容易地访问和更改舞台或时间轴上当前选定项的最常用属性，而不用访问包含这些功能的菜单或面板，从而简化了文档的创建过程。“属性”检查器会发生改变，取决于当前选定的内容以反映正在使用的工具或资源。“属性”检查器可以显示当前文档、文本、元件、形状、位图、视频、组、帧或工具的信息和设置。当选定了两个或多个不同类型的对象时，“属性”检查器会显示选定对象的总数。

8.1.3 Flash 动画制作流程

Flash 动画制作的过程实际上与动画片的制作很类似。首先确定动画要表现的主题和具体内容(动画中包含的对象、情节等),即建立场景、在舞台上添加对象、设置对象的相关属性。要使得动画按照预先设想好的情节动起来,接下来就要利用时间轴面板,把动画中的每一动作分解成若干画面,按照播放的时间顺序一一确定好。当然,利用 Flash 本身所具有的功能进行操作可以大大减少工作量。动画中如果包含多个剧情,可以通过建立多个场景来实现。若要使动画具有交互性或是要制作某一些特效,还涉及动作脚本(Action Script)的编写。

8.2 Flash MX Professional 2004 绘图

8.2.1 绘图工具

Flash 提供了各种工具来绘制自由形状或准确的线条、形状和路径,并可以用来对填充对象涂色。

1. 铅笔工具

可以像使用真铅笔一样绘制任意的线条和形状。

(1) 选择铅笔工具。

(2) 选择"窗口"/"属性"并在"属性"检查器中选择笔触颜色、线条粗细和样式。

(3) 在工具栏的"选项"下选择一种绘画模式。

① 选择"伸直"可以绘制直线,并将接近三角形、椭圆、圆形、矩形和正方形的形状转换为这些常见的几何形状。

② 选择"平滑"可以绘制平滑曲线。

③ 选择"墨水"可以绘制不用修改的手画线条。

图 8-3 分别为伸直、平滑和墨水模式绘制的线条。

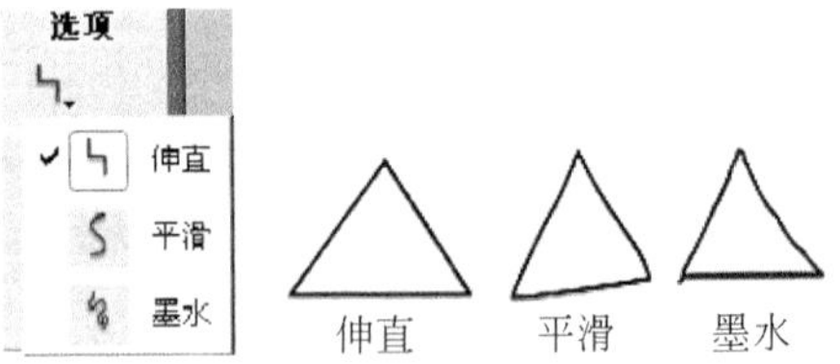

图 8-3 几种绘画模式示例

提示: 按住 Shift 键拖动可将线条限制为垂直或水平方向。

2. 钢笔工具

钢笔工具可以绘制精确的路径,如直线或流畅的曲线,然后调整直线段的角度和长度以及曲线段的斜率。当使用钢笔工具绘画时,单击可以在直线段上创建点,单击和拖动可以在曲线段上创建点。通过调整线条上的点可以调整直线段和曲线段,甚至可以将曲线转换为直线，或将直线转换为曲线。钢笔工具还可以显示用其他 Flash 绘画工具，如铅笔、刷子、线条、椭圆或矩形工具在线条上创建的点，以调整这些线条。

3. 线条工具、椭圆工具和矩形工具

选择线条、椭圆或矩形工具，可以绘制基本的几何形状。绘制方法如下。

(1) 选择“窗口”/“属性”，然后在“属性”检查器中选择笔触和填充属性。无法为直线工具设置填充属性。

(2) 对于矩形工具，通过单击圆角矩形功能按钮，在打开的“矩形设置”对话框中输入一个角半径值就可以指定圆角。如果值为零，则创建的是方角。如果在舞台上拖动鼠标画圆角矩形的同时按住上下方向键可以调整圆角的半径。

(3) 对于椭圆和矩形工具，按住 Shift 键拖动可以将形状限制为圆形和正方形。

(4) 对于线条工具，按住 Shift 键拖动可以将线条限制为倾斜 45°的倍数。

(5) 多边星形工具：绘制多边形和星形，可以通过设置多边形的边数或星形的顶点数(3～32)或星形顶点的深度，得到不同的形状。

(6) 单击“确定”按钮以关闭“工具设置”对话框。

(7) 在舞台上拖动。

4. 刷子工具

可以像使用刷子涂色一样创建刷子似的笔触。它可以创建特殊效果，包括书法效果。使用刷子工具功能按钮可以选择刷子的大小和形状。

在使用大多数 Flash 工具时，“属性”检查器会发生变化，以显示与该工具相关联的设置。例如，如果选择文本工具，“属性”检查器会显示文本属性，从而可以设置文本的相应属性。

8.2.2 选择工具

选择工具用于选择对象和移动对象，另外，选择工具附带的选项面板还可以实现更多的功能。

1. 选择和移动对象

选择对象可采用圈选、点选和复选 3 种方法。值得注意的是，用绘图工具绘制的对象包含填充块和边框线段部分，因此单击对象的某一部分后进行拖动，则可将原对象进行分离。若要选择完整的对象，可用圈选的方法直接在舞台上拖出一个矩形区域选取对象，也可以按住 Shift 键单击或圈选的方式来复选对象。被选中的对象呈现灰色网格状。

2. 部分选取工具

利用部分选取工具选取对象可以显示出对象所有的节点，将光标移到这些节点上时，光标会变成，可以调节当前的节点以改变曲线的形状；当光标变成的时候，表示可以

移动整条曲线。

3. 取消选择

在舞台上的空白区域处单击，即可取消对象的选取状态。若要取消一个复选的对象，则按住 Shift 键的同时再次单击该复选对象即可。

4. 改变对象造型

利用选择工具还可改变对象的造型。直接将光标移到对象的边缘，再按下鼠标左键拖动后即可改变对象的造型。对于线条对象还可以利用选项面板中的“平滑”和“伸直”按钮改变线条的形状。“平滑”可以使线条曲线化，“伸直”可以使线条直线化。

5. 对齐对象

利用选项工具面板中的吸附按钮，可以在移动对象时将对象的中心点自动吸附在网格线或引导线上。

6. 套索工具

套索工具可以更灵活地选取对象的某些部分，它的使用和其他图像处理软件中的使用方法是一样的。

8.2.3 编辑工具

1. 擦除

使用橡皮擦工具进行擦除可删除笔触和填充。可以快速擦除舞台上的任何内容，擦除个别笔触段或填充区域，或者通过拖动进行擦除。可以自定义橡皮擦工具以便只擦除笔触、只擦除数个填充区域或单个填充区域。橡皮擦工具可以是圆的或方的，可以有 5 种尺寸。

2. 任意变形工具

任意变形工具可以对对象进行缩放、旋转、倾斜和扭曲等操作。选择任意变形工具后，单击对象，会在对象周围出现一个矩形框，同时在工具栏的选项面板中还会出现 4 个按钮，分别为旋转、缩放、扭曲和封套。任意变形工具的使用在后面会有详述。

8.2.4 修饰工具

1. 墨水瓶工具

要更改线条或者形状轮廓的笔触颜色、宽度和样式，可以使用墨水瓶工具。对直线或形状轮廓只能应用纯色，而不能应用渐变或位图。使用墨水瓶工具而不是选择个别的线条，可以更容易地一次更改多个对象的笔触属性。墨水瓶工具的使用方法如下。

(1) 从工具栏中选择墨水瓶工具。

(2) 选择一种笔触颜色。

(3) 从"属性"检查器中选择笔触样式和笔触宽度。

(4) 单击舞台中的对象来应用对笔触的修改。

2. 颜料桶工具

颜料桶工具可以用颜色填充封闭的区域。此工具既可以填充空的区域,也可以更改已涂色区域的颜色。可用纯色、渐变填充以及位图填充进行涂色。可以使用颜料桶工具填充未完全封闭的区域,并且可以让 Flash 在使用颜料桶工具时闭合形状轮廓中的空隙。颜料桶工具的使用方法如下。

(1) 从工具栏中选择颜料桶工具。

(2) 选择填充颜色和样式。

(3) 单击"空隙大小"功能按钮,然后选择一个空隙大小选项。

(4) 如果要在填充形状之前手动封闭空隙,可选择"不封闭空隙"。对于复杂的图形,手动封闭空隙会更快一些。选择某个封闭选项,让 Flash 填充有空隙的形状。

提示: 如果空隙太大,可能必须手动封闭它们。

(5) 单击要填充的形状或者封闭区域。

3. 滴管工具

可以用滴管工具从一个对象拷贝填充和笔触属性,然后立即将它们应用到其他对象。滴管工具还允许从位图图像取样用作填充。

用滴管工具拷贝和应用笔触或填充属性的步骤如下。

选择滴管工具,然后单击要将其属性应用到其他笔触或填充区域的笔触或填充区域。当单击一个笔触时,该工具自动变成墨水瓶工具。当单击已填充的区域时,该工具自动变成颜料桶工具,并且打开"锁定填充"功能按钮

单击其他笔触或已填充区域以应用新属性。

4. 使渐变填充和位图填充变形

通过调整填充的大小、方向或者中心,可以使渐变填充或位图填充变形。要使渐变或位图填充变形,可以使用填充变形工具。它的使用这里就不再具体说明。

8.3 动画基础

8.3.1 时间轴

时间轴是 Flash 动画制作中的一个基本的概念。正如前面所述,Flash 动画制作的过程类似于动画片的制作。动画的播放也就是不同画面在时间上的延展,而时间轴正是使

得动画得以延展的工具。

“时间轴”面板(如图 8-4 所示)左侧是图层,图层就好像是一张张透明的幻灯片,重叠在一起组成一幅丰富多彩的画面。每一个图层都拥有独立的时间轴。

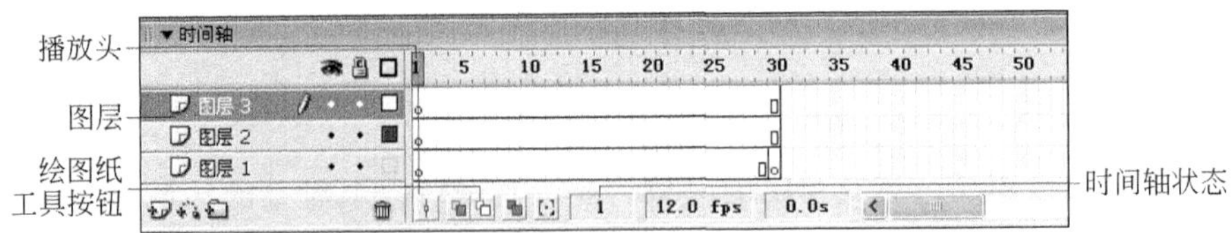

图 8-4 “时间轴”面板

“时间轴”面板右侧是有许多小方格的时间轴,这些小方格叫帧。每一帧代表一个画面,帧的位置决定了画面的播放顺序。

时间轴顶部的时间轴标题指示帧编号。时间轴标题上红色方块是播放头,用来指示在舞台中当前显示的帧,当时间轴上的播放头向右移动时,可以按照帧的顺序播放动画,播放速度由帧频决定。帧频的单位为 fps,即每秒播放的帧数,默认为 12fps。

时间轴的底部显示的是时间轴状态,它指示所选的帧编号、当前帧频以及到当前帧为止的运行时间。另外,在时间轴底部的绘图纸工具按钮可以辅助编辑查看。

8.3.2 帧

正如前面前面已经提到的,帧代表动画的一个画面,但并非动画中所有帧的内容都要由用户亲自完成。下面对帧的一些基本概念和基本操作进行介绍,来进一步学习动画制作。帧可以分为 3 种类型。

(1) 关键帧(Keyframe):关键帧是定义在动画中的变化的帧。关键帧在创建动画时有重要的作用。创建逐帧动画时,每个帧都是关键帧。在补间动画中,可以在动画的起始和终止位置定义关键帧,让 Flash 自动补充关键帧之间的帧内容。Flash 通过在两个关键帧之间绘制一个浅蓝色或浅绿色的箭头显示补间动画的内插帧。由于 Flash 文档保存每一个关键帧中的形状,所以只应在插图中有变化的点处创建关键帧。关键帧在时间轴中标明,有内容的关键帧以实心圆表示。

(2) 空白帧(Blank Keyframe):若在关键帧中没有任何对象,就是空白的关键帧,也叫做空白帧。空白帧以空心圆表示。

(3) 普通帧(Frame):也叫过渡帧,它的图标颜色根据作用不同也会发生改变,是对前面关键帧内容的延续。

帧的基本操作如下。

1) 添加帧

在新建动画时,有一个默认的图层,图层第一帧是一个空白帧。若需要再添加帧,可以在时间轴的某一帧位置上右击鼠标,在快捷菜单中选择插入某种类型的帧。如图 8-5 所示,假设在第 30 帧位置插入帧,中间的帧会自动补上,那么第 2～30 帧会延续第 1 帧的画面。以后若添加新的图层,默认图层的帧数也是 30 帧。

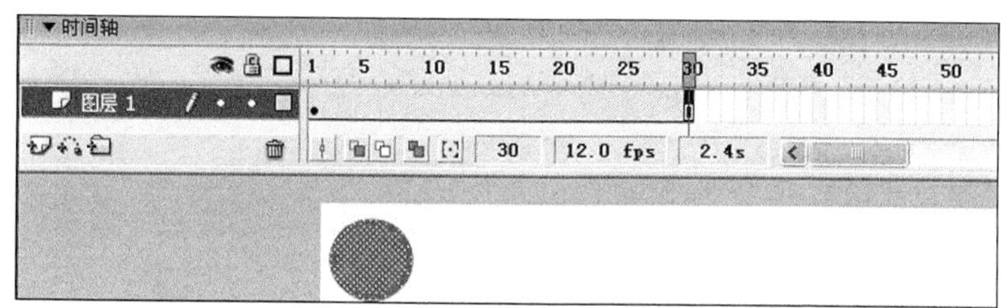

图 8-5　添加帧示例

若选择在第 30 帧插入空白关键帧或关键帧(如图 8-6 所示),那么第 1～29 帧画面将保持一致,第 30 帧是一个关键帧,内容可以变化。

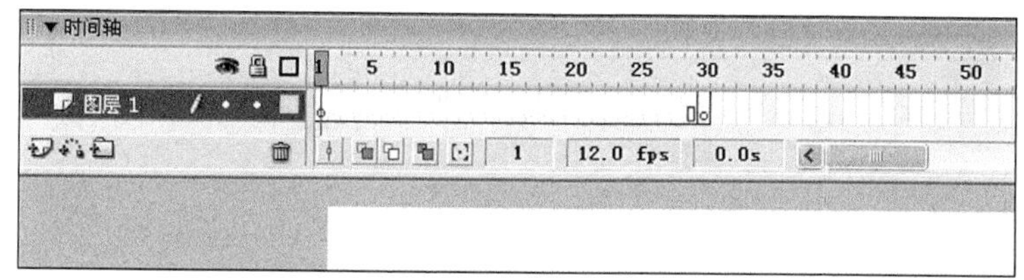

图 8-6　添加关键帧示例

2) 插入帧

要在帧之间插入新的帧,方法也是一样的。只要在要插入帧的位置直接按 F5 键即可插入帧。

3) 清除帧

(1) 选择要清除的一帧或某几帧,在单击鼠标的同时按下 Ctrl 键可以选择不连续的多帧。选择连续的多帧则可先单击要清除的第一帧,然后按下 Shift 键的同时单击要清除的最后一帧(如图 8-7 所示),双击某一帧则可选择所有帧。

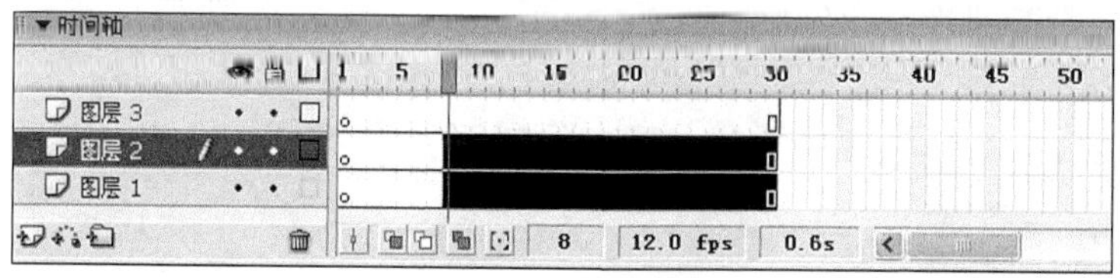

图 8-7　选中的连续帧

(2) 右击鼠标,在弹出的快捷菜单上选择“清除帧”或“清除关键帧”。

4) 移动帧

将图层 1 的帧移至图层 2,可按如下方法操作。

(1) 在图层 1 上选择某一帧(如图 8-8 所示),也双击时间轴选择图层 1 的所有帧,还可用 Shift 键选择多个连续的帧。

(2) 拖动所选中的帧至图层 2 时间轴的位置,即可实现帧的移动,移动后效果如图 8-9 所示。

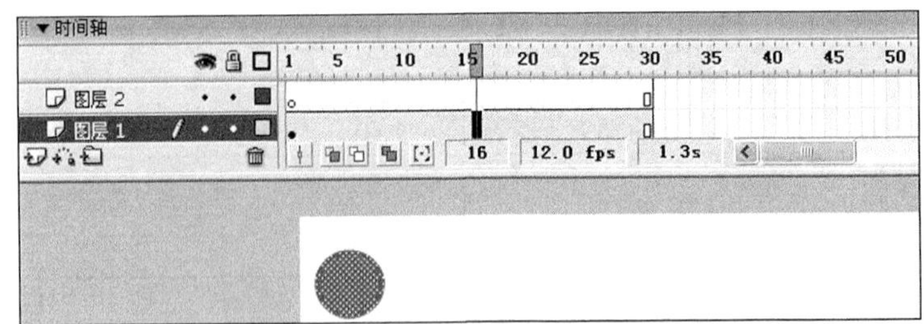

图 8-8　在图层 1 选取某一帧

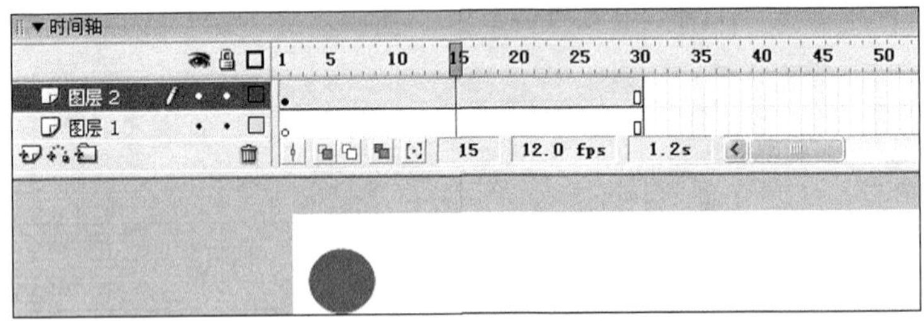

图 8-9　移动帧效果图

8.3.3　层

图层在动画制作中是不可缺少的一部分。同一图层上可以放置多个对象，但是如果要让不同的对象同时开始运动，就一定要将对象放置在不同的图层上，如图 8-10 所示。

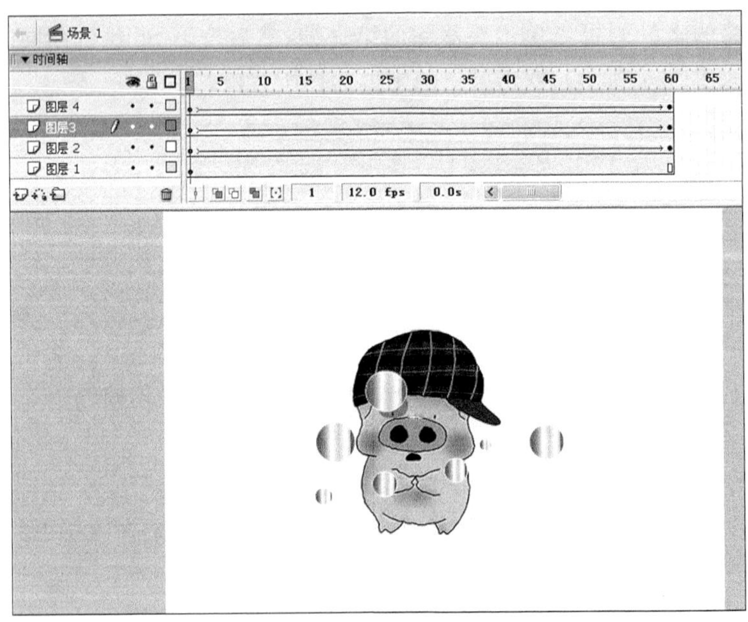

图 8-10　图层示例

下面介绍关于图层的一些基本操作。

1）改变图层状态

图层顶部有 3 个按钮可以用来改变图层状态，这 3 个按钮分别是“显示/隐藏图层”按钮、“锁定/解锁图层”按钮和“显示图层轮廓”按钮。利用这 3 个按钮分别可显示或隐藏图层、锁定或解锁图层，以及以线框模式显示图层。

2）插入图层

新建的文档自动带有一个图层。若要添加新的图层，可以选择菜单栏的“插入”/“时间轴”/“图层”，也可以选择图层面板上的“插入图层”按钮，新插入的图层位于原来图层的上方。同样新插入图层上的对象也处于原图层对象的上方，也就是说下面图层的对象有可能会被上面图层的对象遮盖。可以通过改变图层的上下位置改变对象间的相对位置。更改方法：只要将鼠标移动到要修改顺序的图层上，按住左键进行拖动。

3）删除图层

选择要删除的图层，单击“删除图层”按钮。删除图层后，该图层上的对象也一起被删掉。

4）修改图层名称

双击图层名称，图层名称进入可编辑状态，此时输入新名称即可修改图层名称。也可以通过打开“图层属性”对话框进行修改。双击图层名称前的白色图标，即可打开“图层属性”对话框，如图 8-11 所示。

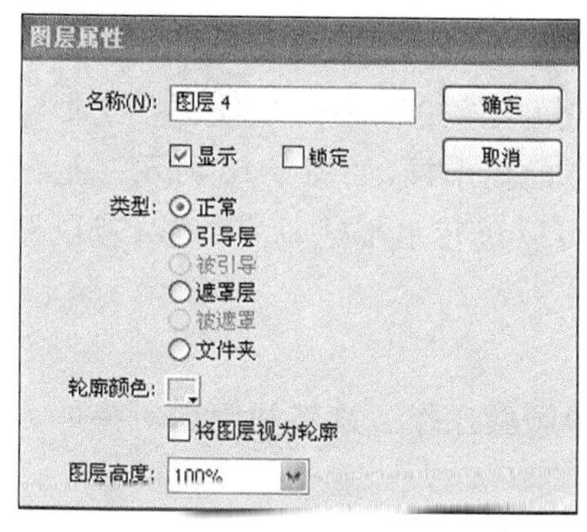

图 8-11 “图层属性”对话框

在属性窗口中可指定图层的类型。图层类型可分为以下 6 种。

（1）正常：新建的图层系统默认为此类型。

（2）引导层：在引导层中的对象在动画发布或导出文件时不会被显示。利用引导层使得动画的制作更方便。例如，可以在引导层上添加一些文字说明或绘制图画的草图，也可通过在引导层上绘制路径引导对象运动。引导层有普通引导层和运动引导层两种，在属性中设置某一图层为引导层后图标自动更改为，这是普通引导层；单击按钮添加的图层是运动引导层，图标为，该图层下面的图层可以被设置为被引导图层，一个运动引导层可以同时引导多个图层。

（3）被引导层：在属性窗口中更改图层类型为被引导层，则在该层中的对象可以按引导层中设定的轨迹运动 图层 4 图层 3 。

（4）遮罩层：遮罩层是一种有趣的图层类型，和填充或笔触不同，遮罩项目像是个窗口，透过它可以看到位于它下面的被遮罩图层的对象。除了透过遮罩项目显示的内容之外，其余的内容都被遮罩层的其余部分隐藏起来。一个遮罩层只能包含一个遮罩项目。按钮内部不能有遮罩层，也不能将一个遮罩应用于另一个遮罩。

（5）被遮罩层：应用遮罩需要使一个图层成为被遮罩图层，它与遮罩层对应，总处于遮罩层下面。遮罩层和被遮罩层示例如图 8-12 所示。

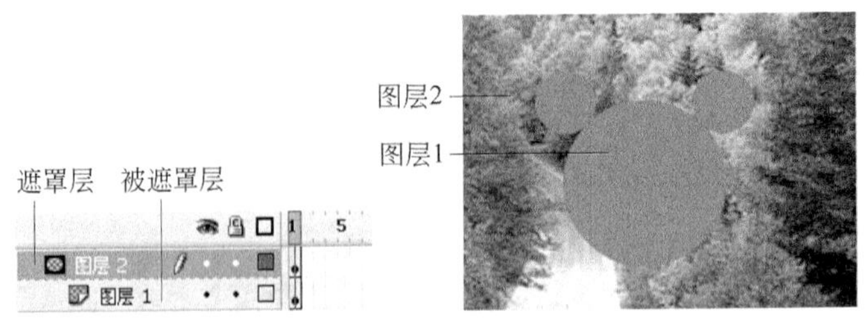

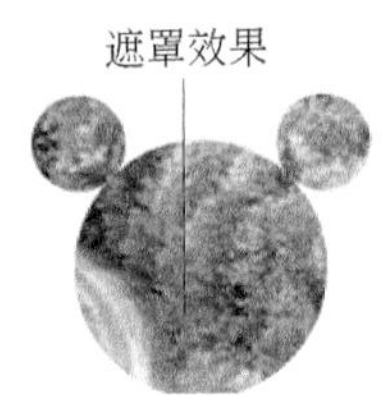

图 8-12 遮罩层和被遮罩层示例

(6) 文件夹:当动画的图层较多时,为避免混乱,可以通过文件夹来管理。文件夹展开或折叠不会影响显示的内容。也可以使用菜单栏中“修改”/“变形”实现同样的操作。

8.3.4 对象的变形

在 Flash MX Professional 2004 中,对象的变形可使用工具栏中的任意变形工具。该工具可完成缩放、倾斜、旋转、变形或扭曲等操作。

1) 缩放对象

选中要操作的对象,单击任意变形工具,也可以使用菜单项中的“修改”/“变形”/“缩放”命令,然后对象的四周会出现一个有 8 个小黑点的矩形框,如图 8-13 所示。把鼠标移到这些点上,若鼠标光标变为 ⟷ 或 ↕,说明此时可以进行水平或垂直缩放;若鼠标光标变为 ↗ 或 ↖,则可以同时进行水平和垂直缩放。

2) 旋转和倾斜对象

当鼠标光标变为和 ⇆ 时,可以分别进行旋转和倾斜操作。旋转和倾斜对象的方法还有以下几种。

(1) 使用菜单项中的“修改”/“变形”/“旋转和倾斜”命令。

(2) 使用“绘图工具栏”中“选项”区域的“缩放和旋转”按钮。

(3) 单击菜单项“窗口”/“设计面板”/“变形”命令,利用弹出的“变形”面板(如图 8-14所示)可进行更精确的旋转和倾斜。该功能有时能创造出特殊效果。

图 8-13 缩放对象的选取

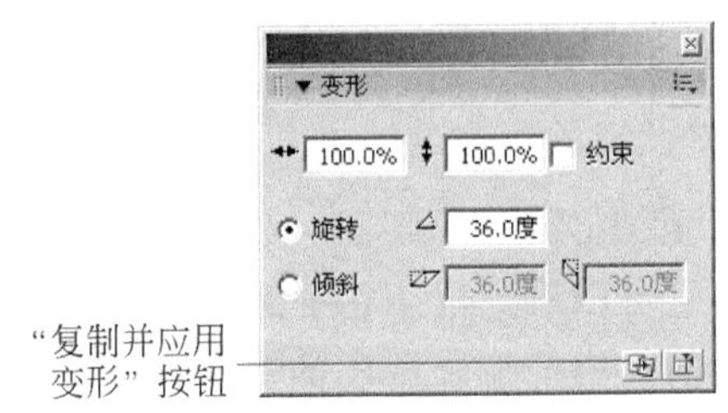

图 8-14 “变形”面板

先画一个椭圆(如图 8-15(a)所示),单击菜单项“窗口”/“设计面板”/“变形”命令,在弹出的“变形”面板中选择“旋转”单选按钮,在旋转角度输入框内输入 36 度(如图 8-14 所示),然后连续单击“变形”面板下方的“复制并应用变形”按钮,即可得到如图 8-15(b)所示的效果。

3) 扭曲对象

扭曲对象前要先分离对象,否则不能使用该功能。例如对文本文字对象变形,如图 8-16所示,操作步骤如下。

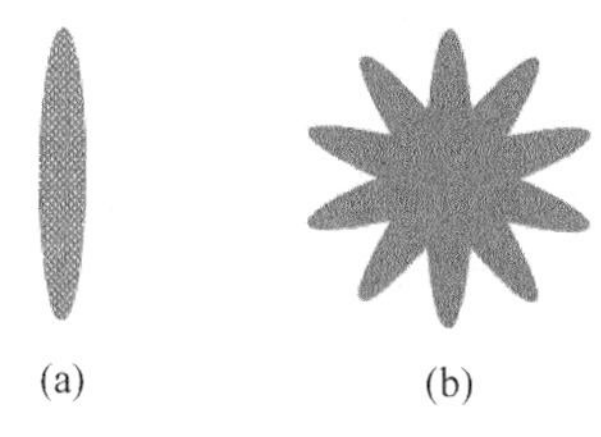

图 8-15 旋转效果示例

FLASH MX2004

图 8-16 扭曲变形效果

(1) 输入文本文字 Flash MX Professional 2004,在属性面板中更改字体为 Arial Black,字体大小为 96,颜色为黄色。

(2) 接下来分离文字对象,注意必须分离两次才能完全将文字变为填充图形。

(3) 分离后的图形文字就可利用扭曲工具或使用菜单项中的“修改”/“变形”/“扭曲”命令进行变形。

4) 使用封套变形对象

在使用封套变形对象前,同样要先分离对象,然后选择封套工具或使用菜单项中的“修改”/“变形”/“封套”命令。对象四周出现一个有许多控制小黑点的黑框(如图 8-17 所示),鼠标移到这些点上可以进行任意变形。

5) 翻转对象

除了上述的变形对象操作外,绘制动画时还经常使用菜单项中的“修改”/“变形”/“水平翻转”和“垂直翻转”命令。水平翻转可使对象左右对调,垂直翻转可使对象上下对调。

(1) 水平翻转后的效果见图 8-18 所示。

(2) 垂直翻转后的效果见图 8-19 所示。

图 8-17 封套变形示意

图 8-18 水平翻转效果

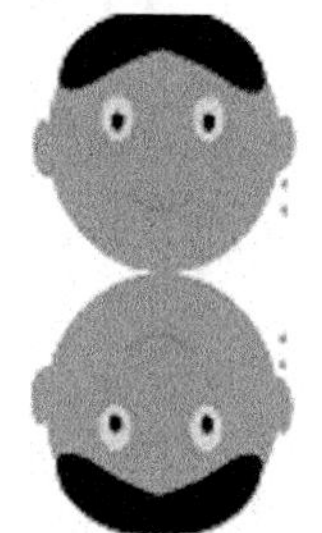

图 8-19 垂直翻转效果

8.3.5 对象间的操作

1）对齐对象

Flash MX Professional 2004 和许多软件一样，提供了帮助动画制作者对齐舞台上对象的工具。按住 Shift 键，选择要对齐的对象，单击主工具栏上的对齐按钮，打开“对齐”窗口，选择某种对齐方式。

例如，对两个对象依次应用“垂直居中对齐”和“水平对齐”后的效果如图 8-20 所示。

2）排列对象

当舞台上有多于一个对象时，对象之间有可能会发生重叠的现象。可以按照具体需要重新排序上下层次关系。使用菜单项的中“修改”/“排列”命令，排列后效果如图 8-21 所示。

图 8-20　两次对齐后的效果　　　　图 8-21　排列对象效果

3）组合对象

大家在制作动画过程中可能会发现，图形对象之间若有重叠会发生切割或者融合的现象；另外，有时要同时移动或缩放多个对象时，用 Shift 来复选比较麻烦。如果把这些对象组合成为组，便可以避免这些问题，且操作更方便。组合后的组对象位于浮动层，选中组对象后周围出现一个蓝色矩形框为标志。组合对象的方法是单击菜单项中的“修改”/“组合”或“修改”/“取消组合”命令则可以取消前面的组合操作。

8.4 元件与实例

8.4.1 “库”面板

在 Flash 中，“库”是用来存放元件的地方，新建或转换后的元件都会自动放入库中。选择“窗口”/“库”菜单项打开库面板（如图 8-22 所示）。库面板底部的 4 个按钮功能如下。

（1）新建元件：往库里添加一个新元件。单击该按钮会打开“创建新元件”对话框，如图 8-23 所示。

（2）新建文件夹：通过建立文件夹来管理库中的元件能减少混乱。

（3）元件属性：该按钮会打开元件属性对话框，可以对元件的名称、行为等进行设置。

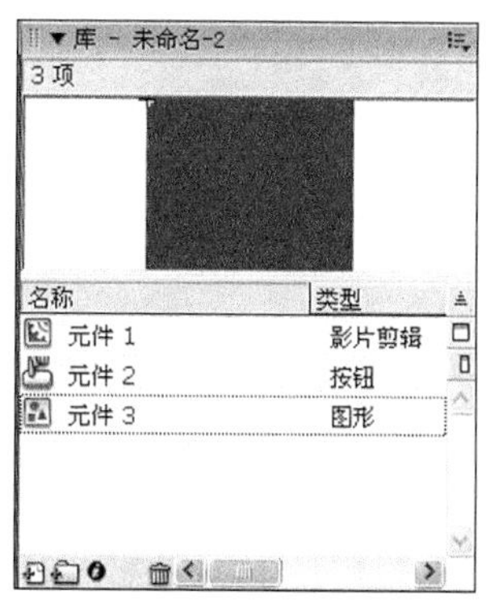

图 8-22 “库”面板

图 8-23 “创建新元件”对话框

(4) 删除元件：若要删除某一元件，可先选中元件，然后单击该按钮。也可以直接将要删除的元件拖到该图标上。

提示：Flash 中还包括可以在文档中使用的按钮和声音库。要查看这些库，可选择“窗口”/“其他面板”/“公用库”/“按钮”(或“声音”)菜单项。

8.4.2 创建元件

前面讲了库以及向库中添加元件和修改或删除库中的元件，那什么是元件呢？下在介绍两个概念，元件和实例。元件是一种可重复使用的对象，只需创建一次，然后即可在整个文档或其他文档中重复使用。实例是元件在舞台上的一次具体使用。重复使用实例并不会影响到库中的元件；而且保存一个元件的几个实例比保存该元件内容的多个副本占用的存储空间小，所以可保持文档文件较小。使用元件还可以加快 swf 文件的回放速度，因为一个元件只需下载到 Flash Player 中一次。另外，元件还简化了文档的编辑。

每个元件都有自己的时间轴。对于一个新建的元件，可以将帧、关键帧和层添加至元件时间轴，就像将它们添加至主时间轴一样方便。Flash 中有 3 类基本的元件，分别为影片剪辑、按钮和图形元件。

(1) 影片剪辑元件：使用影片剪辑元件可以创建可重用的动画片段。影片剪辑拥有它们自己的独立于主影片的时间轴播放的多帧时间轴，即可以将影片剪辑看做是主影片内的小影片，它们可以包含交互式控件、声音甚至其他影片剪辑实例。也可以将影片剪辑实例放在按钮元件的时间轴内，以创建动画按钮。

(2) 按钮元件：使用按钮元件可以在影片中创建响应鼠标单击、滑过或其他动作的交互式按钮。可以定义与各种按钮状态关联的图形，然后指定按钮实例的动作。

(3) 图形元件：对于静态图像可以使用图形元件，并可以创建几个连接到主影片时间轴上的可重用动画片段；可以使图形元件与影片的时间轴同步运行。交互式控件和声音不会在图形元件的动画序列中起作用。

创建元件除了可以在库中操作外，还可以将舞台上的对象转换成为元件。具体方法为选中对象，右击鼠标，在弹出的快捷菜单中选择“转换为元件”，弹出“转换为符号”对话框，输入元件名称，并选择行为。

8.4.3 编辑元件

在编辑元件时，可以使用任意绘画工具、导入介质或创建其他元件的实例，该元件的所有实例都会相应地被自动更新。

Flash 提供了如下 3 种方式来编辑元件。

(1) “在当前位置编辑”命令：在该元件和其他对象在一起的舞台上编辑它。其他对象以灰显方式出现，从而将它们和正在编辑的元件区别开来。正在编辑的元件名称显示在舞台上方的编辑栏内，位于当前场景名称的右侧。

(2) “在新窗口中编辑”命令：在一个单独的窗口中编辑元件。在单独的窗口中编辑元件可以同时看到该元件和主时间轴。正在编辑的元件名称会显示在舞台上方的编辑栏内。

(3) 元件编辑模式：可将窗口从舞台视图更改为只显示该元件的单独视图来编辑它。正在编辑的元件名称会显示在舞台上方的编辑栏内，位于当前场景名称的右侧。

8.4.4 编辑实例

编辑元件会更新它对应的所有实例，但编辑元件的一个实例则只更新该实例。因此实例可以与它的元件在颜色、大小和功能上差别很大。创建元件之后，可以在文档中任何需要的地方创建该元件的实例。每个元件实例都有独立于该元件的自己的属性。使用“属性”检查器可为其指定名称、颜色效果、动作、设置图形显示模式或更改实例的行为。所做的任何更改都只影响实例，并不影响元件。

8.5 创建动画

8.5.1 时间轴效果

时间轴特效是 Flash MX Professional 2004 的一项新增功能。使用预建的特效，能够以最少的步骤创建对象的展开、投影、模糊化、爆破等复杂的动画效果。时间轴特效可应用于下面几种类型的对象：

(1) 文本；

(2) 图形，包括形状、组以及图形元件；

(3) 位图图像；

(4) 按钮元件。

提示：将时间轴特效应用于影片剪辑时，Flash 将把特效嵌套在影片剪辑中。

图 8-24　导入位图示例

Flash 中的时间轴特效包括变形、转换、分散式重置、复制到网格、分离、展开、投影和模糊。这里仅举一个模糊特效的例子，来体会一下时间轴特效的妙用。

(1) 新建文档，选择“文件”/“导入”/“导入到舞台”菜单命令，将位图导入到舞台上，如图 8-24 所示。

(2) 选取位图，右击鼠标，在弹出的快捷菜单中选择“时间轴特效”/“效果”/“模糊”，打开“模糊”对话框，如图 8-25 所示。

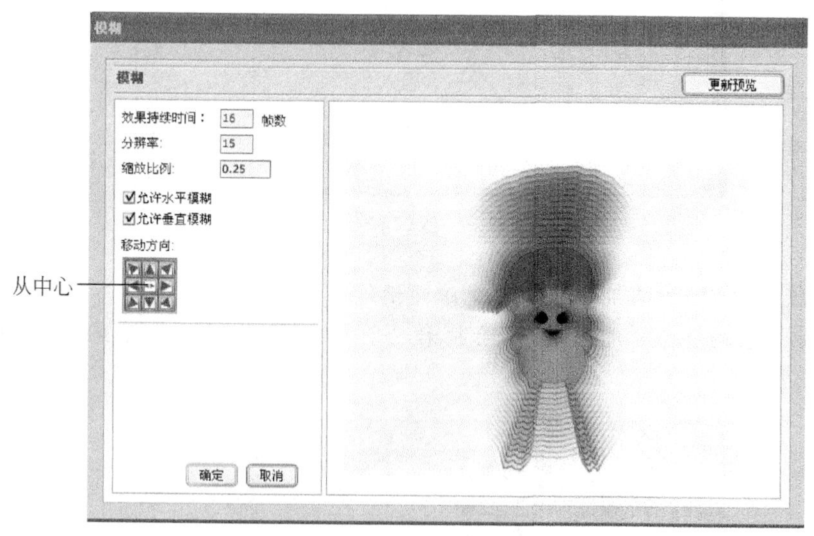

图 8-25　“模糊”对话框

(3) 设置效果持续时间为 16 帧，分辨率为 15，勾选“允许水平模糊”和“允许垂直模糊”，移动方向为“从中心”，缩放比例为 0.25。

(4) 设置完毕后，更新预览，查看效果，如不满意还可再次更改，直到达到目的后单击“确定”按钮。库中自动添加了特效所需的元件，如图 8-26 所示。

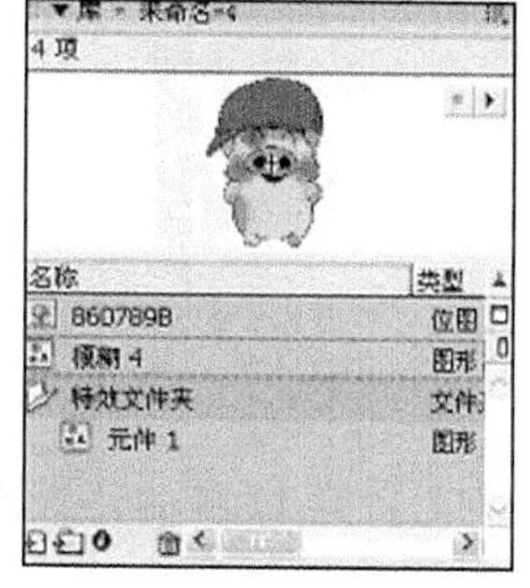

图 8-26　添加特效所需元件

8.5.2　逐帧动画

用 Flash 制作动画只需绘制动画中的一些关键帧，然后利用内置的功能形成动画，可以减少工作量。但若想要制作出精美的动画，有时仍需要一帧一帧地进行绘制。这就是逐帧动画。逐帧动画的制作并没有什么难度，只是在精细上做文章。下面以表现一个人物面部表情变化的小例子来介绍逐帧动画的制作。

（1）新建文档，在第 1 帧的位置绘制第一幅图，使之成为关键帧，如图 8-27 所示。

图 8-27　第一个表情

（2）在第 5 帧的位置添加帧使第一个画面稍延长一下。

（3）在第 6 帧的位置添加关键帧，绘制第二个表情，然后同样在第 10 帧的位置添加帧，如图 8-28 所示。

图 8-28　第二个表情

（4）在第 11 帧的位置添加关键帧，绘制第三个表情，并在第 15 帧添加帧，如图 8-29 所示。

（5）在第 16 帧处添加关键帧，绘制第四个表情，并在第 20 帧添加帧，如图 8-30 所示。

（6）至此一个逐帧动画制作完毕。可按 Ctrl+Enter 组合键测试影片。

图 8-29　第三个表情

图 8-30　第四个表情

8.5.3　补间动画

补间动画是创建随时间移动或更改的动画的一种有效方法，并且最大程度地减小所生成的文件大小。在补间动画中，Flash 只保存在帧之间更改的值。

Flash 可以创建两种类型的补间动画，分别为补间动作和补间形状。

补间动画的特点是只需绘制开始和结束的关键帧，Flash 会自动补全中间的补间帧。因此补间动画适合制作位置移动、颜色渐变等一些简单的动画。

提示：在补间动画中，一个图层上只能有一个对象设置补间动画，并且这个对象应是某个元件的实例。若有多个对象时必须将它们分散到不同图层上。

下面利用补间动作制作两小球滚动碰撞动画，操作步骤如下。

(1) 新建文件，添加元件，命名为 ball，在混色器中设置其颜色为线性变化，使填充颜色有一定的变化(如图 8-31 所示)，否则滚动效果就无法显示出来。

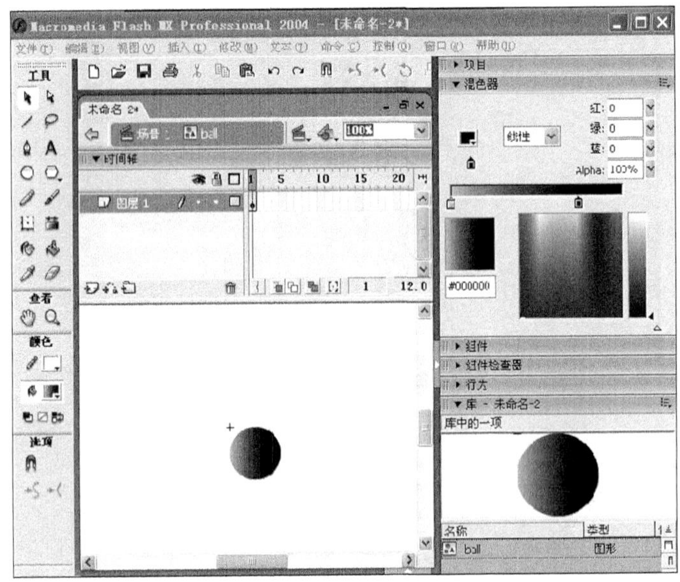

图 8-31　“混色器”设置 ball 元件的颜色

(2) 回到主场景，在图层 1 的第 1 帧中添加一个关键帧，创建 ball 的第一个实例；第 30 帧处添加另一关键帧，将小球拉到某一位置上，选取第 1 帧，在帧属性面板中设置补间类型为补间动作，并更改属性中的旋转为顺时针旋转 3 次。然后在第 60 帧处添加帧。用洋葱皮工具可以看到如图 8-32 所示的效果。

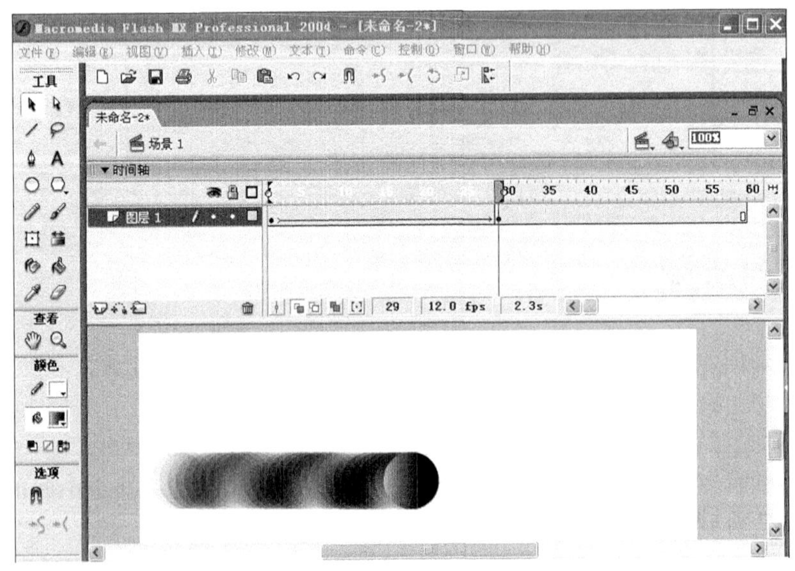

图 8-32　“洋葱皮”效果示例

(3) 添加图层 2，在第 1～30 帧时第二个小球静止不动；在第 31 帧上添加关键帧，位置不动；第 60 帧处添加关键帧，将小球的位置移动到舞台外。同样在帧属性面板中设置补间类型为补间动作，并设置顺时针旋转两次，如图 8-33 所示。

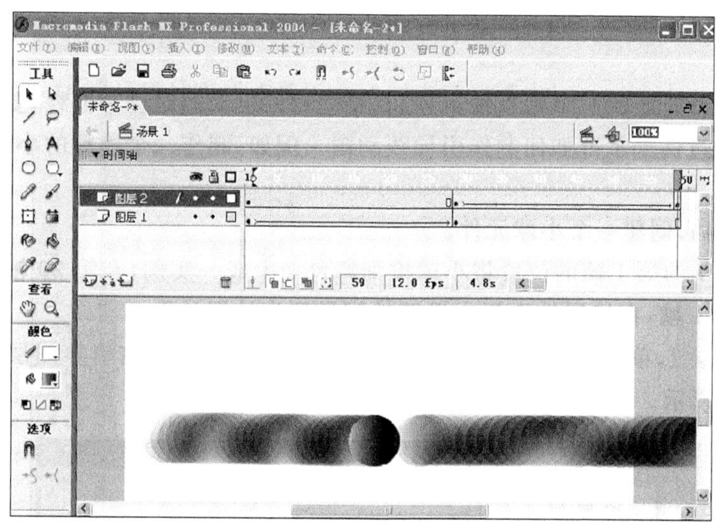

图 8-33 “补间动作”设置效果

在补间形状中，在一个时间点绘制一个形状，然后在另一个时间点将其更改为另一个形状，Flash 会内插二者之间的帧的值或形状来创建动画。例如，制作一个矩形变为圆形的补间形状动画，操作步骤如下：

(1) 新建文档，在第 1 帧处绘制矩形对象。在第 10 帧处添加关键帧，绘制一个圆形对象。在创建补间形状时要保证对象不是组或者元件的实例。

(2) 在帧属性面板中设置补间类型为形状，如图 8-34 所示。

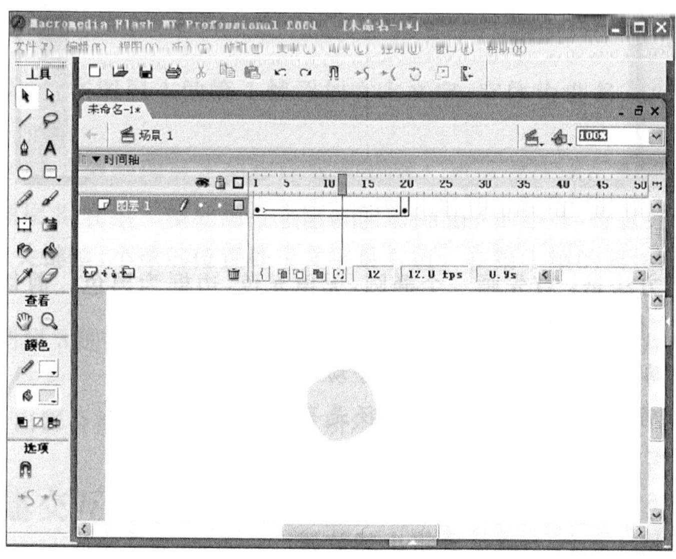

图 8-34 补间动画创建成功示例

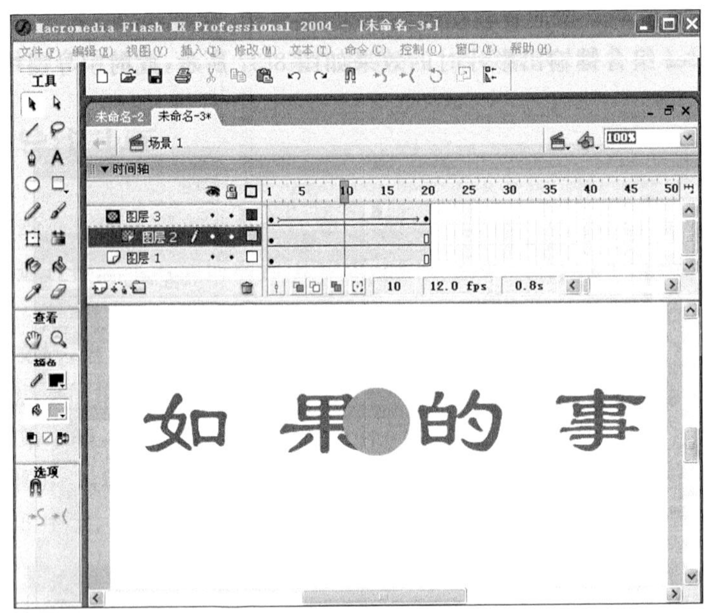

图 8-38　各图层设置

图 8-39　探照灯动画效果

Action Script 2.0 提供了强大的交互功能。ActionScript 与 JavaScript 很相似，具有函数、变量、语句、操作符及结构程序等一些基本概念。本节只介绍最简单的脚本编写，有兴趣的读者可以在课后继续学习。

例如，制作一个按钮交互动画。操作方法如下。

(1) 新建文档，创建 3 个按钮元件，分别命名为 stop、replay 和 play，如图 8-40 所示。

图 8-40　创建按钮元件效果图

按钮制作过程如下：双击按钮元件，进入其编辑界面。一个按钮总共有 4 帧，分别为弹起、指针经过、按下和单击。在弹起这一帧上绘制按钮的最初形状，如图 8-41(a)所示，第 2 帧添加关键帧为指针经过时按钮的形状，如图 8-41(b)所示，第 3 帧添加关键帧为按钮按下的形状，如图 8-41(c)所示，单击帧为按钮响应区添加帧即可。用同样的方法制作出其他两个按钮。

(a) 最初形状　(b) 指针经过形状　(c) 按下时形状

图 8-41　按钮动画制作过程

(2) 在图层 1 的第 1 帧放置这 3 个按钮的实例，在第 40 帧添加帧。

(3) 添加图层 2 和图层 3 制作引导线动画，使小球环形运动，引导线动画制作不再详述。

(4) 选择 replay 按钮，打开其动作面板，编写该按钮的脚本，如图 8-42 所示。

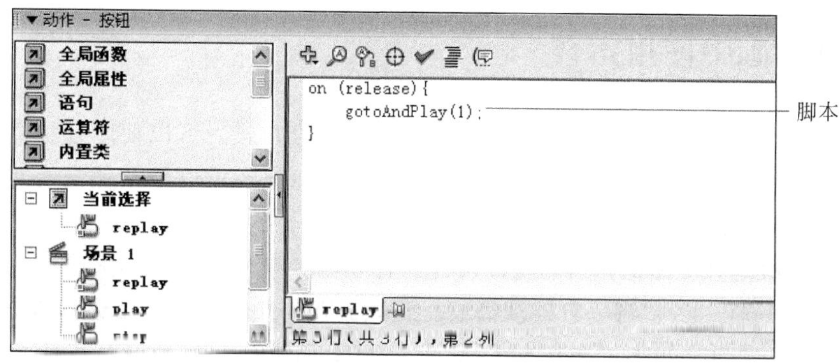

图 8-42　repaly 按钮脚本

选择 stop 按钮，编写该按钮的脚本如下：

```
on (release) {
      stop ( );
}
```

选择 play 按钮，编写该按钮的脚本如下：

```
on (release) {
      paly ( );
}
```

(5) 完成后的效果如图 8-43 所示。

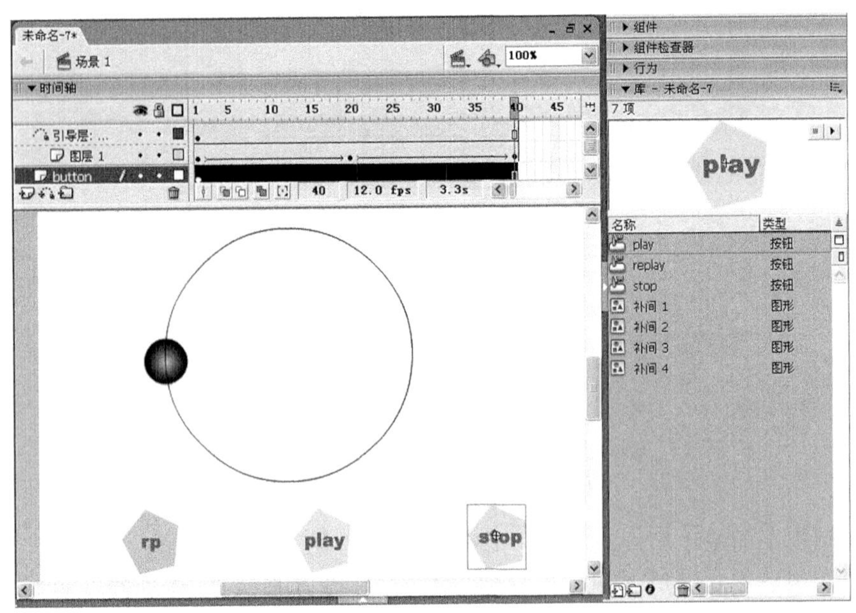

图 8-43　按钮交互动画效果

8.5.7　在动画中使用声音

Flash MX Professional 2004 提供了许多使用声音的方式。可以使声音独立于时间轴连续播放，或使动画和一个音轨同步播放。向按钮添加声音可以使按钮具有更强的互动性，通过声音淡入淡出还可以使音轨更加优美。

在 Flash 中有两种类型的声音：事件声音和音频流。事件声音必须完全下载后才能开始播放，除非明确停止，它将一直连续播放。音频流在前几帧下载了足够的数据后就开始播放；音频流可以和时间轴同步以便在 Web 站点上播放。要将声音从库中添加到文档，可以把声音分配到一个层，然后在"属性"检查器的"声音"控件中设置选项。建议将每个声音放在一个独立的层上，每个层都作为一个独立的声音通道。当回放 swf 文件时，所有层上的声音就混合在一起。

可以将以下声音文件格式导入到 Flash 中：

(1) wav(仅限 Windows)。

(2) aiff(仅限 Macintosh)。

(3) mp3(Windows 或 Macintosh)。

要测试添加到文档中的声音，可以使用与预览帧或测试 swf 文件相同的方法：在包含声音的帧上面拖动播放头，或使用在控制器或"控制"菜单中的命令。

向文档中添加声音的方法如下。

(1) 如果还没有将声音导入库中，可将其导入库中。选择"文件"/"导入"/"导入到库"命令，在"导入"对话框中定位并打开所需的声音文件。

(2) 选择“插入”/“时间轴”/“层”，为声音创建一个层。

(3) 选定新建的声音层后，将声音从“库”面板中拖到舞台中，声音就添加到当前层中。

(4) 在时间轴上选择包含声音文件的第一个帧。

(5) 选择“窗口”/“属性”，并单击右下角的箭头以展开“属性”检查器。

(6)在“属性”检查器中，从“声音”弹出菜单中选择声音文件。

(7)从“效果”弹出菜单中选择效果选项，各项含义如下：

① “无”：不对声音文件应用效果，选择此选项将删除以前应用过的效果。

② “左声道”/“右声道”：只在左或右声道中播放声音。

③ “从左到右淡出”/“从右到左淡出”：将声音从一个声道切换到另一个声道。

④ “淡入”：在声音的持续时间内逐渐增加其幅度。

⑤ “淡出”：在声音的持续时间内逐渐减小其幅度。

⑥ “自定义”：可以通过使用“编辑封套”创建自己的声音淡入和淡出点。

(8) 从“同步”弹出菜单中选择“同步”选项，“同步”选项中各参数含义如下：

① “事件”：将声音和一个事件的发生过程同步起来。事件声音在它的起始关键帧开始显示时播放，并独立于时间轴播放完整个声音，即使 swf 文件停止也继续播放。当播放发布的 swf 文件时，事件声音混合在一起。

事件声音的一个示例就是当用户单击一个按钮时播放的声音。如果事件声音正在播放，而声音再次被实例化(例如，用户再次单击按钮)，则第一个声音实例继续播放，另一个声音实例同时开始播放。

② “开始”：与“事件”选项的功能相近，但如果声音正在播放，使用“开始”选项则不会播放新的声音实例。

③ “停止”：将使指定的声音静音。

④ “流”：将同步声音，以便在 Web 站点上播放。Flash 强制动画和音频流同步。如果 Flash 不能足够快地绘制动画的帧，就跳过帧。与事件声音不同，音频流随着 swf 文件的停止而停止。而且，音频流的播放时间绝对不会比帧的播放时间长。当发布 swf 文件时，音频流混合在一起。音频流的一个示例就是动画中一个人物的声音在多个帧中播放。

提示：如果使用 mp3 声音作为音频流，则必须重新压缩声音，以便能够导出。可以将声音导出为 mp3 文件，所用的压缩设置与导入它时的设置相同。

(9) 为“重复”项输入一个值，以指定声音循环的次数，或者选择“循环”以连续重复声音。

要连续播放，可输入一个足够大的数值，以便在扩展持续时间内播放声音。例如，要在 15 分钟内循环播放一段 15 秒的声音，可输入 60。

提示：不建议循环播放音频流。如果将音频流设为循环播放，帧就会添加到文件中，文件的大小就会根据声音循环播放的次数而倍增。

思考与练习

8.1 Flash 源文件的扩展名是什么？Flash 导出的 Shockwave 影片扩展名是什么？

8.2 Flash 可支持的声音格式有哪些？

8.3 元件和它相应的实例之间有什么关系？

8.4 Flash 中组合对象快捷键是什么？取消组合快捷键是什么？

8.5 使用 Flash 的什么功能可以通过执行最少的步骤创建复杂的动画？

8.6 制作一个会旋转的螺旋桨。

8.7 利用遮罩层制作出 PowerPoint 中百夜窗切换画面的效果。

第9章

综合实例

[本章学习目标]

综合应用Dreamweaver、Fireworks和Flash这3种工具分别制作“福建农林大学”主页和“活力女孩”个人网站两个范例。第一个范例属于信息类主页，这类主页的特点是网页中应用了大量的表格，读者将从这个范例中体会到标准布局下表格的综合应用，另外还将重点演练路径操作、补间动画等。第二个范例属于展示类主页，这类主页的特点是特色鲜明，夺人眼球，通常使用Fireworks为主设计美观的版面样稿，再配合其他两种工具设计页面。这个实例将重点演练滤镜效果、遮罩动画和版面切片等。

9.1 学校主页

9.1.1 学校主页的基本结构

我们要设计的这个主页是福建农林大学的学校主页。这是一所以农林为特色的综合性大学，所以选用绿色作为网站的主色调。

在布局方面，把主页分成LOGO、内容和版权区三大版块。其中内容区又分为文字导航区、校训展示区、动态新闻区和重点内容导航区4个版块，如图9-1所示。

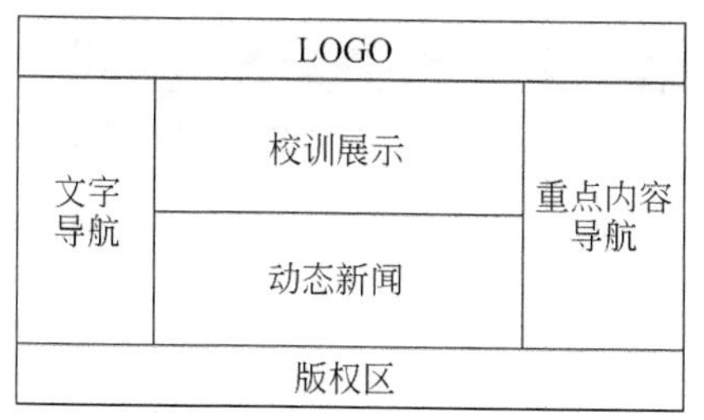

图9-1 学校网站主页布局

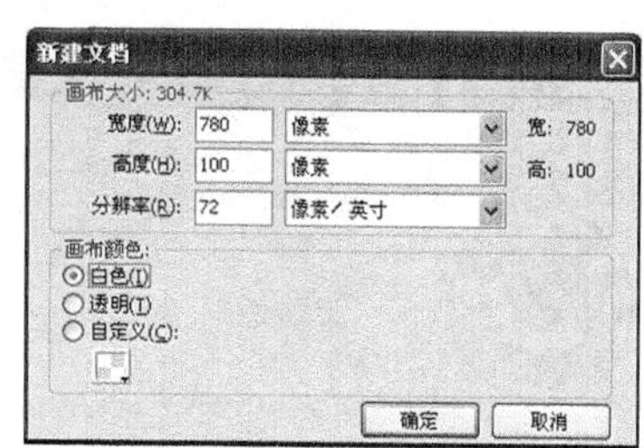

图9-2 “新建文档”对话框

9.1.2 在Fireworks中制作LOGO

(1) 启动Fireworks，并新建一个文档，在弹出的“新建文档”对话框中(如图9-2所示)，设置该文档宽为 780 像素，高为 100 像素，分辨率为 72 像素/英寸，背景为白色，然后单击“确定”按钮。

(2) 选择“文件”/“导入”菜单项，将准备好的 100 像素×100 像素大小的校徽导入到文档中，放置在文档左边，如图 9-3 所示。

图 9-3　导入校徽

(3) 选用“钢笔”工具在画布上多次单击画一条曲线。在这个过程中，可以放大画布并选用“部分选定工具”逐点调整曲线的各点，使之更圆滑，如图 9-4 所示。

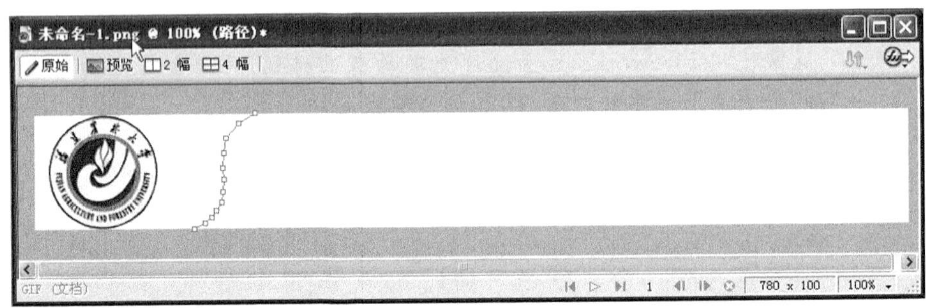

图 9-4　用钢笔画一条光滑曲线

(4) 选中绘制的曲线，按 Ctrl+C 键复制，再按 Ctrl+V 键粘贴，两条曲线会重叠在一起。单击线条将其中一条向右移动一段距离，用钢笔工具分别连接两条曲线的首端和末端，使之成为一个闭合的区域，然后选取“油漆桶”工具，用浅绿色(＃99FF66)填充，如图 9-5所示。

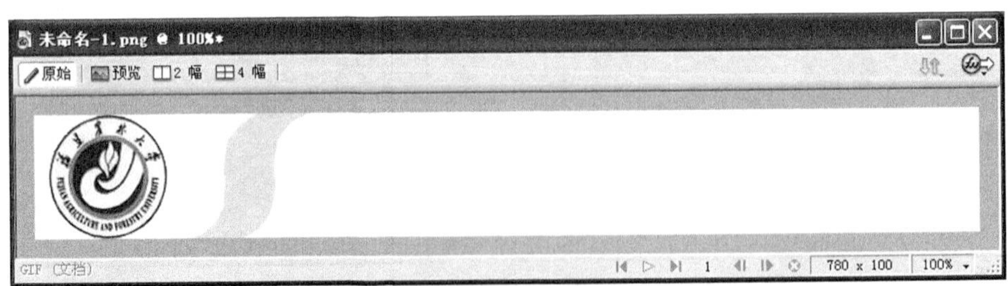

图 9-5　制作闭合区域

(5) 将这个闭合区域复制一份，然后用键盘上的右方向键向右移动，使新区域的左侧紧挨原区域的右侧，然后用比刚才稍深一点的绿颜色(＃00CC00)填充。重复以上步骤，再复制一个区域，并用更深一点的绿色(＃009900)填充。最后的效果如图 9-6 所示。

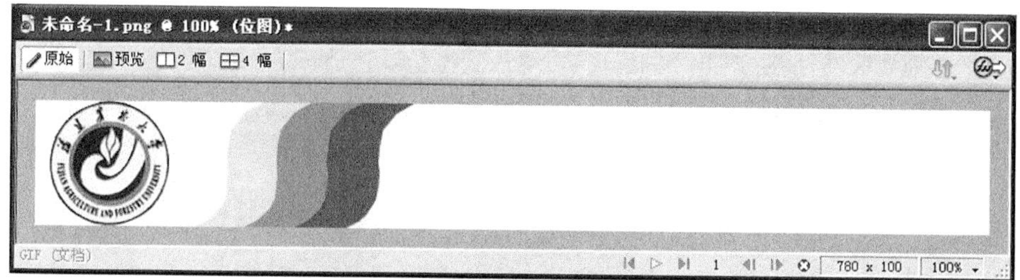

图 9-6　复制闭合区域两次

(6) 选取“选取框”工具，选中文档右边剩余的白色区域，然后用深绿色(＃006600)填充，如图 9-7 所示。

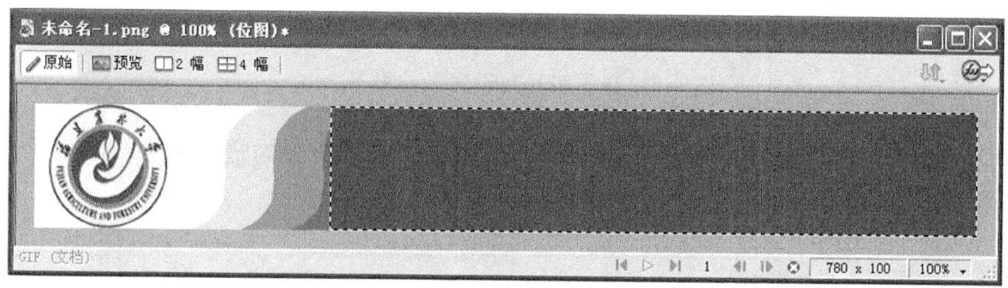

图 9-7　剩余区域填充颜色

(7) 选择“窗口”/“层”菜单项，将显示“层”面板。在层面板中单击最上面的位图层，拖动到倒数第二层，如图 9-8 所示。

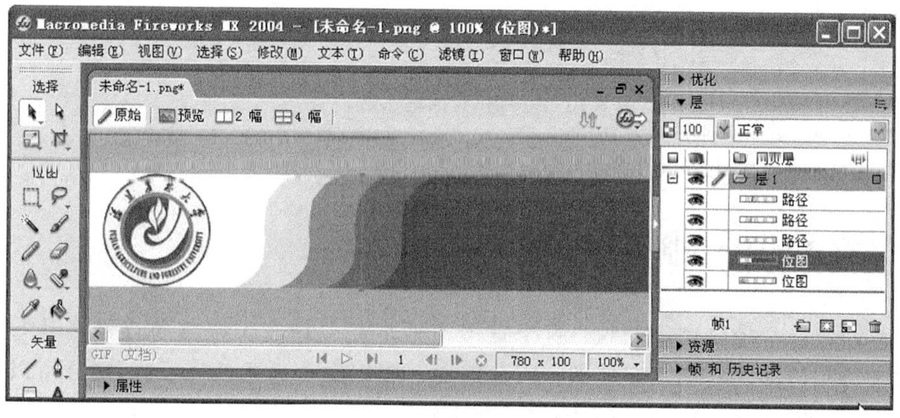

图 9-8　调整层次序

(8) 选择“文本”工具，设置字体为“隶书”，大小为“35”，颜色为白色，不消除锯齿，在文档右侧输入“福建农林大学”。用同样方法，设置字体为“Arial”，大小为“15”，在文字“福建农林大学”下方增加“FuJian Agriculture and Forestry University”一行英文。移动这两行文字，使它们靠近文档的右下方对齐。

(9) 保存文档为 logo.png。选择“切片”工具，从左到右依次把 LOGO 分隔为校徽、渐变曲线、校名三块切片。选中头尾两块切片，在下方属性的链接栏输入“http://www.

fjau. edu. cn”，如图 9-9 所示。

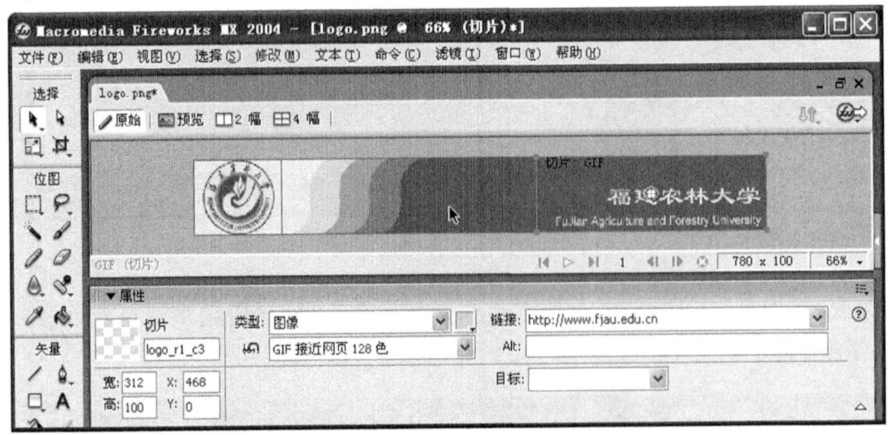

图 9-9　制作切片及设置链接地址

(10) 选择“文件”/“导出”菜单项，在弹出的“导出”对话框中勾选“将图像放入子文件夹”(如图 9-10 所示)，单击“保存”按钮将文档保存为 logo. htm。

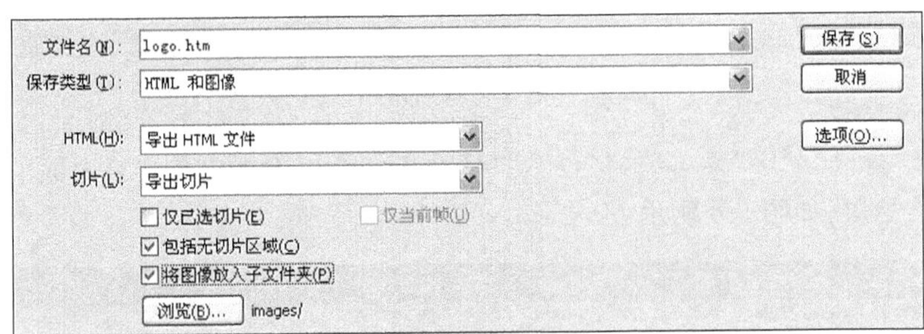

图 9-10　“导出”对话框参数设置

至此，学校主页的 LOGO 就做好了。

9.1.3　在 Flash 中制作校训

下面，制作一个校训宣传动画。这个宣传动画将在一片蓝天绿草的背景下动态地显示“明德、诚智、博学、创新”八字校训。因此需要一张以绿草为主的风景画，图片可以从网上下载。由于 Windows XP 操作系统的桌面刚好符合需求，故就地取材，从中截取一部分作为校训背景。操作步骤如下。

(1) 首先最小化桌面上所有的窗口，按 Print Screen 键，将桌面图片截取下来保存在内存中。

(2) 选择任务栏的“开始”/“程序”/“附件”/“画图”菜单项，启动“画图”工具。选择“编辑”/“粘贴”菜单命令将桌面背景粘贴在画布上。

(3) 选择“选定”工具，在背景上选取一块 450×200 大小的区域。“画图”工具右下角的状态栏会动态显示选取区域的坐标及大小。在选取的区域上右击鼠标，在弹出的快捷菜单中选择“复制到”命令，将图片保存在硬盘，如图 9-11 所示。

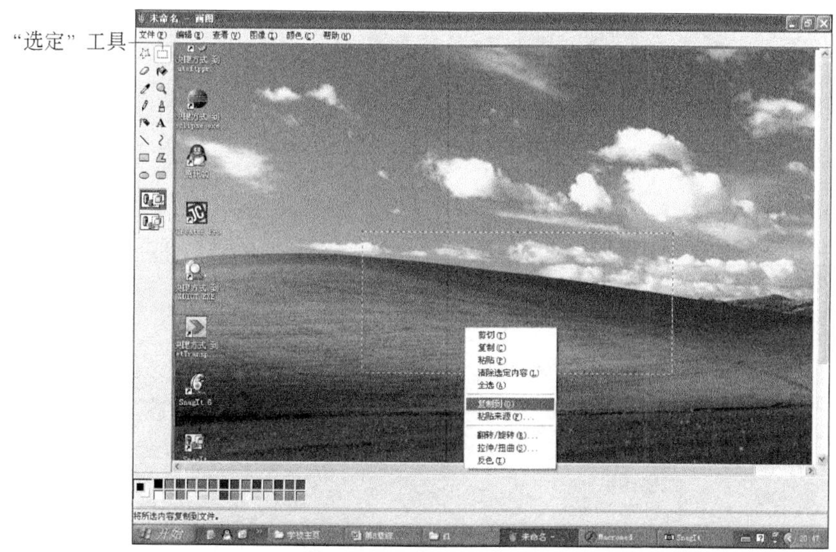

图 9-11　选取背景图片

(4) 启动 Flash，并新建一个文档，单击窗口下方“属性”面板上的“大小”按钮，弹出“文档属性”对话框(如图 9-12 所示)，设置该文档宽为 450 像素，高为 200 像素。将文档保存为 flash.fla。

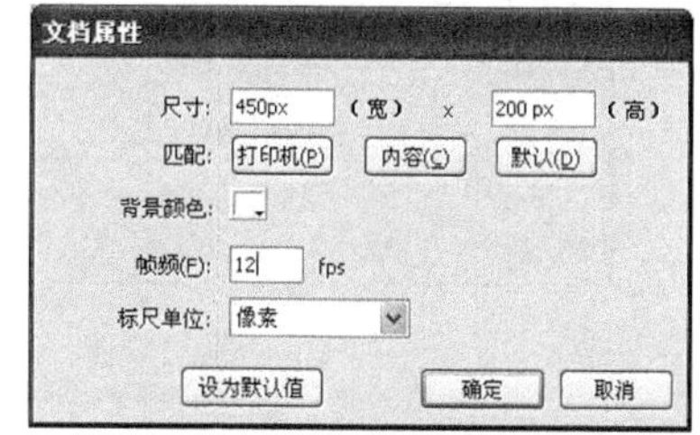

图 9-12　“文档属性”对话框

(5) 将准备好的背景图片导入到舞台并且调整到中央位置。

(6) 双击“图层 1”，将其重命名为“背景”，在背景图层第 55 帧处插入一个帧。新建一个图层，命名为“明”，在该图层的第 5 帧处插入一个关键帧，并在舞台左边输入文字“明”，设置其属性，如图 9-13 所示。

图 9-13　文字“明”属性设置

(7) 选中文字“明”，按 F8 键将文本转换为图形元件，命名为“明”。然后在“明”图层的第 15 帧处插入新的关键帧，如图 9-14 所示。

(8) 单击“明”图层的第 5 帧处，选中舞台中的元件“明”，选择“修改”/“变形”/“任意变形”菜单项。然后拉动元件的边框，将元件等比放大约 3 倍大小。再在“属性”面板中将“颜色”选项设置为“Alpha”，将透明度数值更改为 25%，如图 9-15 所示。

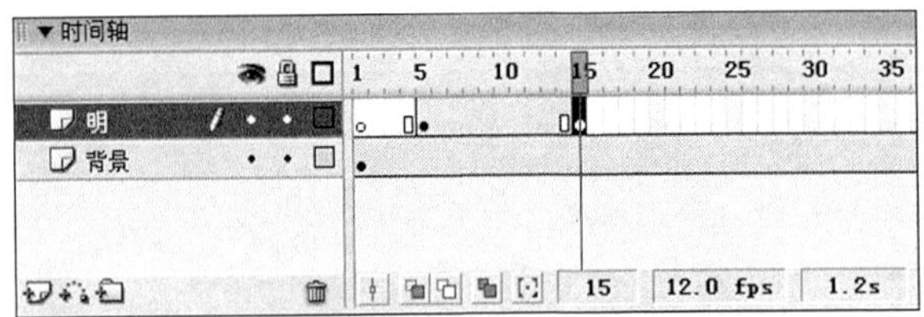

图 9-14　插入关键帧

图 9-15　实例“明”属性设置

（9）在“明”图层的第 5 帧处右击，选中“创建补间动画”。用同样的方法再创建其余 7 个图层“德”、“诚”、“智”、“博”、“学”、“创”、“新”及动作补间动画。其中，后 4 个元件可置于场景的右下角。最后的场景如图 9-16 所示。

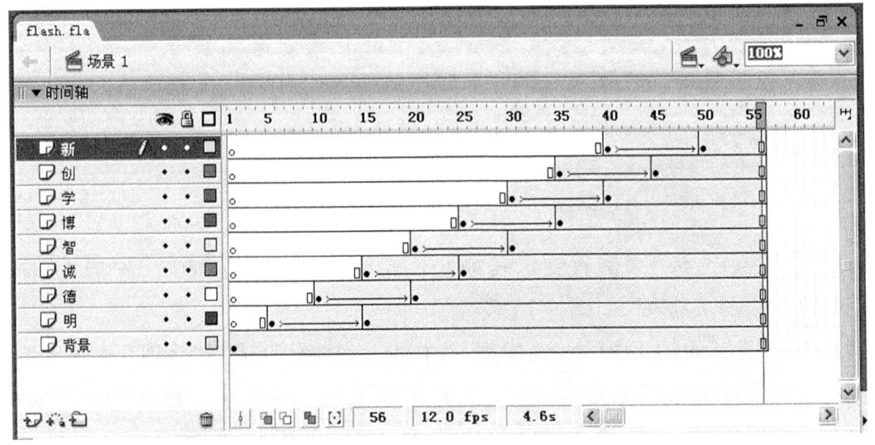

图 9-16　校训动画场景示例

（10）按下 Ctrl 键的同时，在所有图层的第 55 帧处单击，按 F5 键将帧延续。可以将时间轴移动到最后一帧，然后调整对齐 8 个元件的相对位置。按 Enter 键或 Ctrl＋Enter 组合键可以预览动画的效果，如图 9-17 所示。

图 9-17　校训动画效果

（11）最后选择“文件”/“导出”/“导出影片”菜单项或者按 Ctrl＋Alt＋Shift＋S 组合键将 Flash 动画导出，保存在硬盘上。至此，校训的动画就完成了。

9.1.4　在 Dreamweaver 中制作学校首页

前面的网页素材准备工作已经完成了，现在可以在 Dreamweaver 中创建站点和制作网页了。

（1）用 Windows 资源管理器在 E 盘根文件夹下建立 fjau 子文件夹，在 fjau 文件夹下再建立用于存放图片的 images 子文件夹、用于存放其他网页素材的 others 子文件夹。

（2）启动 Dreamweaver，选择“站点”/“管理站点”菜单项，打开“管理站点”对话框，如图 9-18 所示。

（3）单击“新建”按钮，打开站点定义向导。单击“高级”选项卡，在“站点名称”上输入“fjau”，在“本地根文件夹”处选择站点的存放目录，其他选项可不用更改，如图 9-19 所示。

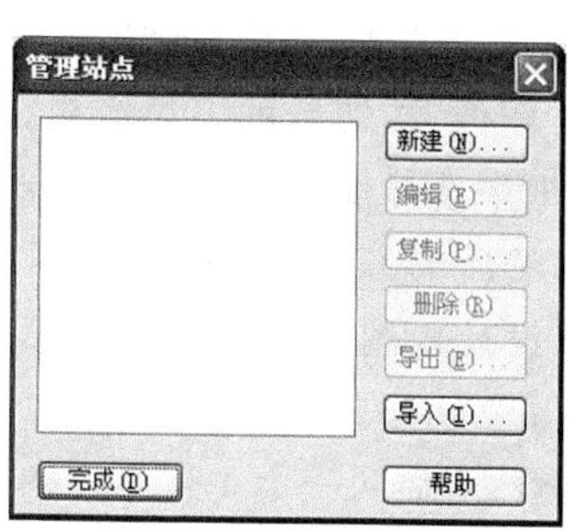

图 9-18　“管理站点”对话框

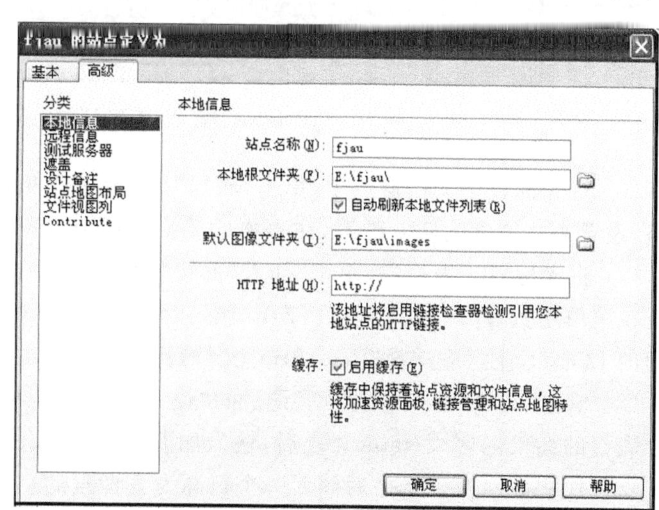

图 9-19　“ fjau”站点定义向导

(4) 新建一个网页，命名为"index. html"，保存在站点根目录下。右击文档空白处，在弹出的文档属性对话框中选择"外观"选项，设置页面字体为宋体，文本颜色为深绿色，上下左右边距均为 0，如图 9-20 所示。

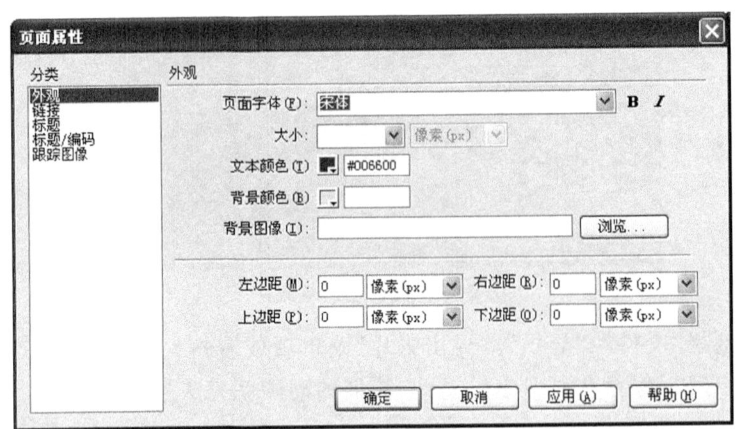

图 9-20 "外观"设置示例

(5) 选择"标题/编码"选项，设置标题为"福建农林大学主页"，编码为"简体中文"，如图 9-21 所示，然后单击"确定"按钮。

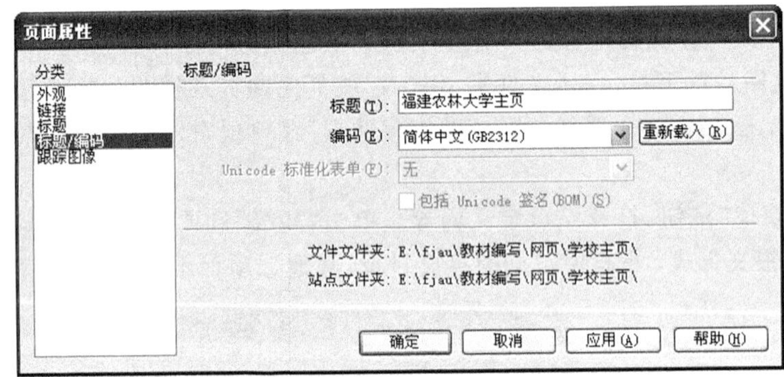

图 9-21 "标题/编码"设置

(6) 将光标置于文档窗口中，单击"布局"插入栏的"表格"按钮，插入一个 1 行 1 列的表格，设置表格宽度为 780 像素，在表格的属性面板中设置其对齐方式为"居中对齐"。

(7) 将光标置于表格内，单击"插入"面板"常用"选项卡上"图像"按钮后的下拉箭头，在下拉菜单中选择"Fireworks HTML"项，在弹出的文件对话框中选择前面用 Fireworks 导出的 LOGO，注意应选择"logo. htm"文件，而不是 png 文件，然后单击"打开"按钮。

(8) 单击"文档"窗口"文档"工具栏的"设计"按钮，切换到设计视图。将光标置于第一个表格的结束标记</table>之后，输入如下代码：<br style="line-height:5px">

这些代码表示在表格之后插入一个行高为 5 像素的空行。然后插入一个 1 行 5 列的表格(记为"表格 1")，表格宽度设置为 780 像素，然后在属性面板中设置对齐方式为"居中对齐"。新的表格与第一个表格之间将有 5 像素的间隔。

(9) 将光标分别置于各单元格内，在属性面板中设置表格宽度分别为 150、5、450、5、170。

(10) 在“表格 1”的第 1 列单元格中插入一个 3 行 1 列的表格(记为“表格 2”)，宽度为 100%，边框粗细、单元格边距和间距均设置为 0，如图 9-22 所示。

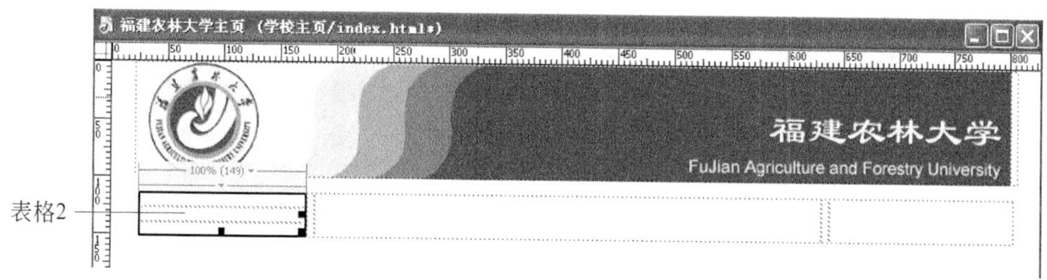

图 9-22　插入 3 行 1 列的表格

(11) 在“表格 2”的第 1 行单元格输入文字“网站导航”，可以设置为加粗。

(12) 在“表格 2”的第 2 行单元格中再插入一个 9 行 1 列的表格(记为“表格 3”)，宽度为 130，单元格间距和单元格边距均设置为 3。插入之后在属性面板中设置其对齐方式为“居中对齐”，如图 9-23 所示。

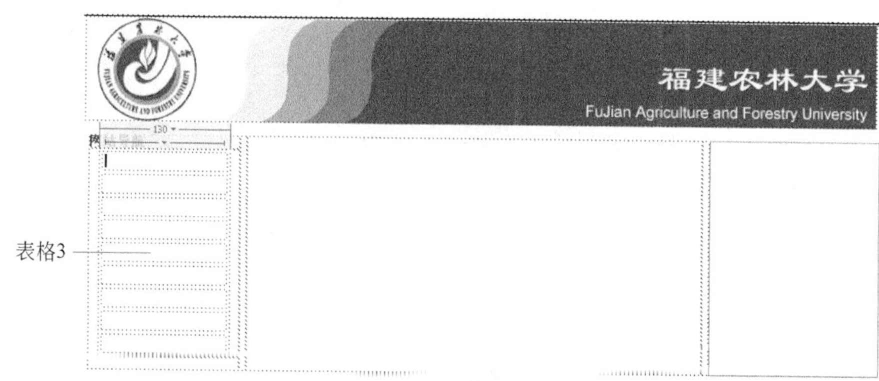

图 9-23　9 行 1 列表格示例

(13) 在“表格 3”的单元格中插入箭头小图标，这样的图标可以从网上下载。然后在图标后面输入校内分站，比如“教务处”、“人事处”、“科研处”等，并设置这些字体大小为 18。

(14) 在“表格 2”的最后一个单元格中插入一张约 80×80 像素大小的图片，可以选用代表科技或研究的图片，如图 9-24 所示。

(15) 设置“表格 1”的第 3 个单元格的垂直对齐方向为“顶端”对齐。然后插入一个 3 行 1 列的表格(记为“表格 4”)，表格宽度为 100%。将第二行的单元格的高度设置为 5。

(16) 单击“表格 4”的第一个单元格。在其中插入 9.1.3 节中制作好的校训 Flash 动画文件，如图 9-25 所示。

(17) 在“表格 4”第三个单元格中插入 7 行 1 列的表格(记为“表格 5”)，表格的宽度为 100%，单元格间距设置为 2。在属性面板上，将“表格 5”的第一行设置为“左对齐”，将最后一行设置为“右对齐”，分别输入文字：“新闻动态”和“更多>>>”，如图 9-26 所示。

图 9-24 添加校内分站导航

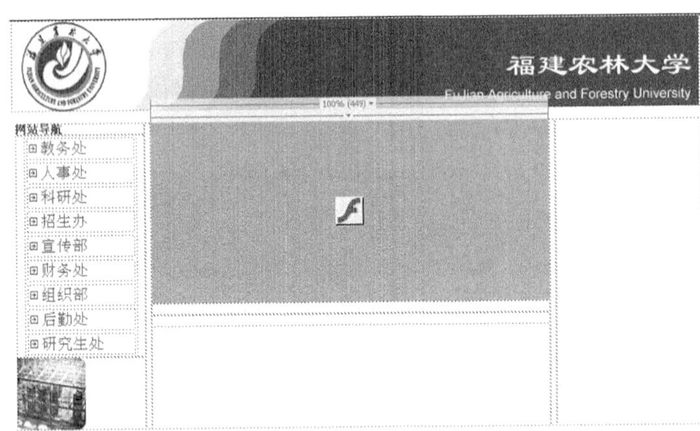

图 9-25 插入“校训”Flash 文件

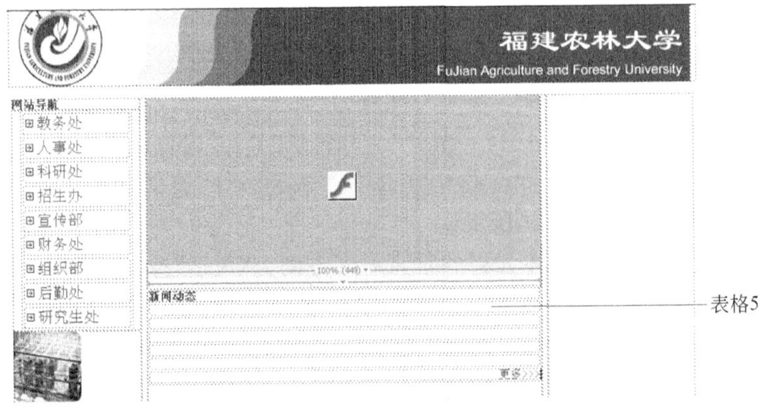

图 9-26 “动态新闻”布局

(18) 在其余 5 行中均插入箭头小图标,并输入新闻的标题,如图 9-27 所示。

(19) 将光标置于“表格 1”的第 5 列,在“属性”面板中设置“垂直”选项为“顶端”,“水

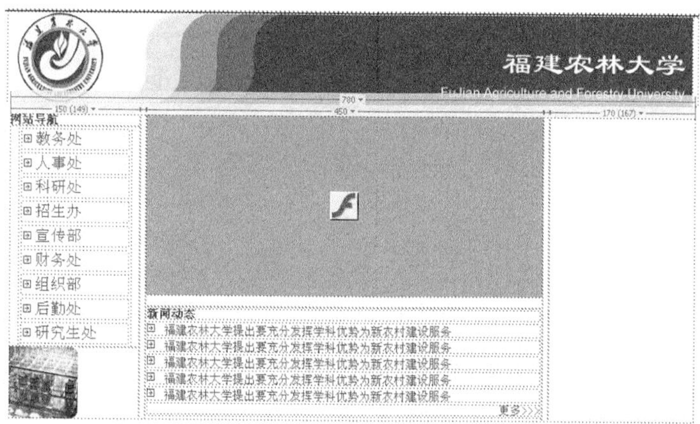

图 9-27　输入新闻标题

平”选项为“居中对齐”。然后插入 7 行 1 列的新表格(记为“表格 6”),插入时设置表格宽度为 120 像素。然后将第 2、4、6 行的表格高度均设置为 5,如图 9-28 所示。

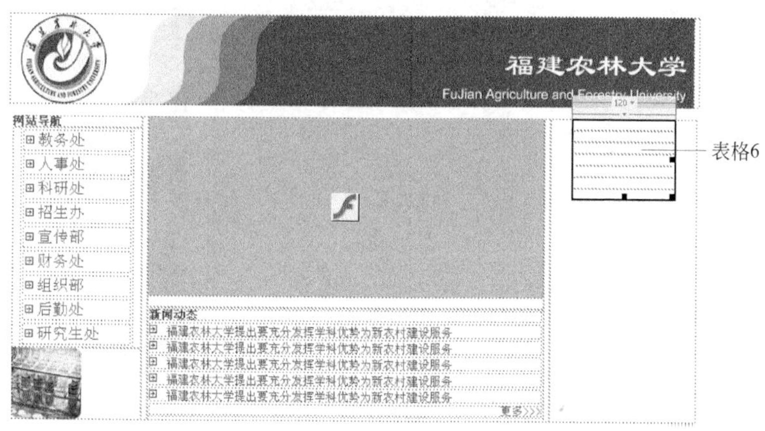

图 9-28　插入 7 行 1 列表格

(20) 将光标置于“表格 6”中右击,在弹出菜单中选择“表格”/“拆分单元格”,将这个表格拆分为两列单元格。把拆分后的第一格的宽度与高度均设置为 80 像素,然后将同样的操作应用于“表格 6”的第 3、5、7 行,如图 9-29 所示。

(21) 在 4 个 80×80 像素大小的单元格内插入相应大小的图片。将来可以在这 4 张图片上加上超级链接,链接到相关的网页上。然后将四个 40×80 大小的单元格以绿色(#009900)来填充。分别输入“校园美景”、“快乐大学”、“外语学习”和“图书馆藏”,设置它们的颜色为白色,大小为 16,字体为“幼圆”,如图 9-30 所示。

(22) 切换到“代码”视图,找到最后一个“</table>”标记,输入刚才用过的代码:<br style="line-height:5px">。

(23) 切换到“设计”视图,插入一行一列的表格,宽度为 780 像素。然后设置为居中对齐。

(24) 设置这个表格的文字对齐方式为“居中对齐”,然后输入版权信息和备案号。至此,校园网站的主页面就做好了。保存文档,按 F12 键浏览全页,如图 9-31 所示。

图 9-29　设置"表格 6"

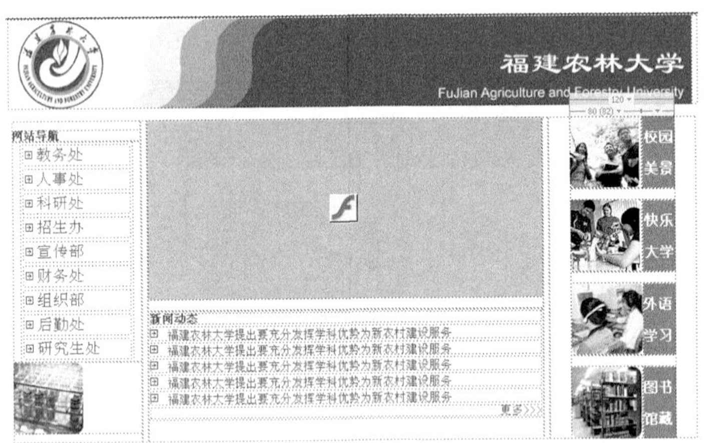

图 9-30　"表格 6"设计示例

图 9-31　校园网站主页效果图

9.2 个性主页的制作

本节要制作是一个女生的个性主页，要求时尚、醒目、富有个性。制作的效果如图 9-32所示。

图 9-32 “活力女孩”个性主页

9.2.1 在 Flash 中制作百叶窗式相册

(1) 在 Flash MX 中新建一个文档，设置文档属性宽为 240，高为 430 像素。

(2) 选择“插入”/“新建元件”菜单，新建一个名为“叶片”的影片剪辑，如图 9 33 所示。

(3) 选取“矩形工具”，在“叶片”影片剪辑中绘制一个无线框的长条矩形，高 430，宽 24，并让其中心处于场景中央。

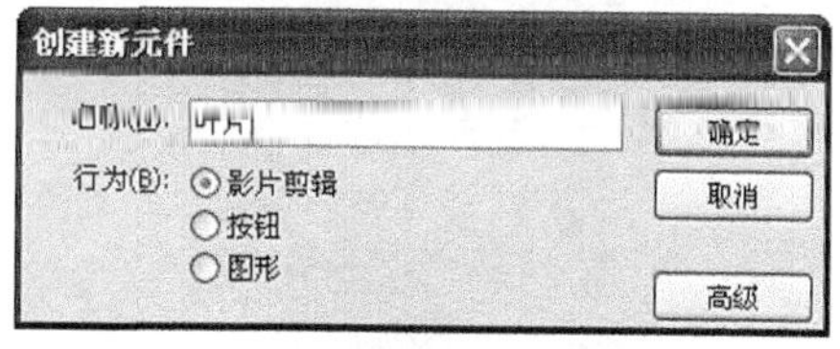

图 9-33 “创建新元件”对话框

(4) 在第 25 帧处按 F6 键插入关键帧，并将 25 帧处的矩形尺寸改为 430×1 像素。

(5) 单击第 1 帧，打开属性面板，在补间处选择“形状”，建立一个形状补间动画，如图 9-34所示。

图 9-34 “第 1 帧”属性面板

(6) 分别在第 26 帧和第 45 帧处插入一个新的空白关键帧。最后的时间轴如图 9-35 所示。

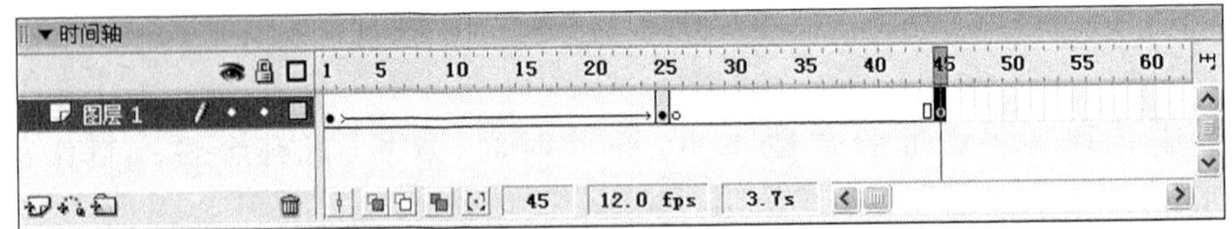

图 9-35 “时间轴”示例

(7) 单击第 45 帧，打开动作面板，输入“_root. paly()”，如图 9-36 所示。

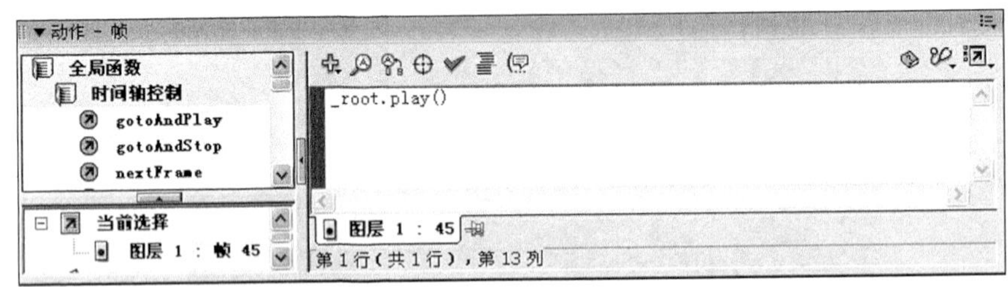

图 9-36 “动作”面板代码

(8) 在主场景中将图层命名为“遮罩”。在“库”面板中将“叶片”影片剪辑拖到场景中，并且复制 9 份。让这 10 份影片从左到右依次排列，充满整个场景，如图 9-37 所示。

(9) 选中 9 份“叶片 ”剪辑，按 F8 键将其转换为“影片剪辑”，重命名为“百叶窗 ”。

(10) 选择“文件”/“导入”/“导入到库”，将准备好的 4 张 430×240 像素的图片导入到库中，如图 9-38 所示。

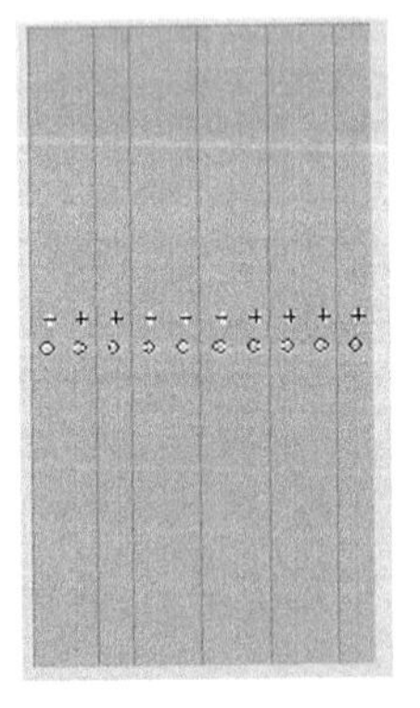

图 9-37 复制“叶片”

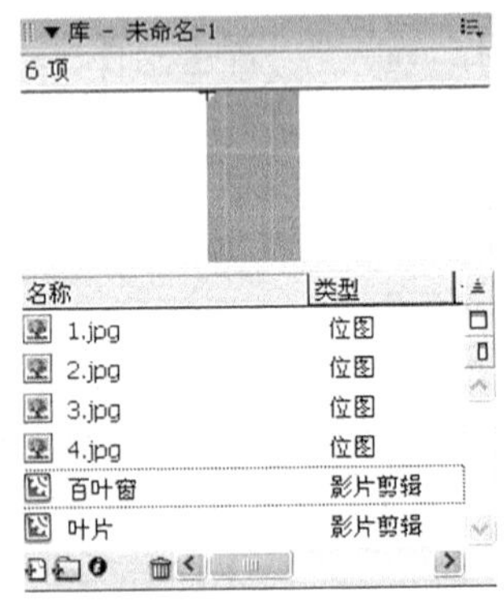

图 9-38 导入 4 张图片

(11) 新建两个图层，分别命名为 1234 与 2341，然后调整它们的顺序，如图 9-39 所示。

(12) 单击图层“1234”的第 1 帧，从库中拖入第 1 张图片，使其充满整个舞台。再插入 3 个空白关键帧，分别放置第 2、3、4 张图片。同样分别在图层“2341”的 4 个空白关键帧上分别放入图片 2、3、4、1。然后在遮罩层的第 4 帧插入新帧。时间轴见图 9-40。

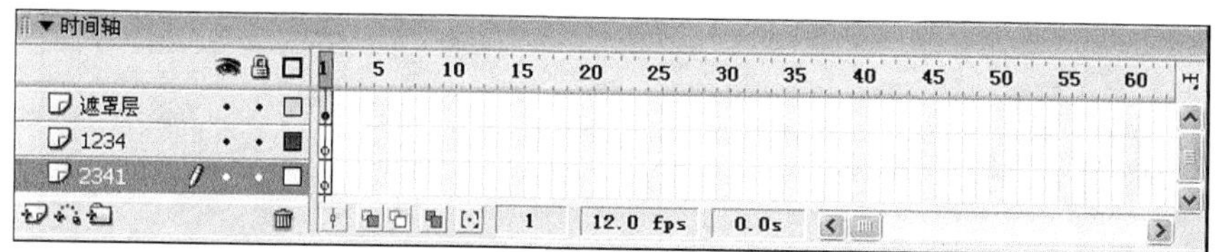

图 9-39　设置图层“1234”和“2341”的顺序

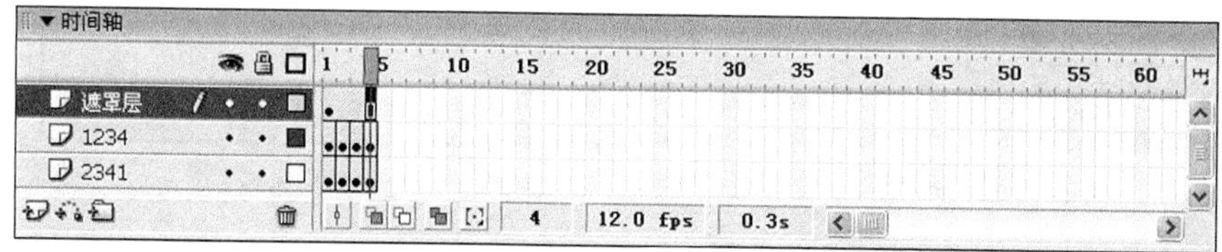

图 9-40　图层“1234”时间轴示例

(13) 右击“遮罩层”，在弹出的菜单中选择“遮罩层”，时间轴如图 9-41 所示。

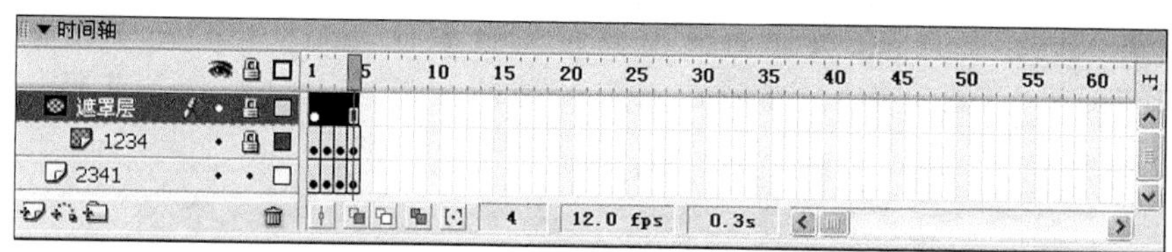

图 9-41　“遮罩层”时间轴示例

(14) 新建图层“停止”，在第一帧的动作面板中输入“stop()”，然后复制 3 帧。时间轴如图 9-42 所示。

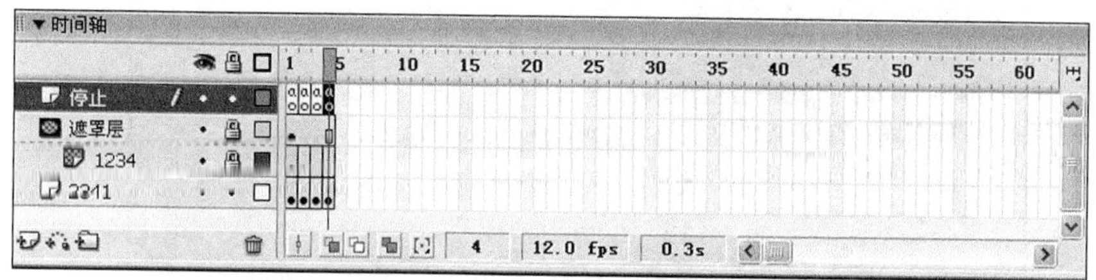

图 9-42　“停止”层时间轴示例

(15) 至此，一个可以显示 4 张图片的百叶窗就制作好了，按 Ctrl＋Enter 组合键浏览。效果如图 4-43 所示。

9.2.2　在 Fireworks 中设计版面

(1) 首先打开 Fireworks，新建一个文档，设置画布大小为 750×550 像素（如图 9-44 所示），并保存为“个性主页.png”。

(2) 单击工具栏的“选取框”工具，在画面上半部选取 750×45 像素大小的区域，选取之后可以在属性栏内输入宽和高进行像素的设置。设置填充颜色为粉红色“FF99FF”，然

图 9-43 “百叶窗”效果

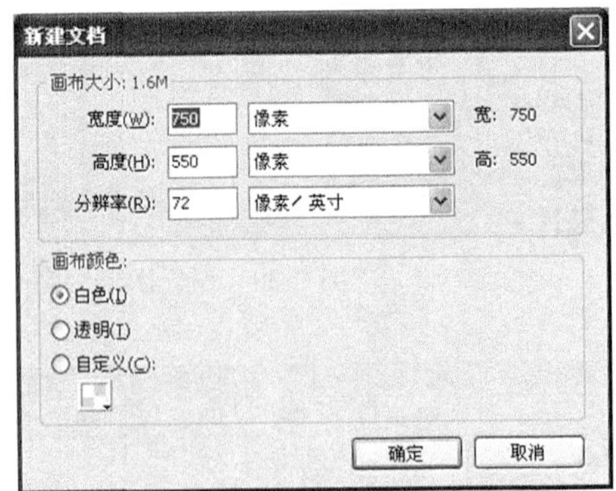

图 9-44 “新建文档”对话框

后单击“油漆桶”工具,给所选的区域染色。

(3) 采用同样的方法选取画面下方剩余的区域,用稍微深一点的粉红色“FF66CC”来填充。

(4) 选择“直线”工具,在属性面板中设置笔触颜色为“CC3399”,单击“描边种类”项,选择“随机”/“正方形”。然后在二个区域的交界线上绘制一条路径,效果如图 9-45 所示。

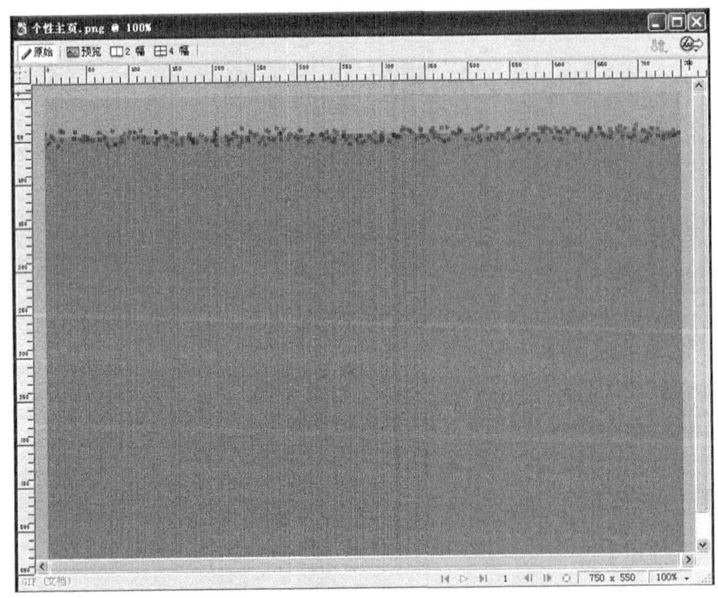

图 9-45 “随机正方形”描边效果

(5) 选择“钢笔”工具,笔尖大小设置为 12,设置“描边种类”为“喷枪”/“基本”。选择纹理为“DNA”,“纹理间距”为 85%,属性面板的设置如图 9-46 所示。在文档的下方绘出一条直线,在这条路径的下方仅留下一行文字大小的高度即可。然后给这个路径增加投影效果。绘制之后的效果如图 9-47 所示。

(6) 选取“矩形”工具。在属性面板中将填充颜色与笔触颜色均设置为“FF66CC”,

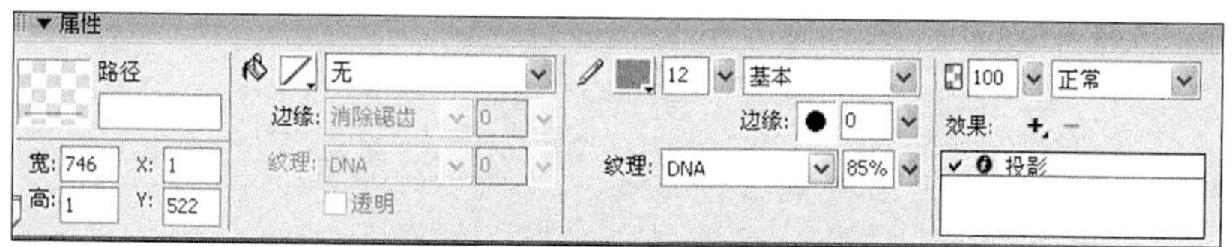

图 9-46 “钢笔”属性设置

“笔尖大小”为 1，然后在文档左侧，两条直线之间画出一个宽为 240、高为 430 的矩形。这个矩形区域将来用来放置 Flash 文件。然后给这个矩形添加“斜角与浮雕”/“凹入浮雕”效果。效果如图 9-48 所示。

图 9-47 文档下方直线的投影效果

图 9-48 矩形的浮雕效果示例

(7) 选取“文本”工具，在文档右下方输入小写字母“g”、“i”、“r”和“l”。在属性面板中设置这些字体为“Comic Sans MS”，字体大小为 100。用“任意变形”工具将这些字体向不同方向略微倾斜，然后调整到右下方的适当位置。效果如图 9-49 所示。

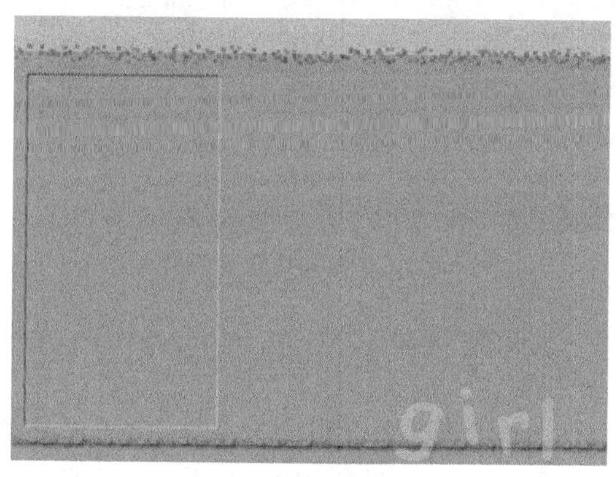

图 9-49 “girl”文本示例

(8) 再次选取“矩形”工具，在文档上绘制一个矩形区域，各项属性设置如图 9-50 所示。然后复制 3 份，从上到下错落排列，效果如图 9-51所示。

(9) 选择“文件”/“导入”菜单，导入准备好的素材。把这 4 张图片也设置为 35×62 大小，分别置于 4 个投影矩形框上，露出投影。效果如图 9-52 所示。

(10) 在 4 张小图片的右上方绘制两条交叉的直线，可适当柔化。并在交叉点右上方

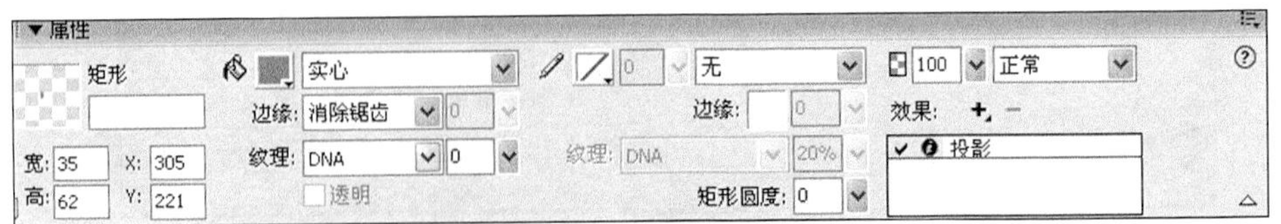

图 9-50 “矩形”属性设置

图 9-51 4 个矩形排列效果

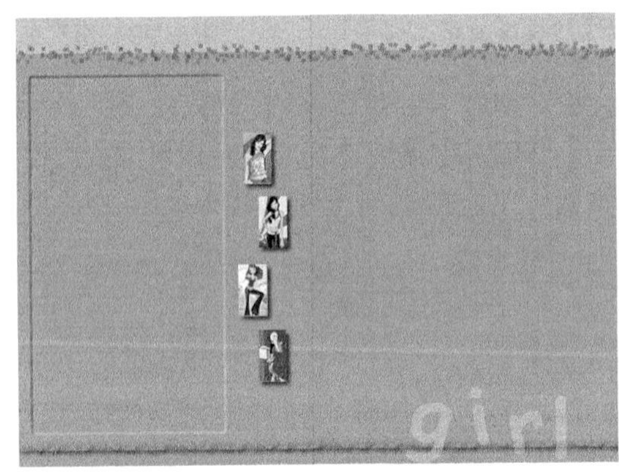

图 9-52 4 个矩形中放入图片

输入白色文字“Who am I…”，设置“字体”为“Comic Sans MS”，大小为 23。效果如图 9-53 所示。

(11) 在文档左上角输入文字“@活力女孩@”，字体设为“方正舒体”。在文档底部居中位置输入个人 QQ 号以及 E-mail。效果如图 9-54 所示。至此，首页的样稿就出来了。接下来要进行切片。

(12) 选取“切片”工具，在文档各处单击并拖动鼠标，把文档分割成多个部分，如图 9-55 所示。要注意的是，在文档左端绘制的切片区的大小必须设置为 240×430 像素大小，并用键盘上的箭头键调整到矩形框内部。

(13) 在 4 张小图片的切片上设置超级链接，分别指向本网站内的其他网页，如“我的朋友”、“个人博客”、“我的最爱”和“留言板”等。

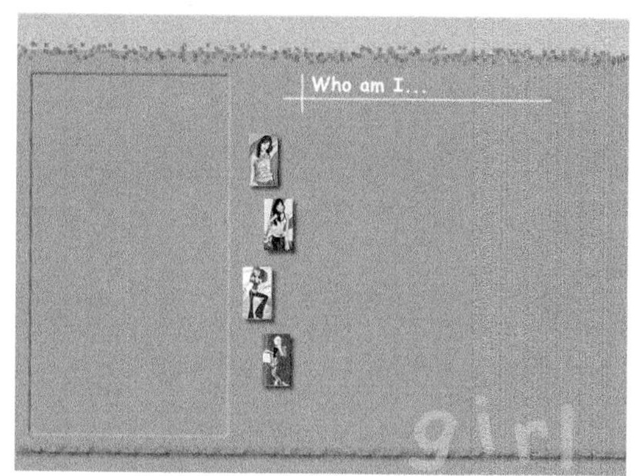

图 9-53 “Who am I”文本设置效果

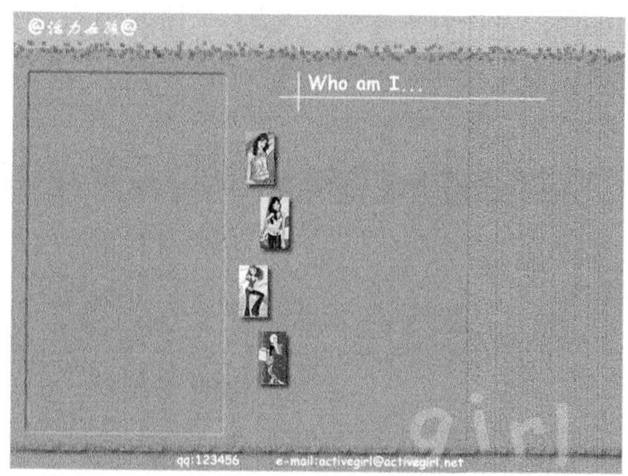

图 9-54 首页样稿效果

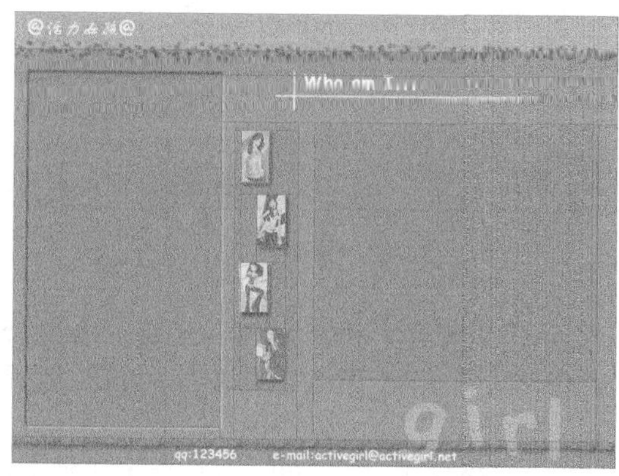

图 9-55 “切片”示例

(14) 选择“文件”/“导出”菜单，将样稿导出为 index. html，导出的文件存放在 E 盘 Girl 文件夹下，如果 E 盘没有该文件夹，可先自行建立一个。“导出”对话框设置如图 9-56 所示。单击“保存”按钮后，系统会在 E 盘 Girl 文件夹下自动建立一个 images 文件夹，导出的图像切片都存放在该文件夹下。

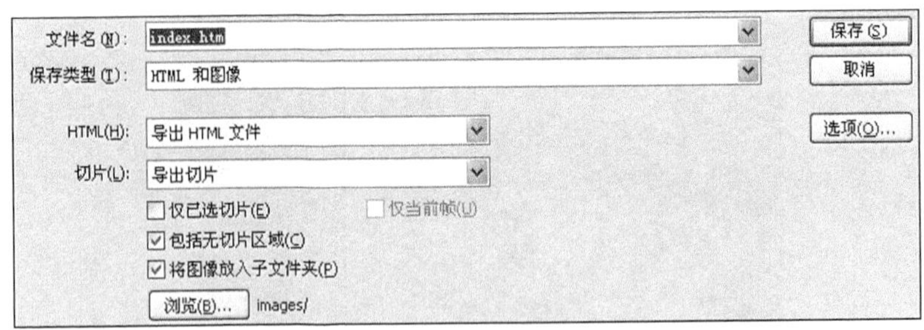

图 9-56 “导出”对话框参数设置

9.2.3 在 Dreamweaver 中修饰首页

(1) 导入站点。启动 Dreamweaver，单击“站点”/“管理站点”，打开“管理站点”对话框。单击“管理站点”对话框中的“新建”/“站点”，打开站点定义向导，单击“高级”选项卡，各参数设置如图 9-57 所示。

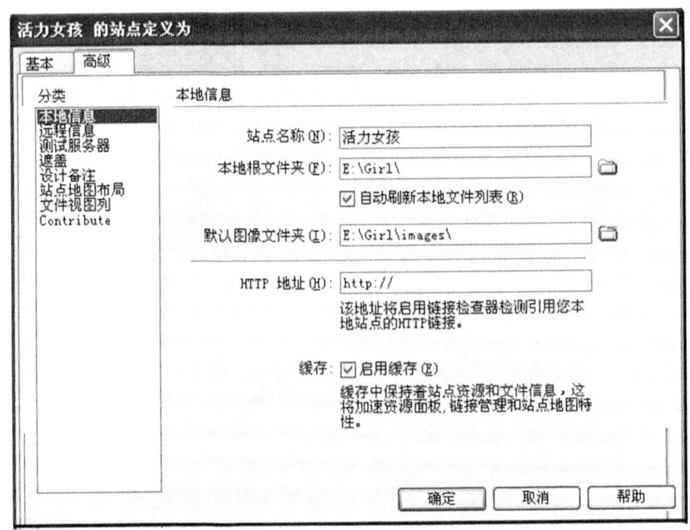

图 9-57 “活力女孩”站点定义

(2) 双击“文件”面板中站点根目录下 index.html 文件。选择“修改”/“页面属性”菜单项，打开“页面属性”对话框。将标题更改为“活力女孩”，编码更改为“简体中文(GB2312)”。

(3) 单击文档左边 240×430 像素大小的切片区域，按 Del 键删除。然后插入先前做好的百叶窗 Flash 文件。

(4) 将文档右边的大图片删除。将光标置于其中，并设置垂直对齐方式为“顶端”。单击“属性”面板上的背景图标，将刚刚删除的图片设为这一单元格的背景，然后在其中插入一行一列的表格，宽度设置为 100%，如图 9-58 所示。

(5) 在该单元格里，首先定义 CSS 样式。选择“窗口”/“CSS 样式”菜单，打开 CSS 样

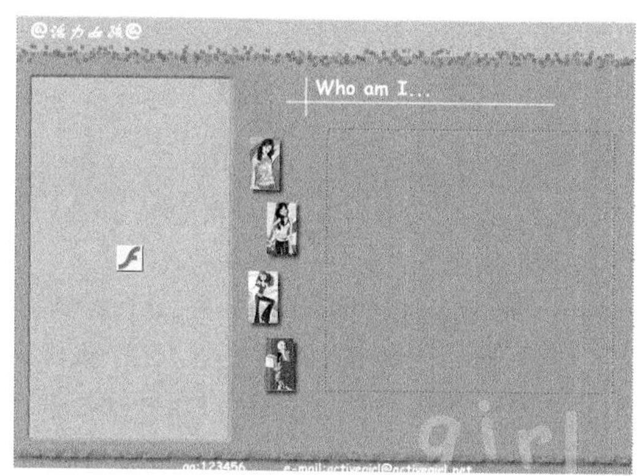

图 9-58　插入百叶窗动画和表格位置示例

式面板。单击"新建 CSS 样式"按钮，打开"新建 CSS 样式"对话框，输入一个标签名，单击"确定"按钮。然后在样式定义的对话框中定义文字大小为 18 像素，颜色设置为白色，字体设置为幼圆。最后将样式保存在站点目录下。

(6) 在单元格内输入活力女孩的个人简介，然后应用定义好的样式，保存文档，按 F12 键浏览。

至此，"活力女孩"主页制作完毕。

参 考 文 献

[1] 王秀丽，陈琼，宁正元. 网页设计与制作. 北京：清华大学出版社，2006.

[2] 张群瞻，李欣. 网页三剑客培训教程. 北京：冶金工业出版社，2002.

[3] 冯沃辉，肖金秀. 中文 Dreamweaver MX 2004 网页设计经典. 北京：冶金工业出版社，2004.

[4] 刘小伟. Dreamweaver MX 2004 网站设计师标准案例教程. 北京：机械工业出版社，2005.

[5] 关爱华. 中文版 Dreamweaver MX 2004/Flash MX 2004/Fireworks MX 2004 实用教程. 北京：电子工业出版社，2005.

[6] 龙马工作室. Dreamweaver MX 2004 & JSP 动态网页编程完全自学手册. 北京：人民邮电出版社，2005.

[7] 孙素华. Dreamweaver MX 2004 完美网页设计/实战技巧篇. 北京：中国青年出版社，2006.

[8] 方晨. Dreamweaver MX 2004(中文版)实例教程. 上海：上海科学普及出版社，2006.

[9] 周铁砚. 中文版 Flash MX 2004/Dreamweaver MX 2004/Fireworks MX 2004 三合一标准教程 . 北京:中国电力出版社，2004.

[10] 贺小霞. Flash 8 动画制作标准教程. 北京：清华大学出版社，2006.

[11] 智丰电脑工作室. Dreamweaver 8 网站设计制作入门与提高. 北京：北京希望电子出版社，2006.

[12] 鲍嘉. Dreamweaver 8 完美网页设计综合实例篇. 北京：中国青年出版社，2006.